0~5세
골든 브레인 육아법

스탠퍼드대 박사 엄마가 알려 주는 영유아 두뇌 발달 컨설팅

0~5세
골든 브레인 육아법

잠 │ 식사 │ 운동 │ 놀이 │ 독서 │ 디지털 미디어

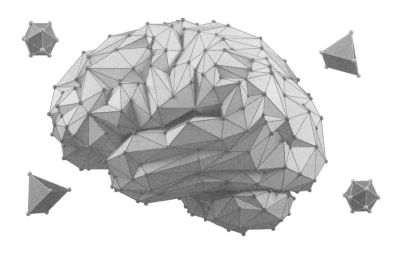

김보경 지음

whale books

부모의 최선이
최고의 뇌를 키웁니다

우리는 누구나 뇌를 갖고 있습니다. 이 책을 읽을 수 있는 것도, 아이를 바라보고 대화할 수 있는 것도, 아침부터 밤까지 수없이 바뀌는 감정을 느끼는 것도 모두 우리의 뇌가 열심히 일하기 때문입니다. 최근 들어 뇌 발달에 대한 관심이 매우 높습니다. 일반인들도 쉽게 접할 수 있는 뇌에 대한 정보도 많이 나와 있고요. 부모님들도 아이들의 뇌를 잘 발달시키는 방법을 찾으려고 하지요.

이 책은 0세부터 5세까지의 아이들을 키우는 부모님들에게 뇌 발달에 대해 이야기하기 위해 썼습니다. 이 시기의 부모는 늘 잠이 부족하고, 집은 언제나 난장판이며 빨래와 설거지가 쌓입니다. 아이들은 시끄럽고, 정신없고, 울고, 금세 지저분해지지요. 말해 봐야 잘 통하지도 않고, 아장아장 걷다 넘어지는 아이를 뒤에서 따라다니느라 허리가 아픕니다. 그래서 부모는 외롭고 지칠 때도 있습니다. 그런데 아이의 뇌 발달까지 책임을 져야 한다니, 세상에 그건 너무 과한 요구처럼 들리지 않나요? 몇 살 전에 이것을 하지 않으면 뇌가 발달하지 않는다거나 충분한 자극을 주지 않으면 뇌 세포가 사라져 버리니 늦기 전에 무언가를 해야 한다는 말들은 우리를 겁나고 불안하게 합니다.

그렇게 들려온 말을 따르다 보면 부모는 많은 힘을 쏟는데도 불구하고, 오히려 더 힘들 때가 많습니다. 아이들에게 책을 읽어 주는 것이 좋다고 해서 밤늦도록 책을 읽어 주고, 아이들과 상호작용을 하는 것이 좋다고 해서 하루 종일 쉴 새 없이 이야기하고요. 이 것도 좋다, 저것도 해야 한다 하며 한 가지씩 추가하다 보니 어느새 하루는 너무 바쁘고 밤늦도록 해야 할 일들의 목록이 끝나지 않습니다. 부모도 아이도 바쁘게 살게 됩니다. 시간만 많이 쓰는 것이 아니지요. 취학 전부터 사교육을 시작하는 가정의 비율은 점차 늘어나고, 한 달에 수십만 원짜리 수업이 '두뇌 발달 놀이'라는 이름으로 판매됩니다. 이것들이 정말 모두 필요한 것일까요?

부모가 가장 쉽게 할 수 있는 뇌에 대한 오해는 바로 아이의 뇌 발달에 정해진 방향이 있다고 생각하는 것입니다. "이렇게 만들어진 뇌가 가장 좋은 뇌야"라는 가정하에, 그렇지 못한 뇌는 모두 우수한 뇌가 아니라고 생각하는 것이죠. 이런 착각은 단 하나의 정답을 갖고 아이를 키워야 한다는 오해와 불안을 불러일으킵니다. 그리고 정해진 뇌를 빨리 만들어 내는 것이 좋은 뇌 발달의 증거라고 믿게 됩니다. 다른 아이들보다 더 빨리 한글을 읽는 것, 현재 학년에서 배우는 것보다 앞선 내용을 배우는 것처럼요.

우리의 뇌는 모두 다릅니다. 타고난 것도 다르고, 자라는 방향과 속도도 다릅니다. 뇌의 발달은 유전과 환경의 상호작용으로 만들어집니다. 즉 아이가 타고난 바탕과 그 아이가 경험하는 것 모두가 뇌가 자라는 데에 중요하다는 의미입니다. 이 책의 제목은 《0~5세 골든 브레인 육아법》입니다. 저는 정답의 뇌를 만드는 하나의 비결을 알려 드리기 위해 이 책을 쓴 것이 아니라, 모든 아이의 뇌가 각자에게 가장 좋은 모습으로 자라기를 바라는 마음으로 이 책을 썼습니다.

마라톤 선수의 몸과 단거리 달리기 선수의 몸이 다른 것처럼, 어린 시절에 책을 많이 읽은 아이의 뇌와 노래하고 악기를 연주하며 자란 아이의 뇌는 서로 다릅니다. 독서는 글을 읽고 이해할 때 사용하는 신경 회로를 더욱 튼튼하게 하는 방향으로 뇌를 발달시키고, 악기 연주는 음악을 듣는 능력과 악기 연주를 위해 움직임을 세밀하게 조절하는 능력을 강화하는 방향으로 뇌를 발달시킵니다. 심지어는 책을 읽는다고 해도 영어를 사용하는 뇌와 중국어를 사용하는 뇌는 다른 방식으로 일합니다. 따라서 뇌 발달에 가장 중요한 것은 아이들이 타고난 가능성을 잘 기를 수 있는 좋은 환경을 제공하는 것입니다.

저는 두 아이의 부모입니다. 아들 서하와 딸 유하입니다. 서하는 세 살까지, 유하는 코로나19 덕에 다섯 살까지 집에서 키우며 일했습니다. 제가 뇌를 공부한 심리학 박사라고 하면 뇌를 잘 키우기 위한 비책을 물으시는 분들이 많습니다. 처음에는 그런 질문을 들으면 머쓱한 기분이 들었습니다. 특별하게 하는 것이 없다고 생각했거든요. 그저 잘 먹고, 잘 놀고, 일찍 자는 것이 목표였습니다. 하지만 시간을 두고 차근히 생각해 보니, 이런 육아법이 역설적으로 특별한 비결이 될 수 있다는 것을 깨닫게 되었어요. 바로 기본에 충실하고, 중요한 것에 확실한 우선순위를 두는 육아법입니다.

우리 아이의 '골든 브레인'을 키우는 것은 최고의 하루를 만드는 일에서 시작됩니다. 그것은 건강하고, 행복하고, 아이다운 하루입니다. 이 책은 가장 좋은 뇌를 키우기 위해 하루 안에 꼭 갖추어야 할 여섯 가지 사이클을 다룹니다. 이 사이클들은 크게 둘로 구분할 수 있습니다. 하나는 아이들의 뇌가 건강하게 자라기 위한 기본 토대를 만드는 것들입니다. 수면, 식사, 운동이라는 세 가지를 꼽았습니다. 이 사이클들은 어떤 아이들에게나 필요한 것들이며, 가장 먼저 갖추어져야 할 것들입니다. 그리고 부모의 노동을 가장 많이 요구하는 것들이기도 하지요. 먹이고 재우는 것, 그리고 밖에 나가 땀 흘리며 아이 뒤를 쫓아다니는 것. 가끔 이 사이클들은 너무 당연한 나머지 하찮은 것으로 취급되고, '네 살부터 한글 떼기'와 같은 눈에 띄는 성과를 위해 희생되기도 합니다. 하지만 뇌가 잘 자라기 위해서는 기본 환경부터 갖추어야 합니다. 이 세 가지 사이클을 먼저 읽으며 부모인 우리가 매일 하는 일들이 얼마나 가치 있는지를 느끼셨으면, 그리고 부모로서 가장 먼저 집중해야 하는 것이 무엇인지 방향을 잘 잡으셨으면 좋겠습니다.

그 다음은 아이의 뇌가 타고난 능력을 활짝 꽃피울 수 있도록 해 주는 풍요로운 환경과 다양한 기회입니다. 여기에는 놀이와 독서, 디지털 미디어 이용이 포함됩니다. 뇌는 아주 복잡한 구조를 갖고 있습니다. 그렇기 때문에 잘 자라려면 복잡한 환경이 필요합니다. 아이들은 어른들이 알려 주는 지식만 배우는 것이 아니라 스스로 생각하고 판단하며 살아갈 힘을 길러야 해요. 이를 위해서는 놀이와 독서가 필요합니다. 이 두 가지를 통해 스스로 문제를 해결하고, 다른 사람과 어울리며, 지식을 얻고 세상을 이해하는 방식을 깨우칩니다. 아이의 뇌를 키우기 위한 놀이 시간과 독서 방법을 살펴보며 우리 아이의 하루를 어떻게 보내야 할지 생각해 보시길 바랍니다. 여섯 번째 사이클인 디지털 미디어는 번외 격입니다. 뇌 발달에 꼭 필요한 사이클이라기보다는 어떻게 활용하는지가 뇌 발달의 양상에 영향을 미치기 때문에 좋은 디지털 미디어 습관을 어릴 때부터 길러 주길 바라는 마음에서 포함했습니다.

마지막으로는 여섯 가지 사이클이 어떻게 24시간 안에 잘 조화를 이룰 수 있는지를 담았습니다. 간혹 무언가 하나가 뇌 발달에 좋다는 말을 들으면 그것만 많이 할수록 더 좋아질 거라는 생각이 들기도 하거든요. 하루의 균형이 깨지면 아이의 성장에도 영향을 미칠 뿐 아니라 육아도 더 힘들어집니다. 제가 컨설팅을 하며 자주 접해 온 부모님들의 고민들을 예시로 적었습니다. 여섯 가지 사이클이 어떻게 서로 영향을 미치는지, 한 가지 문제를 해결하기 위해 왜 다른 사이클과의 균형을 맞춰야 하는지 이해하는 데에 도움이 되실 거예요.

한 가지 당부하고 싶은 것이 있어요. 이 책에서는 우리 아이에게 가장 좋은 것들이 들어 있는 하루를 만들어 주라고 이야기하고 있지만, 그렇다고 해서 1년 중 하루라도 그렇지 못한 날이 있다면 뇌 발달에 지장이 생긴다는 의미는 아닙니다. 오늘 하루는 완벽하지 못할 가능성이 높습니다. 어쩌면 완벽한 날은 아예 없는 것인지도 몰라요. 다만 부모님들이 뇌 발달에 중요한 것이 무엇인지를 마음속에 알고 있고, 스스로 할 수 있는 선에서 최선을 다했다면 오늘 하루는 그것으로 충분하다는 것을 말씀드리고 싶습니다. 뇌는 복잡하다고 말씀드렸지요? 그 복잡한 세계는 작은 한두 가지로 만드는 것이 아닙니다. 오늘치의 최선이 오래오래 쌓여 만들어집니다.

이 책을 쓰기 시작할 때에는 유하가 학교에 입학하기 전이었고, 현재는 둘 다 초등학생이 되었습니다. 책에서 다루는 0세에서 5세의 시기를 이제 모두 지나갔네요. 두 아이 덕분에 뇌에 대해 더 많이 알게 되었습니다. 논문이나 교재에서는 찾을 수 없는 것들 말이에요. 뇌 건강에 수면이 중요하다는 것은 알았지만, 매일 밤 아이들을 재우는 것이 이렇게 힘들다는 것은 몰랐고요. 아이들에게 놀이가 중요하다는 것은 알았지만 매일 똑같은 블록을 수백 번 꽂는 것이 이렇게 어려울지는 몰랐습니다. 논문 한쪽에 가볍게 적힌 말들이 사실은 부모의 대단한 애정으로 이루어진다는 것을 알게 되었지요. 이제는 그것들을 알게 되어 얼마나 감사한지 모릅니다.

영유아기는 아이들에게 세상이 가장 신기하고 놀라울 시기입니다. 찔러 봐야 할 것도, 눌러 봐야 할 것도 천지입니다. 아이는 아이답게 지낼 때 가장 잘 자랍니다. 부모님들에게 그 이야기를 꼭 들려주고 싶었습니다. 밤새워 우는 아이를 업고 있는 것이 아이의 뇌를 키우는 것이고, 지지리 말을 안 듣고 천방지축 뛰어다니는 아이를 쫓아다니는 것이 뇌를 발달시키는 것이라고요. 그러니까 여러분 모두 잘하고 있다고요. (세포가 인간이 되다니, 우린 정말 대단해요!) 기본을 잘했다면, 우리는 사랑하는 눈으로 아이를 지켜보면 됩니다. 모쪼록 이 책이 다시 오지 않을 아이의 어린 시절을 기쁜 마음으로 함께하는 데에 도움이 되기를 바랍니다.

2023년 초여름
실리콘밸리에서
김보경

Chapter 1

우리 아이의
궁극의 24시간을 설계하라

: 뇌 발달의 뿌리가 되는 3가지 사이클

Cycle 1
수면

최고의 수면 환경을
선물하라

Cycle 2
식사

**뇌가 좋아하는 식탁은
따로 있다**

Cycle 3
운동

**움직이는 뇌가
똑똑하게 자란다**

Chapter 2

균형 잡힌 일과로
잠재력을 깨워라

: 뇌를 꽃피우는 3가지 사이클

Cycle 4
놀이

자아를 발견하고
사회성을 기르는 시작

Cycle 5
독서

뇌를 성장시키는
문해력의 비밀

Cycle 6
디지털
미디어

미디어 습관, 처음부터
똑똑하고 건강하게

Chapter 1

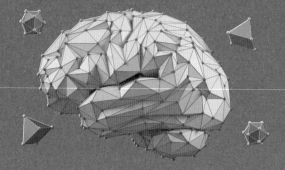

우리 아이의
궁극의 24시간을
설계하라

: 뇌 발달의 뿌리가 되는 3가지 사이클

→ **Cycle 1. 수면**
→ **Cycle 2. 식사**
→ **Cycle 3. 운동**

Cycle 1

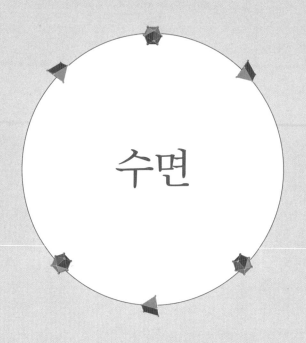

수면

최고의 잠을 선물하라

잠은 뇌 발달의 가장 기본적인 요소입니다. 잠은 하루의 피로를 회복하고 에너지를 충전해 줄 뿐 아니라 하루 동안 쌓인 정보들을 정리하고 견고하게 할 수 있는 기회입니다. 또한 잠은 뇌가 스스로를 청소하고 고치는 시간입니다. 우리가 자는 동안 뇌는 노폐물을 제거하고 세포의 에너지를 충전하여 다음 날 다시 활발하게 활동할 준비를 합니다.

아이의 뇌를 키우는 농사 짓기

네 살 성은이는 좀처럼 재우기가 어렵습니다. 성은이 엄마는 나름대로 아이가 잠을 자는 데 도움이 된다는 것들을 지키고 있습니다. 성은이가 나른해지도록 따끈한 목욕도 시키고, 차분한 목소리로 잠자리 독서도 하고, 아이의 마음이 편해지도록 애정을 듬뿍 담아 잘 자라고 인사도 해 줍니다. 여기까지 보통 문제가 없습니다. 밤 9시 무렵 불을 끄고 성은이와 함께 누우면 그때부터 전쟁이 시작됩니다.

성은이는 물을 마시겠다, 화장실을 가겠다 핑계를 대며 들락거리고, 옛날이야기를 하라고 조르거나 잠이 오지 않는다고 칭얼댑니다. 엄마는 성은이를 어르기도 해 보고 자는 척도 해 보다가 결국 "얼른 자!" 하고 혼을 내면서 하루의 막을 내립니다. 엄마는 울

먹이며 잠든 성은이를 보면 마음이 짠하지만 아이를 재우느라 매일 한두 시간을 보내다 보면 진이 빠집니다. 간신히 재워 놓고 나와서 텔레비전이라도 보는 날이면 아이가 깨어 엄마를 찾아 나옵니다. 다시 방으로 들어가 아이를 재우다 보면 어김 없이 엄마도 옆에서 잠이 듭니다.

성은이 엄마는 아침마다 늘 개운치 못하게 일어납니다. 몇 번이나 보다가 중간에 그만둔 드라마는 기억이 잘 안 나고, 어젯밤 마무리하지 못한 설거지를 마주하면 인상이 찌푸려집니다. 늦게 잔 성은이는 아침에 잘 일어나지 못합니다. 엄마는 성은이를 깨우는 데에만 20분을 쓰다 보면 아침밥을 먹이는 것은 고사하고, 세수시키고 옷 입히는 것조차 시간이 빠듯합니다. 겨우겨우 유치원에 성은이를 들여 보내면 제 한숨 돌릴 새도 없이 출근길에 오릅니다. 그나마 직장이 가까워서 다행입니다. 오늘도 정신없는 하루의 시작입니다.

육아를 '자식 농사'라 부르지요. 아이를 기르는 과정은 실로 농사 짓는 것과 비슷한 구석이 많습니다. 그 중에서 가장 중요하게 생각해 볼 것은 어떤 작물을 키우든 '토양'과 '물'이 필요하다는 점입니다. 때 맞춰 비료를 주거나 가지를 치는 것도 중요하겠지만 무엇보다 좋은 토양과 충분한 물이 있어야 씨앗이 싹을 틔우고 자라날 수 있지요.

농사를 짓기 위해서는 응당 땅을 갈고 물을 대는 것이 먼저 해야 할 기본 과정입니다. 아이를 재우고 먹이는 일. 이 원초적인 일에 쓰이는 지난한 노고는 사실 뇌를 만드는 근본입니다. 마치 땅과 물처럼 이 과정 없이는 누구도 잘 자라날 수 없기 때문입니다. 아이의 성장을 위해 무언가를 가르치고 새로운 경험을 만들어 주는 일보다 어쩌면 더 중요하고 귀한지도 모릅니다. 그래서 부모의 품이 이렇게도 많이 드는 것이겠지요. 첫 번째 사이클은 매일매일 자갈을 골라내어 땅을 가는 이야기, 수면으로 시작하려고 합니다.

아이의 잠에 대한 고민을 가진 분들을 만나서 이야기를 나누어 보면 비슷한 이야기를 많이 듣습니다. 잠에 드는 데 오래 걸리거나, 다른 아이들보다 조금 자는 아이, 일찍부터 낮잠을 거부하거나 아침에 잘 못 일어나는 아이, 새벽마다 깨서 부모님의 품을 찾는 아이 등 자는 일이 어려운 아이와 부모님들의 이야기는 조금씩 닮아 있습니다. 부모님들은 이런 질문을 합니다. "어떻게 재우면 잘 자나요?" "몇 살부터 혼자 재워야 하나요?" "아이가 늦게 자는데 어떻게 빨리 재울 수 있나요?"

10분 안에 아이를 재우는 마법을 가르쳐 드릴 수 있다면 좋겠지만, 현실은 그렇게 쉽지 않습니다. 단 하나의 재우기 비법이 있는 것이 아니기 때문입니다. 잘 자는 아이를 만드는 방법을 이해하기 위해서 우리는 잠에 대해 자세히 알아볼 거예요. 잠이 우리에게 어떤 영향을 미치는지부터, 뇌가 어떻게 잘 시간을 알게 되는지, 잠에 영향을 미치는 요인은 무엇인지, 그리고 그 요인들을 어떻게 관리할 수 있는지 알아봅시다. 그리고 그 이해를 바탕으로 잘 자는 아이의 24시간을 꾸려 보도록 하겠습니다.

부모의 잠이 아이의 잠에 미치는 영향

갓 태어난 아이의 뇌 발달은 놀랍기 그지 없습니다. 뇌는 그 어느 때보다도 빠른 속도로 자라나지요. 그리고 이 시기 동안 아이는 가장 많이 잡니다. 영아기에는 부모들이 아이의 잠에 관심이 많습니다. 아이의 몸을 속싸개로 돌돌 말아 주고, 자장가를 틀어 주고, 공갈 젖꼭지를 물릴지 말지를 고민합니다. 갓난아기는 하루의 대부분을 자기 때문에 아이가 잘 자야 쑥쑥 큰다는 사실을 아무도 의심하지 않습니다. 사실 잠 못 드는 아이는 울고 짜증을 부릴 테니 재우지 않을 다른 대안도 없습니다. 부모는 아이를 잘 재우기 위해 노력할 수밖에 없죠. 게다가 아이의 잠은 부모의 잠에 영향을 미칩니다. 아이가 잘 자야 부모도 잘 수 있기 때문에 우리 모두 아이가 잘 자는 것에 공을 들입니다.

아이가 걸어 다닐 수 있게 된 이후부터 조금씩 잠은 우선순위에서 밀려납니다. 부모는 일찍 낮잠을 졸업하는 아이가 체력이 좋다고 생각해 낮잠을 건너뛰고, 좀처럼 잘 생각이 없어 밤 늦도록 놀자고 칭얼대는 아이에게 이제 그만 자라고 말하면서도 아이를 재우기 위한 마땅한 방법은 찾지 못합니다. 혹은 이제 아이가 조금 커서 배워야 할 것들이 많아졌으니, 늦은 밤까지 공부하거나 책을 더 많이 읽는 것을 잠보다 종종 우선하기도 하지요. 그래도 괜찮은 걸까요?

현재 한국에서 살고 있는 아이들은 잠이 부족합니다. 한국청소년정책연구원의 2017년 보고에 따르면 초등학생의 절반 이상이 권장 수면 시간보다 짧게 자고 있다고 합니다. 영유아도 마찬가지입니다. 을지병원 안영민 교수의 연구에 따르면 한국의 0세에서 3세 아이들은 다른 아시아 국가의 아이들이나 미국 아이들과 비교하여 가장 늦게 잠들고, 낮잠과 밤잠 시간이 짧으며, 낮잠의 횟수도 가장 적습니다. 총 수면 시간의 경우 미국과는 평균 1시간 차이가 나고요. 미국 아이들이 저녁 8시 25분에 밤잠을 시작하는 반면 한국 아이들은 밤 10시 8분에 잠든다고 합니다. 꽤나 늦은 시간이지요. 한국 아이들의 하루 평균 낮잠 시간은 2시간 26분, 다른 아시아 국가와 서양 국가는 모두 3시간이 넘습니다.

이 연구에서는 부모들의 특성이 아이들의 수면에 미치는 영향을 다양하게 분석했습니다. 아이의 밤잠 시작 시간에는 가족들이 밤에 텔레비전을 보는 것, 밤잠의 총 시간에는 부모의 경제 활동

여부, 밤잠의 중간에 깨는 일에는 모유 수유나 젖병 물리기 같은 밤중 수유가 영향을 미치는 것으로 밝혀졌어요. 즉 가족들이 늦게까지 텔레비전을 보거나 부모가 아침 일찍 출근하는 등 가정 내 수면 환경, 그리고 아이와 부모가 함께 자거나 밤에 수유를 하는 것과 같은 수면 행동 습관 등이 아이의 부족한 잠과 좋지 않은 수면 패턴의 원인입니다.

저는 미국에 살고 있기 때문에 이 차이를 보다 선명하게 느낍니다. 제가 사는 북캘리포니아 교외 지역의 작은 동네는 해가 지면 온 동네가 캄캄해집니다. 해가 일찍 지는 겨울엔 오후 5시 정도면 이미 길거리엔 사람이 없습니다. 길에는 조명이 별로 없고, 새벽녘에는 코요테가 다니기 때문에 아이들이 어두운 길가에서 놀 수 없습니다. 집집마다 차이는 있겠지만, 많은 어른들이 저녁 6시쯤이면 집으로 돌아옵니다. 저녁 이후로는 밖으로 잘 나가지 않는 것이 보통이지요. 방학을 맞아 한국에 가면 밤늦도록 밝은 길가와 늦은 시간에도 놀이터에 나와 노는 아이들이 생경합니다. 컨설팅을 통해 한국 부모님들과 대화를 나누다 보면 부모도, 아이도 대부분 바쁜 삶을 살고 적게 잡니다.

수면 부족이 일으키는 나비 효과

아이의 뇌가 건강하게 발달하기 위해 (그리고 부모의 뇌를 건강하게 유지하기 위해) 무엇을 개선해야 할지 단 한 가지만 꼽는다면 저는 주저없이 잠을 꼽겠습니다. 잠은 아이들에게, 아니 인류 모두에게 피할 수 없는 일차적 욕구입니다. 잠을 자지 않고는 살 수 없지요. 기네스북에 가장 오랫동안 잠들지 않은 사람으로 기록을 남긴 랜디 가드너Randy Gardner는 이 기록에 도전할 당시 17세 소년이었습니다. 건강한 소년이었던 가드너는 잠을 자지 않고 11일을 견뎠는데요. 이 과정에서 그는 점차 환각을 보고 망상에 시달리는 등의 모습을 보였다고 해요. 이 과정은 재미있는 신기록 세우기가 아니라 잠을 자지 않을 때 어떤 위험이 생길 수 있는지를 확인하는 기회가 되었고, 기네스세계기록협회는 도전자들의 건강을 위해 '오랫동안 깨어 있기' 기록의 도전을 더 이상 받지 않기로 결정했다고 합니다.

1983년 앨런 렉트셰이펀Allan Rechtschaffen 교수는 동물 연구를 통해 극심한 수면 부족은 결국 생명의 위협으로 이어진다는 것을 보여 주었습니다. 장시간 수면을 박탈당한 실험 쥐들은 여러 병리적 문제를 보이다 결국 죽음에 이르렀습니다.[1] 사람에게도 수면 문제는 건강에 다방면으로 안 좋은 영향을 미칩니다. 수면 부족이나 수면 장애는 암, 당뇨, 심장 질환, 조현병, 알츠하이머 등의 위험성을 높이고, 5시간 미만의 밤잠은 사망률을 15퍼센트 높인다고 합니다.

심각한 질환들에 대한 위험성은 차치하더라도, 잠은 아이들의 성장을 결정하는 핵심 요인입니다. 우선 숙면은 호르몬 분비와 관계되어 있습니다. 잠이 성장에 관여하는 호르몬들을 시간에 맞춰 분비시키기 때문이지요. 우리 몸에 수면 시간을 알려 주는 멜라토닌은 성장 호르몬 분비를 촉진시키는 역할을 하고, 해로운 지방을 연소하는 데 중요한 역할을 하는 아이리신이라는 호르몬을 분비시킵니다. 잠이 부족하면 배부름을 잘 느끼지 못해 과식을 하게 되고, 신체 에너지 레벨이 낮다고 느끼기 때문에 단맛을 갈망하게 됩니다. 이런 요인들이 힘을 합쳐 우리를 비만의 길로 이끌지요. 소아 비만은 아이의 몸이 건강하게 자라나는 데에 장애물이 되고요. 잘 자는 아이의 몸이 튼튼하게 자랍니다.

아이가 잘 자고 일어났을 때와 그렇지 않을 때를 떠올려 보세요. 아침에 방에서 나올 때의 표정부터 아마 다를 것입니다. 잘 자고 일어난 아이는 아침을 즐겁게 시작하고, 새로운 하루에 기쁘고 적극적인 자세로 참여할 준비가 되어 있을 거예요. 부모와 대화가 더 잘 통하고, 스스로 해야 할 일들을 더 쉽게 끝마칩니다. 아이가 만약 제대로 자지 못했다면 반대가 되겠지요.

잠을 설친 아이를 데리고 마트에 가서 장을 보는 것만큼 힘든 일은 없습니다. 아이는 카시트에 타려 하지 않거나, 쇼핑 카트에서 빠져나오려고 울음을 터뜨립니다. 아직 낮잠 시간이 아닌데 차에서 잠에 들고, 얼마 자지 못했기 때문에 깨워서 집에 데리고 들어오면 다시 짜증을 냅니다. 아이가 감기에 걸려 코가 막혔다거나, 어금니가 나면서 이앓이 때문에 며칠 못 잤다면 큰 문제가 되지는 않습니다. 원래대로 수면 패턴이 돌아오면 다시 괜찮아질 거예요. 하지만 수면 문제가 오랜 기간 지속되면 작은 차이가 쌓여 큰 변화를 만들게 됩니다.

기억력이 나쁘다면 잠부터 점검하라

잠은 무엇이길래 이렇게 아이들의 성장 전반에 영향을 미치는 것일까요? 과거의 학자들은 잠이란 몸, 그리고 뇌가 활동을 하지 않는 시간이라고 생각했습니다. 배터리가 방전된 전자기기처럼 깨어 있는 것의 반대라고만 생각했지요. 하지만 최근 연구들에서 자는 동안에도 우리의 몸은 무언가를 하고 있다는 것을 알게 되었지요. 특히 뇌는 자는 동안에도 활발하고 다양하게 활동합니다. 다만 온전히 깨어 있을 때와는 다른 특징을 보이지요. 뉴런은 서로 전기 신호를 주고받으며 의사소통합니다. 이때 만들어지는 전기 활동은 EEG Electroencephalograph 라는 장비로 측정할 수 있습니다. 머리에 여러 개의 전극을 붙이고 뇌의 부위별로 전기 활동이 어떻게 달라지는지 관찰하는 장비입니다. 이때 전기 신호는 파도처럼 오르락내리락하기 때문에 뇌파라고 부릅니다.

뇌파를 관찰하면 잠에도 여러 단계가 있다는 것을 발견할 수 있어요. 가장 크게 구분한다면 잠은 렘REM수면과 비렘Non-REM수면으로 나누어집니다. 렘수면은 급속 안구 운동 수면Rapid Eye Movement sleep이라고도 부르는데요. 이름 그대로 자고는 있지만 마치 깨어 있을 때와 비슷하게 안구가 빠르게 움직이고 있는 얕은 수면입니다. 렘수면을 하는 동안에는 안구가 움직일 뿐만 아니라 뇌파 역시 깨어 있을 때와 비슷합니다. 하지만 몸은 자고 있기 때문에 움직이지 않지요.

비렘수면은 다시 3단계(이론에 따라 4단계)로 구분되는데, 몸과 뇌가 함께 휴식을 취하는 잠을 의미합니다. 1, 2단계는 상대적으로 얕은 수면이고, 3단계는 깊은 수면 단계입니다. 이때에는 뇌파의 양상도 깨어 있을 때와 크게 차이를 보입니다. 성인의 경우 깨어 있는 상태부터 시작해 렘수면과, 1단계부터 3단계의 비렘수면까지의 사이클을 여러 차례 반복하면서 밤잠을 잡니다. 렘수면이 차지하는 비중이 전체 수면 시간의 약 20퍼센트에서 25퍼센트 정도라고 해요.

아이들이 이러한 수면 패턴을 갖기까지는 조금 시간이 걸립니다. 갓난아기는 수면의 단계 및 주기가 뚜렷하게 구분되어 있지 않습니다. 렘수면이 대부분이고, 깨어 있는 시간과 잠자는 시간 역시 성인보다 짧지요. 대개 24시간 동안 한 번의 밤잠을 길게 자는 성인과 달리 신생아들은 자고 일어나는 짧은 주기를 24시간 동안 여러 번 반복하게 됩니다.

그렇다면 우리는 왜 자는 것일까요? 잠은 아직까지 많이 밝혀지지 않아서 앞으로도 여러 연구가 필요합니다. 잠과 뇌의 관계도 물론 포함이고요. 지금까지 알려진 잠의 중요한 기능은 두 가지를 꼽을 수 있습니다. 하나는 노폐물을 없애는 과정이라는 것입니다. 뇌가 활동을 하기 위해서는 에너지가 필요합니다. 활발한 뇌의 활동은 어쩔 수 없이 노폐물을 남기게 되지요. 이 노폐물들을 치우는 일은 글림프 시스템Glymphatic System이 담당합니다. 뇌는 베타 아밀로이드와 타우 단백질 등의 노폐물을 배출하는데, 글림프 시스템은 우리가 자고 있는 동안에 더 활발하게 일하면서 이 노폐물들을 제거합니다. 2015년 한 연구에서 이 노폐물이 사라지지 않고 뇌에 남아 있으면 치매를 유발하는 것으로 밝혀졌습니다.[2]

두 번째로 중요한 기능은 바로 기억의 강화입니다. 기억은 학습의 꽃이죠. 과거의 일을 기억함으로써 우리는 앞으로의 일을 예측할 수 있고, 스스로가 세상에서 어떤 존재인지를 이해하게 됩니다. 만약 기억이 없다면 우리는 매일 아침 우리가 누군지부터 다시 생각해야 할 거예요. 기억에는 잠이 중요한 역할을 합니다. 우리가 잠을 자는 동안에 뇌는 하루 동안 쌓인 정보를 잘 정리합니다. 어떤 기억은 사라지고, 어떤 기억은 남지요.

2021년 노스웨스턴대학교 켄 팔러Ken Paller 교수가 발표한 수면과 기억에 대한 리뷰 논문에서는 이 과정을 마법 도구 상자Toolbox로 비유했습니다.[3] 기억은 조금씩 우리의 삶의 형태에 맞추어집니다. 우리가 기억을 어떻게 사용하는지에 따라 뇌는 이것들을 다르게 배열하고, 뇌가 많이 학습한 것은 점점 더 정교한 형태의 도구가 됩니다. 그래서 1년 전 도구 상자 속의 도구와 현재의 도구는 전혀 다릅니다. 뇌의 신경가소성이 이것을 가능하게 해 주기 때문이에요. 정말 마법 같은 일이지요?

잠을 자는 동안에 기억이 어떻게 강화되는지에 대해서는 아직 연구가 진행 중입니다. 유력한 설명은 비렘수면 단계에서 해마 Hippocampus🧠가 기억을 재활성화한다는 가설입니다. 해마가 어떤 기억은 재활성화하고, 어떤 기억은 재활성화하지 않으면서 기억을 선택적으로 강화한다는 것이지요. 또 다른 가설은 잠을 자는 동안 시냅스의 연결 강도가 약화된다는 것입니다. 뇌가 불필요한 시냅스를 줄이면서 필요한 기억이 더 잘 떠오르도록 도와준다는 것이지요. 두 이론은 상반된 입장은 아니며, 최근 연구에서는 두 가설의 가능성을 모두을 확인하기도 했다고 하니 앞으로 더 밝혀질 잠과 기억 사이의 비밀이 매우 기대됩니다.

ADHD 아이들은 수면 문제를 겪는다

저는 어제 잠을 충분히 자지 못했습니다. 아이들이 방학을 맞이해서 낮에는 일을 거의 못했고, 밤에 몰아서 하려다 보니 어느덧 새벽 3시가 되었더라고요. 아침엔 당연히 일어나기 힘들고, 머리가 무겁습니다. 커피로 잠을 깨우는 일은 피하려고 하기에 그대로 버텼더니 오후가 되자 정신이 멍하고, 읽던 책이 잘 눈에 들어오지 않네요. 성인들도 잠이 부족하고 피로하면 주의가 산만해지고 해야 할 일에 집중하기 어려워집니다. 아이들의 집중력 역시 잠의 영향을 받습니다.

하버드 의대의 연구에 따르면 3세에서 7세에 잠이 부족한 아이들은 약 7세 무렵 실시한 인지 검사에서 집행 기능 수준이 낮은 것으로 판단되었습니다.[4] 존스홉킨스 의대의 수면무호흡증 연구팀은 아동과 청소년의 수면무호흡증은 기억, 학습, 집행 기능의 신경병리적 결함을 낳는다고 밝히며, 이 기능과 관련된 뇌 영역인 해마와 전전두엽Prefrontal Cortex의 신경 손상 가능성을 이야기하기도 했어요.[5] 단기적으로 인지 및 학습 능력의 저하가 생기고, 장기적으로는 뇌 발달의 저해나 신경 손상으로 이어질 수 있다는 것이지요.

ADHD 아이들은 수면 부족 문제나 수면 장애를 함께 갖고 있거나, 다른 아이들보다 낮에 더 졸음을 호소한다고 이야기하기도 합니다. 수면 부족의 증상은 ADHD 증상과 많은 부분 닮았고, 얼핏 그 둘을 구분하기 어려울 때가 많습니다. 수면 전문가이자 신경과의사인 크리스토퍼 윈터Christopher Winter 박사는 ADHD와 수면 장애를 함께 가지고 있는 아이들이 수면무호흡증이나 하지불안증후군을 치료하자 ADHD 증상도 완화되거나, 증상의 수준이 ADHD 진단 기준을 완전히 벗어나 더 이상 ADHD가 아니라고 판단되는 경우들을 목격해 왔다고 해요. 이렇게 잠은 아이들의 인지 능력과 집중력에 영향을 미쳐 그들이 자라면서 필요한 것을 얼마나 잘 배울 수 있을지를 결정합니다.

잠의 중요성을 이야기하자면 사실 이 지면을 가득 채울 수도 있을 것 같습니다. 어쩌면 누군가에게는 잠이 중요하다는 이야기는 너무 당연하게 들릴지도 모르겠어요. 당연해 보일 수도 있는 이야기를 하는 데에 많은 지면을 할애하는 이유는 아이의 뇌 발달을 위해 지켜야 할 기본을 말하기 위해서입니다.

우리 아이의 잠에 대해 같이 짚어 봐요. 충분히 자고 있는지, 건강한 수면 습관을 갖고 있는지, 그리고 이를 위해 좋은 수면 환경을 제공하고 있는지부터요. 여기에서부터 걸림돌이 있다면 가장 먼저 아이가 잘 자는 생활 패턴을 만드는 데에 부모님의 에너지를 집중하면 좋겠습니다. 잠은 뇌 발달에 단단한 기초를 만들어 주고, 이후 나올 이야기들은 모두 이 기초 공사 후에 쌓아 올릴 벽돌 같은 것이거든요. 우리는 모두 잘 자야 합니다.

우리 아이의 권장 수면 시간은 얼마일까?

충분히 자는 것은 아이들에게 가장 우선되어야 합니다. 잠은 아이들의 뇌가 지금 당장의 기능을 잘하기 위해서도, 앞으로 잘 성장하기 위해서도 필요한 것이니까요. 그럼 얼마나 자야 충분할까요? 가장 많이 언급되는 기준은 미국의 국립수면재단National Sleep Foundation, NSF의 가이드라인입니다. 다양한 분야의 전문가들이 현재까지 잠에 관해 누적된 연구들을 분석하여 사람이 잘 기능하기 위해 적절한 수면 시간을 분석한 결과입니다.

여기서는 권장 수면 시간과 적당 수면 시간을 나누어 제안하고 있습니다. 권장 수면 시간은 전문가들이 적절한 수면 수준이라고 대부분 동의하는 시간대이고, 적당 수면 시간은 이 정도 잠을 자면 크게 우려하지 않아도 될 만한 수준이라고 보는 시간대라고 이해

하시면 됩니다. 가이드라인의 수면 시간은 낮잠과 밤잠을 합친 총 수면 시간입니다.[6]

아이가 얼마나 자고 있는지 객관적인 시선에서 관찰해 보신 적 있나요? 3일에서 5일 정도 아이의 수면 시간을 기록해 보세요. 아이가 잠든 시간과 일어난 시간, 낮잠 시간을 모두 적은 뒤 평균 수면 시간을 계산해 보시면 됩니다. 수면 시간이 들쑥날쑥하는 아이일수록 좀 더 오래 관찰하여 평균을 내세요. 전문가들이 동의하는 권장 수면 시간이 있긴 하지만, 얼마나 자야 충분한지는 개인차가 존재할 수밖에 없습니다. 성인들도 6시간만 자도 맑은 정신을 유지하는 사람이 있는가 하면 8시간에서 9시간 정도를 자야 개운한 사람이 있듯이요.

아이들도 마찬가지입니다. 남들보다 조금 자는 아이도 있고, 더

연령별 권장 수면 시간과 적당 수면 시간

연령	권장 수면 시간	적당 수면 시간
0~3개월	14~17	11~19
4~11개월	12~15	10~18
1~2세	11~14	9~16
3~5세	10~13	8~14
6~13세	9~11	7~12
14~17세	8~10	7~11

많이 자는 아이도 있습니다. 밤잠을 조금 자고 낮잠을 많이 자는 아이도 있고, 낮잠은 일찍 졸업하지만 밤잠을 많이 자는 아이도 있고요. 따라서 우리 아이가 평균적으로 얼마나 자는지에 대한 정확한 이해와 더불어 아이가 충분한 휴식을 취하고 아침에 일어나는지를 함께 고려해야 합니다. 잘 자고 일어난 아이는 아침에 활기차게 하루를 시작할 수 있고, 낮 동안 활발하게 활동하며, 자는 시간과 깨어 있는 시간의 구분이 명확합니다.

만약 아이가 오랜 시간 동안 잤는데도 아침에 잘 못 일어난다거나, 낮잠 시간이 아닌데도 꾸벅꾸벅 졸거나 밤잠 시간까지 활동하는 것을 버거워한다면 수면 시간이 권장 시간 안에 들어간다고 해도 잘 쉬고 있지 않은 것인지도 모릅니다. 아이가 많이 자는 것처럼 보이지만 수면의 질이 낮은 것은 아닌지 확인해 보세요.

처음에 예를 들었던 성은이의 이야기로 돌아가 보겠습니다. 성은이의 밤잠 시간은 주로 밤 11시에 시작해 아침 8시에 끝납니다. 한 시간 정도의 낮잠을 가끔 잔다고 가정하겠습니다. 성은이의 총 수면 시간은 약 9시간에서 10시간입니다. 4세 아이가 평균적으로 9시간에서 10시간을 잔다면 다른 아이들에 비해 적게 자는 것 같다고 느낄 수도 있어요. 하지만 9시간에서 10시간을 규칙적으로 자고 있다면 미취학 아동에 해당하는 4세 성은이의 권장 수면 시간과 적당 수면 시간의 경계 정도입니다. 성은이의 신체 성장, 인지 발달, 그리고 행동에 특이점이 없다면 아마도 걱정할 만한 수준의 수면 시간은 아닐 거예요. 단지 성은이가 다른 아이들보다 한두 시간 적게 자도 괜찮은 아이일 뿐인 것이죠. 그렇다면 왜 성은이네 가족은 잠 때문에 어려움을 겪는 것일까요?

우선 성은이가 현재 잠드는 시간보다 일찍 재우려는 부모님의 시도가 성공하지 못하고 있다는 점을 꼽을 수 있습니다. 또 성은이가 아침에 일어나는 시간이 가족의 생활 패턴에 비해 늦기 때문에 이후의 일상생활에 지장이 생기는 것이 문제가 될 수 있겠지요. 잠에서 자주 깨고, 깰 때마다 엄마를 찾는 것은 가족 모두의 수면의 질을 떨어뜨릴 거예요. 잠이라는 것은 이 모든 것의 합입니다. 얼마나 오래 자는지부터 언제 잠드는지, 잠드는 데에 얼마나 걸리는지, 그리고 자면서 얼마나 깨는지 등이 모두 중요합니다. 다양한 요인들이 여기에 영향을 미치고, 또 서로가 서로에 영향을 미치기도 합니다.

아이의 활동 일주기를 안정시켜라

아이가 잘 자는 것에 대해 이야기하기 전에, 가장 먼저 짚고 넘어가야 할 점이 있어요. 잠은 다른 사람이 '재우는' 것이 아니라 스스로 '잠들고 깨어나는' 것입니다. 흔히 아이가 혼자 자는 것을 '수면 독립'이라고 부릅니다. 아이가 부모의 도움 없이 홀로 방에서 잠든다는 뜻으로 많이 사용합니다. 하지만 엄밀히 말해 잠은 원래 독립적인 것입니다. 외부의 무언가가 자신을 억지로 잠들게 할 수는 없거든요. 있다면 수면제 정도이겠지요.

신생아가 모유 수유를 하다 잠이 든다 하더라도 매번 일어나는 일은 아니고, 부모가 아이의 옆에서 토닥이며 자장가를 불러 준다 하더라도 아이가 어느 순간에 잠들지 통제할 수는 없습니다. 한 곡만 불러도 잠드는 날도 있고, 열 곡을 부르는 날도 있을 수도 있죠.

잠은 자신 안에서 일어나는 일입니다. 뇌에서 시간의 흐름을 인식하고, 적절한 몸의 반응을 유도하기 때문에 잠에 들게 됩니다. 누군가 자라고 지시한다고 되는 것이 아닙니다. 이것을 명심하는 것이 최우선 단계라고 볼 수 있습니다.

그렇기 때문에 부모의 역할은 아이를 재우는 것이라기보다는 아이가 잘 잘 수 있는 환경을 만들어 주는 것에 가깝습니다. 이 점을 받아들이기만 해도 잠에 대한 부담이 조금 줄어듭니다. 잠드는 순간을 부모인 내가 책임지거나 통제할 수 없다는 것 말이에요. 부모님은 아이가 잘 수 있는 환경을 잘 유지하는 데에 노력하세요. 잠드는 것은 아이의 몫입니다.

아이가 잠들도록 도와주는 방법은 많이 있습니다. 옆에 누워 하염없이 토닥이는 것도 한 가지 방법이 될 수 있겠지만 그보다 더 쉽고도 강력한 방법이 있답니다. 바로 24시간의 신체 리듬을 관리하는 것입니다. 사람은 낮에 활동하고 밤에 자는 주행성 동물이죠. 해가 떠오르면 정신이 맑아져 몸을 움직여 무언가를 하고, 해가 지면 활동성이 낮아지고 피로를 느껴 쉬고 싶어집니다. 이렇게 밤낮의 변화와 24시간 주기에 맞추어 신체적, 정신적, 행동적인 변화가 일어나는 것을 활동 일주기Circadian Rhythms라고 합니다.

이 활동 일주기는 사람뿐만 아니라 다른 동물들, 식물이나 균류, 박테리아까지도 가지고 있는 생물학적 신체 시계라고 할 수 있어요. 우리의 몸은 이 생물학적 시계를 따라 살아가게 됩니다. 대표적인 예는 체온의 변화예요. 우리의 체온은 아침에 일어나자마자 올라가기 시작해서 활발하게 움직이는 낮 동안 높은 수준을 유지합니다. 잘 시간이 다가오면 점차 낮아지고요. 체온뿐만 아니라 소화, 운동성, 세포의 재생 등이 이 리듬의 영향을 받습니다. 잠도 마찬가지이고요.

활동 일주기는 환경적 요인들의 영향을 받습니다. 이 요인들을 우리는 자이트게이버Zeitgeber(시간을 주는 자)라고 부릅니다. 다음 표는 잠에 영향을 주는 다섯 가지 요인을 정리한 것입니다.

잠에 영향을 주는 5가지 요인

빛	우리 몸은 밝을 때 깨어나고, 어두울 때 휴식을 취합니다.
온도	전기가 없던 시절 빛은 곧 태양이었지요. 태양이 떠오르면 세상이 밝아짐과 동시에 체온이 올라갑니다. 온도 역시 아침의 신호가 되어 몸을 깨웁니다.
음식	음식의 섭취는 신체의 활동을 의미합니다. 규칙적인 식습관은 아이의 몸이 시간의 흐름을 일정하게 받아들이는 데에 도움이 됩니다.
운동	음식의 섭취와 마찬가지입니다. 활발한 신체의 움직임은 뇌에 활동 시간과 휴식 시간이 언제인지 인식시킵니다. 하루의 운동량은 신체의 피로를 결정하며, 잠의 시작 시간과 총량에 영향을 미칩니다.

소리와 사회적 교류	부모들이 많이 간과하는 요인들 중 하나는 소리와 사회적 교류입니다. 잠과 휴식은 곧 혼자의 시간을 의미하기 때문에 주변의 소음, 특히 다른 사람의 말소리는 몸을 깨우는 원인이 됩니다.

이 요인들의 복합적인 영향으로 우리는 대략 24시간의 신체 리듬을 갖게 되고, 이것이 안정화될 때 규칙적인 잠이 가능합니다.

건강한 수면 패턴을 만드는 77가지 기술

아이를 10분 만에 재우는 비법은 없다고 말씀드렸던 것 기억나시나요? 아이가 잘 자기 위해서는 잠드는 순간이 아니라 활동 일주기 전체의 도움이 필요합니다. 아침에 일어나서 밤에 잠들기까지 아이의 몸이 자연스럽게 깨어났다가 잠들 수 있도록 환경을 정비해 주세요. 대부분의 수면 전문가들은 성인이 늦게 자고 늦게 일어나도 규칙적인 수면을 하고, 수면의 질이 좋다면 건강에 무리가 없다고도 합니다. 아이들의 경우라면 저는 일찍 자고 일찍 일어나는 습관을 갖추는 것이 더 좋다고 생각합니다. 아이의 뇌는 발달 중이고, 건강한 수면 패턴을 갖는 데에는 빛과 함께 일어나 어둠과 함께 잠드는 것이 도움이 된다고 생각하거든요.

또한 아이가 깨어 있는 시간은 아이의 활동에도 영향을 미칩니다. 아침 7시에 일어난 아이는 아침부터 저녁까지 언제든 밖에 나가서 햇빛을 충분히 받고 뛰어놀 수 있는 반면, 오전 10시에 일어나 밤 12시에 잠드는 아이는 네다섯 시간을 어둠 속에서 활동하게 됩니다. 밖에 나가서 뛰어놀거나 친구와 어울릴 기회 자체에 차이가 생기게 되겠지요. 그래서 24시간을 함께 고려하는 것이 중요하지요. 아이들에게 어떤 생활 환경을 제공하는 것이 좋을지 시간대별로 생각해 보겠습니다.

◉ 아침 : 여유 있게 일어나요

아이가 정확하게 몇 시에 일어나는 것이 좋다고 정하기는 어렵습니다. 가정마다 사정이 다르기 마련이니까요. 하지만 아이가 아침에 일어나 활동을 시작하는 데에 충분한 여유가 있을 만한 시간에 일어나도록 합니다. 만약 아이가 너무 늦게 자고 늦게 일어나는 수면 패턴을 갖고 있다면, 일찍 깨우는 것부터 시작하세요. 한번에 세 시간을 당기기보다는 30분씩 차근차근 당기며 아이의 몸을 적응시켜 주는 것이 좋아요.

아침은 곧 빛입니다. 밝은 빛으로 아침 시간을 알려 주세요. 커튼을 걷어 햇빛이 들어오게 하고, 어둑한 날이라면 불을 켜서 뇌에 아침이 왔음을 알립니다. 소리도 마찬가지 효과가 있죠. 부드럽게 깨우는 소리, 다른 가족들의 말소리, 거실의 음악 소리나 부엌에서 아침 식사가 준비되는 소리 등으로 하루가 시작되었음을 알려 주세요. '시간을 주는 자'들에는 상호작용도 포함됩니다. 아이가 깨어났을 때 눈을 맞추고 인사해 주세요. 꼭 안아 주거나 머리를 쓰다듬어 주며 이제 부모님과 아이가 함께 소통하는 시간이 시작되었음을 알립니다. 아침 식사로 하루를 시작할 힘을 만들어 주세요.

◗ 오전 : 햇빛을 받아요

오전에 햇빛에 노출되는 것은 체온을 올리고 뇌를 활짝 깨워 줍니다. 아직 학교에 다니지 않는 아이라면 아침 산책이나 오전 시간을 이용한 바깥놀이를 권합니다. 하루 일과 전체에 긍정적인 영향을 줄 거예요. 학교에 다니는 아이라면 학교에 걸어가면 좋아요. 너무 가까운 거리라면 등굣길에 10분만 더 걸어 보세요. 일찍 도착해 운동장에서 놀 수 있으면 더 좋고요! 아이와 함께 산책하면서 햇빛을 쬐면 부모님의 잠에도 도움이 되지요. 햇빛은 멜라토닌 분비에 영향을 미치니까요. 햇빛을 쬐는 동안에는 멜라토닌 분비가 줄어들고, 어두워지면 멜라토닌이 분비되어 잠이 오게 됩니다. 낮에는 잊지 말고 아이와 야외에서 시간을 보냅니다.

◐ 낮잠 : 밤잠을 위해 휴식해요

아직 낮잠을 자는 아이라면 이것을 기억해 주세요. 낮잠은 하루를 잘 마무리하고 밤잠에 들기 위한 수면 보충 시간입니다. 아이가 클수록 잠의 중심은 밤잠으로 옮겨 가야 합니다. 물론 낮잠에는 분명한 장점이 있어요. 몸과 뇌에 휴식을 제공하여 하루의 효율을 높이고, 학습과 기억에도 도움을 줍니다. 하지만 밤잠에 안 좋은 영향을 미칠 정도로 자는 것은 좋지 않아요. 낮잠은 저녁까지의 일과를 잘 마무리할 수 있게 쉬어 가는 시간으로 생각하시면 됩니다.

가끔 아이가 낮잠을 못 잔 날이나 낮잠을 서서히 졸업해 가는 경우에는 꼭 잠들지 않더라도 휴식을 취하는 시간을 갖는 것이 좋아요. 낮잠에는 정해진 권장 시간이 없습니다. 대개 한 살에서 두 살 무렵에는 오전 낮잠을 졸업하는 것이 일반적입니다. 어떤 아이는 세 살에서 네 살쯤 낮잠을 완전히 졸업하기도 하고, 다섯 살이어도 낮잠이 필요한 아이도 있습니다. 아이의 수면 패턴과 가정의 생활 패턴에 맞게 낮잠 시간을 조정하시면 됩니다.

◐ 저녁 : 잠이 잘 오는 환경을 만들어요

저녁 식사 이후로는 하루를 마무리하는 과정으로 생각합니다. 아이가 배가 부를 만큼 먹는 것이 잠을 도와줍니다. 배가 고프면 잠이 잘 오지 않고, 아침까지 음식을 먹지 않고 자려면 배가 충분히 불러야 합니다. 저녁 식사를 마치고 밤잠을 시작하기까지 시간 간격이 너무 멀면 허기 때문에 아이가 잠이 잘 안 올 수도 있으니 그 점도 한번 점검해 보세요. 저녁 식사 이후에는 집 안의 조도를 조금 낮추어 밤이 오고 있음을 알려 주세요. 시끄러운 음악이나 텔레비전 소리를 없애고 차분한 분위기를 만들어 줍니다.

아직 확실하게 결론 지어진 것은 아니지만 블루 라이트가 수면에 미치는 영향에 대해 경고하는 전문가들도 많이 있습니다. 디지털 기기 화면에서 나오는 블루 라이트가 몸이 밤을 인식하는 것을 방해하고, 잠드는 것을 어렵게 한다고 해요. 하버드 의대의 연구에 따르면, 자기 전에 태블릿 PC로 전자책을 읽으면 종이책을 읽었을 때보다 멜라토닌의 분비가 늦어져서 잠드는 시간도 뒤로 밀린다고 합니다.[7]

다른 연구에서는 블루 라이트 차단 기능을 사용해도 디지털 기기 이용이 잠드는 시간을 뒤로 늦춘다는 것을 발견했습니다. 그러니 아이가 자기 전에는 디지털 미디어 이용을 자제하여 뇌의 흥분도 가라앉히고, 디지털 기기의 화면에서 나오는 빛, 특히 블루 라이트의 영향으로 아이가 잠 못 드는 일도 피하도록 합니다. 부모님도 마찬가지이고요!

◉ 밤잠 : 독립적인 습관을 들여요

잘 시간이 다가오면 체온이 내려가기 시작합니다. 뜨거운 물로 샤워를 한 직후보다는 샤워를 마치고 시간이 지나 몸이 식을 때 잠이 더 잘 옵니다. 실내의 온도 역시 낮의 온도보다 조금 선선하게 하는 것이 숙면에 도움이 됩니다. 수면 전문가들과 함께 건강한 수면에 대한 전문 지식을 전달하는 미국의 비영리단체, 슬립 파운데이션Sleep Foundation에 따르면 숙면에 좋은 실내 온도는 약 18.3도, 신생아에게는 조금 더 높은 20.5도가 적당하다고 합니다.

아이가 자는 방은 어둡게 유지하여 아이의 뇌에 밤이 오는 것을 알려 줍니다. 아이 방에는 암막 커튼보다는 일반 커튼을 더 권합니다. 아침이 오면서 자연스럽게 밝아지는 것을 느낄 수 있으니까요. 하지만 창문 앞에 밝은 불빛이 있다면 암막 커튼으로 막아 주는 것도 방법이 될 수 있겠지요.

잠자리 독서를 하거나 자장가를 두어 곡 불러 주는 등 아이가 편안하게 하루를 마무리하고 부모의 사랑을 느끼며 잠드는 것은 물론 좋은 방법입니다. 하지만 아이가 잠들 때까지 아빠가 등을 쓰다듬어 주거나, 아이가 깰 때마다 엄마의 잠옷 자락을 찾는 등의 습관은 결과적으로 아이의 숙면을 방해할 가능성이 높습니다. 다른 사람에 기대어 잠드는 습관이 되니까요.

하루아침에 아이의 습관을 바꾸기는 어려울 거예요. 차근차근 연습하며 아이에게 '밤은 각자 쉬는 시간'임을 알려 주세요. 혹시 잠에 바로 들지 않더라도, 자다가 깨더라도 말이에요. 부모님을 찾아서 다시 잠들어야 한다는 생각보다, 잠시 혼자 쉬면 잠이 온다고 생각할 때 아이들의 마음이 더 편안해질 거예요. 그렇게 스스로 휴식을 취하다 보면 아이는 다시 잠들게 됩니다.

☽ 규칙적인 일과를 지켜요

이렇게 만든 하루의 일과는 가급적 규칙적으로 유지합니다. 24시간의 신체 리듬이 생기기 위해서는 규칙적인 생활을 통해 언제가 아침이고 언제가 밤인지, 언제 함께 놀고 언제 따로 쉬는지를 학습해야 합니다. 오차 없는 시간표를 지키며 살 수는 없습니다. 하지만 가능하면 주말에도 비슷한 시간에 일어나고, 낮잠 시간대를 비슷하게 유지하면 수면 패턴이 자리 잡는 데에 도움이 됩니다. 가끔 특별한 이벤트가 있을 때도 있고, 아이가 아파서 일과가 모두 흐트러질 때도 있죠. 너무 걱정할 필요는 없습니다. 아픈 아이가 낫듯이, 깨진 일과도 얼마든지 다시 회복할 수 있습니다.

☽ 잠과 좋은 관계를 맺어요

아이의 잠만큼이나 중요한 것은 부모인 우리의 수면입니다. 아이의 잠은 부모의 잠을 닮기 때문입니다. 부모가 잠에 대해 부정적인 표현을 자주 하거나 잠을 방해하는 행동을 많이 한다면 아이는 그것을 보고 배우게 됩니다. 아이가 아침에 일찍 일어나 활동을 시작하기 위해서는 자신과 함께 아침에 일어나 온 집 안을 활기차게 깨우는 부모가 필요하고, 아이가 밤에 스마트폰을 내려 놓기 위해서는 디지털 미디어 이용을 관리하는 부모가 필요해요. 아이들은 아직 배우는 단계니까요. 부모님이 먼저 잠을 삶의 우선순위로 두고, 좋은 수면 환경을 가정 안에서 만들어 주세요.

"낮에 산책을 해라" "규칙적으로 잠자리에 들어라" "밤늦게 스마트폰을 보지 마라." 잠을 위한 조언은 단순하고 한 번쯤 들어 본 것들이지만, 실천은 쉽지 않죠. 하지만 이 작은 행동들이 모여 뇌가 좋은 수면을 배우게 되고, 이를 통해 뇌 발달이 이루어진다는 것을 기억해 주세요.

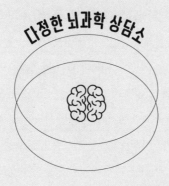

Q. 아이를 꼭 따로 재워야 할까요?

A. 밤은 휴식의 시간이고, 아이에게는 조용하게 홀로 쉬는 연습이 필요합니다. 이것이 반드시 아이가 독방을 써야 한다는 것을 의미하지는 않습니다. 가정의 사정에 따라 아이의 잘 공간을 조용하고 차분하게 준비해 주세요. 몇 시간을 자야 하는지에 대해서는 가이드라인이 있지만, 어디에서 자야 하는지에 대해서는 정해진 지침이 없습니다. (신생아의 경우 성인과 함께 자는 것은 사고의 원인이 될 수 있어 분리 수면을 권장하기도 합니다.) 성인이 될 때까지 형제자매 간에 방을 공유하는 경우도 많이 있지요. 아무래도 방을 공유하면 상호작용이 이어지기 때문에 잠드는 것에 방해를 받기 쉽습니다. 이 점은 조금 감안하고 아이가 쉽게 잠들 수 있는 환경을 만들기 위해 고민해야 합니다.

아이가 부모님이나 형제자매와 계속 놀기를 원한다면 오늘의 노는 시간은 끝났다는 것을 알려 주고, 내일 아침에 다시 놀이 시간이 시작됨을 분명하게 이야기해 주세요. 나이 차이가 있는 형제자매들은 잠드는 시간을 다르게 해 서로 방해가 되지 않도록 할 수도 있겠지요. 아이로 하여금 장난감에 밤 인사를 하거나, 장난감들을 상자에 넣고 뚜껑을 닫는 것처럼 놀이 시간을 마무리하는 의식을 만드는 것도 도움이 됩니다.

아이가 부모님과 다른 방에서 자는 것을 연습하고 있다면, "자다 깨도 엄마 찾지 마! 방에서 나오지 마!"라고 하기보다는 "배가 아프거나 무서운 꿈을 꿨을 때처럼 엄마가 꼭 필요하면 불러도 괜찮아. 그런데 그냥 잠깐 깬 거면 '아직 밤이니까 쉬는 시간이구나'라고 생각하고 편안하게 쉬면 돼. 그럼 다시 잠이 올 거야"라고 알려 주세요. 부모님에게 다가가는 것을 아예 차단하면 아이가 오히려 불안할 수 있습니다.

잠은 아이의 뇌가 잘 자라고 건강하게 기능하기 위해 기본이 되는 요소입니다. 가장 먼저 우리 아이가 적당한 수면 시간을 지키고 있는지 확인해 보세요. 아이들에게 잠을 포기하고 선택해야 할 것은 없습니다. 수면의 양 다음으로는 수면 습관을 점검해 보세요. 이러한 문제를 해결하면 우리 가족의 생활이 한결 수월해집니다.

1. 우리 아이의 수면 시간은 적당한가요? 3~5일 동안 밤잠과 낮잠을 더한 총 수면 시간을 기록하여 평균 수면 시간을 계산해 보세요. 이 값을 우리 아이에 해당하는 연령대의 권장 혹은 적당 수면 시간과 비교해 보세요. 이 시간들에 비해 아이의 수면 시간이 부족하다면 평소 아이의 하루 컨디션이 어떤지 관찰해 보세요.

   *_____

   *_____

2. 우리 아이의 수면 패턴은 규칙적인가요? 3~5일 동안 아이가 잠에 든 시간과 일어난 시간을 기록하여 규칙적인지 살펴 보세요. 주중과 주말에도 비슷한 수면 패턴이 유지되는지 생각해 보세요.

   *_____

   *_____

3. 아이의 수면 습관이 우리 가족의 생활에 지장을 주지 않나요? 고민이 되는 아이의 수면 습관이 있다면 적어 보세요.

   *_____

   *_____

Cycle 2

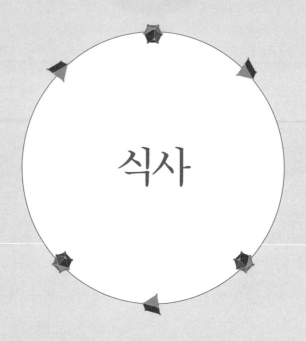

식사

뇌가 좋아하는 식탁은 따로 있다

아이들은 잘 먹어야 잘 자랍니다. 빠른 속도로 자라나는 아이의 뇌 세포들에 영양을 공급해야 하고, 뇌가 활발하게 기능하기 위해 필요한 열량도 흡수해야 하기 때문입니다. 또한 건강하고 바른 식습관은 일평생 아이의 건강을 책임지는 일이기 때문에 어린 시절부터 공들여 만들어 가야 합니다.

아이가 먹는 것이 곧 아이의 미래

스튜디오B 컨설팅에서 만난 세 살 영인이네 가족이 있습니다. 영인이의 부모님에게 가장 큰 고민은 식사 시간입니다. 이유식을 할 때에는 그래도 곧잘 먹었다고 해요. 그런데 아이가 점점 클수록 작은 문제들이 생겨났습니다. 처음엔 아이가 가만히 앉아 있지 않는 데에서 시작했어요. 돌 이전에는 벨트를 채우는 아기용 의자를 사용했기 때문에 식사 시간에 앉혀 두기 편했지만, 돌이 지나고 아이가 자라나니 의자가 비좁아지기 시작했습니다. 성인 의자에 방석을 두고 앉히자 아이는 자유롭게 돌아다니게 되었지요. 아이는 음식을 한 입 먹고 거실에 가서 장난감을 갖고 놀고, 두 입 먹고 책을 들고 와 읽어 달라고 해요.

이유식을 졸업하고 밥과 반찬을 따로 차려 주게 되자 영인이는 채소를 거부하기 시작합니다. 채소의 맛을 느끼면 혀로 밀어내고, 볶음밥이나 죽 등에 들어 있는 채소도 초록색이라면 무조건 골라냅니다. 골라낸 채소를 아래로 던지다 보니 바닥이 늘 엉망진창입니다. 그러다 보니 아이에게 매일 비슷한 메뉴만 먹이게 되고, 아이가 자꾸 돌아다니다 보니 먹는 양도 시원치 않지요.

어느 날 외식을 하러 나갔다가 아이가 의자에 앉기를 거부하기에 스마트폰으로 영상을 틀어 주었습니다. 아이는 순식간에 조용해지고, 앉아서 엄마가 숟가락에 떠 주는 밥을 군말 없이 먹었습니다. 고기 이불 덮어 숨긴 시금치도 몇 번 먹었지요. 몇 달이 지나자 영인이는 영상을 틀어 주지 않으면 밥을 먹지 않게 됩니다. 이제는 잘 먹던 음식들도 스마트폰 없이는 거부하고 있어요. 스튜디오B의 '식사 독립' 프로그램에서 만나는 아이들에게서 흔하게 찾아볼 수 있는 일입니다.

밥을 잘 안 먹거나 골고루 먹지 않고 좋아하는 것만 골라 먹는 아이, 채소를 싫어하고 초록색이라면 무조건 거부하는 아이, 혹은 새로운 음식이라면 시도도 하지 않고 입을 꾹 다무는 아이 등 편식하는 아이에게 밥을 먹이는 것은 부모에게 쉽지 않은 일입니다. 시간이 더 지나면 아이가 밥을 잘 먹지 않아 신체 성장 속도가 둔화되거나, 단 것만 찾아 충치가 생기는 등의 문제가 생기기도 하니까요.

영인이의 부모님처럼 영상을 틀어 주고 떠먹이거나 '세 번만 먹고 가라'는 지시를 따르지 않으면 간식을 주지 않는 등의 방법을 택하기도 합니다. 아이가 음식을 먹는 행동에 부모가 관여하고, 얼마나 먹을지 대신 결정해 주는 것이죠. 2022년 한 해 동안 스튜디오B 식사 독립 프로그램에 참여한 105명의 부모님을 대상으로 설문 조사를 한 결과, 대부분이 식사 관련 고민으로 가장 많이 꼽은 것은 '아이가 음식을 스스로 먹지 않고 부모가 떠먹인다'는 것이었습니다. 그 뒤를 따르는 고민은 아이가 식사 시간에 돌아다니고, 음식을 골고루 먹지 않는 것이었지요. 편식이 가장 큰 고민이라는 응답을 예상했던 저에게는 놀라운 결과였습니다. 그리고 이것이 가장 먼저 바꾸어야 할 문제라는 것도 알게 되었지요.

수면이 농사를 짓기 위해 땅을 고르는 과정이라면 식사는 물을 대는 것과 같습니다. 뿌리를 내린 식물이 자라나기 위해서는 충분한 물이 필수입니다. 사람의 몸도 마찬가지입니다. 몸의 어느 부분이든 자라나기 위해서는 영양분이 필요하지요. 건강한 식사는 키가 크고 몸무게가 증가하는 데 핵심이고, 건강 관련 문제가 생기는 것을 방지하도록 도와줍니다. 뇌에도 영양분이 필요합니다. 잘 기능하기 위해서도, 잘 자라기 위해서도요. 여기에서 '잘 먹는다'는 것은 채소 반찬을 골라내지 않고, 저지방 우유를 마시는 것을 의미하지 않습니다. 우리를 살아가게 하는 생존 능력인 음식을 먹는 방법을 잘 배운 것을 의미합니다.

'당신이 먹는 것이 곧 당신이다 You Are What You Eat'라는 말이 있습니다. 이 말을 있는 그대로 받아들이면 우리가 음식으로 섭취하는 영양소가 우리 몸을 구성하는 세포를 만드는 것을 생각해 볼 수 있습니다. 얼마나 건강하고 균형 잡힌 식사를 하는지는 우리의 정신과 행동에 영향을 미치기도 합니다. 음식을 통해 충분한 힘을 얻고 맑은 정신을 느낄 수도 있고, 그 반대도 가능하지요. 음식은 우리가 어떤 사람으로 살 것인지를 결정합니다.

아이들의 경우에는 이 말을 이렇게 바꾸어 볼 수 있습니다. '아이가 지금 먹는 것은 그 아이의 미래이다'라고요. 오늘 아이들이 먹는 것은 아이의 현재 건강에 영향을 미칠 뿐만 아니라 아이가 평생 살아갈 방향이 되기도 합니다. 오늘 먹은 그 음식을 내일도 먹을 가능성이 높기 때문입니다. 미래를 위해 아이들은 균형 잡힌 식사를 해야 할 뿐만 아니라, 무엇을 어떻게 먹는 것이 자신에게 좋은지 배워야 합니다. 결국 무엇을 먹을지 선택하는 것은 아이들 자신이니까요. 뇌 발달을 위해 아이가 무엇을 어떻게 먹어야 할지 함께 이야기해 볼까요?

생후 첫 1000일의 음식이 중요한 이유

영양은 신생아부터 노인까지 모두에게 중요합니다. 그 중에서도 아이 생의 초기인, 임신기부터 2세까지 약 1000일을 뇌 발달의 황금 기라고 부릅니다. 엄마 배 속에서부터 뇌의 기본 구조가 만들어지고, 이 시기의 건강이 아이의 일평생 건강의 기초가 되는 시기이기 때문 인데요. 이 시기의 적절한 영양 섭취는 아이가 생존하는 데에 필수 적일 뿐만 아니라, 행복하게 성장하는 데에도 중요합니다. 미네소 타 의대에서 발표한 논문에 따르면 아이의 초기 뇌 발달에 큰 영향 을 미치는 세 가지 요소가 있다고 합니다. 극심한 스트레스와 감염, 안정적인 애착과 사회적 지지, 그리고 충분한 영양이 그것입니다.

그 중에서도 영양 섭취는 뇌의 활동, 뇌 영역의 발달, 신경 회로 구축에 모두 필수적입니다. 영양은 뇌의 건강과 발달에 언제나 중요하지만, 시기별로 다르게 영향을 미치기도 합니다. 뇌의 발달은 시기마다 차이가 있어요. 예를 들어 기억에 중요한 역할을 하는 해마는 더 복잡한 인지 기능을 담당하는 전두엽보다 발달 속도가 더 빠릅니다. 아이에게 극심한 스트레스나 영양 부족 같은 발달에 부정적 영향을 미치는 사건이 발생하는 시기에 따라 영향을 받는 뇌 영역이 달라집니다. 예를 들어 임신기부터 신생아기의 영양 부족은 전두엽보다는 해마의 성장에 더 타격을 주겠죠.

하지만 여기에서 그치지 않고, 해마와 전두엽의 균형적인 신호를 요하는 복측 피개 영역Ventral Tegmental Area, VTA[1] 등 다른 영역의 발달에 이차적인 피해를 줄 수 있습니다. 또한 장기적으로는 해마의 발달에 기반한 학습 능력의 발달과 정서적 건강에도 부정적인 영향을 주게 되지요. 해마의 크기와 신경 생성은 우울증과도 관련되어 있거든요. 우울증 환자의 해마 크기가 정상인보다 작다는 것은 여러 연구에서 반복되어 관찰되는 결과입니다.

그렇다면 뇌 발달에 꼭 필요한 영양소는 무엇일까요? 당연히 가장 좋은 것은 '골고루 먹는 것'이지만, 생애 초기의 뇌 성장에 필수적인 영양소를 몇 가지 꼽아 보도록 하겠습니다.

● 단백질

단백질은 아이의 초기 성장에 중요한 역할을 하는 영양소입니다.

인체의 정상적인 성장과 유지를 위해 필요한 아미노산과 질소화합물을 공급하는 영양소이자, 에너지 공급원으로 사용됩니다. 동물 연구들을 보면 뇌와 단백질의 관계를 더 확실하게 알 수 있는데요. 많은 연구에서 임신기와 수유기에 단백질이 부족하면 아이의 신체가 더디게 성장하고 뇌의 크기가 작아지며 무게 또한 늘지 않습니다. 전반적 성장이 둔화되는 것이죠. 또한 뉴런의 수가 적고, 뉴런의 구조가 더 단순하게 자라거나, 신경 전달 물질이 조금만 생성됩니다.

결국 이러한 결함들은 이후 행동상에 어려움을 낳게 됩니다. 어렸을 때 단백질이 부족했던 동물들은 성인 개체가 되었을 때 다른 동물과의 사회적 교류가 적거나 학습과 동기화 능력이 떨어진다는 연구들도 있고요. 불안 증상과 유사한 행동들을 더 많이 보일 수도 있다고 하네요.[2]

◉ 지방

긴사슬 다중불포화지방산LC-PUFA은 지방과 뇌 발달의 관계를 연구할 때 가장 많이 다뤄지는 영양소입니다. 그 중에서도 도코헥사인산DHA과 아라키돈산AA 혹은ARA은 임신, 수유, 영유아기 시기의 인지 발달에 영향을 미칩니다.[3] DHA는 중추신경계 막Membranes의 구성 요소로서 임신 후기부터 두 살 이전까지 아이의 뇌에 많이 축적됩니다. 전두엽의 수초화 과정은 6개월 무렵부터 시작되어 2세,

7세에서 9세, 청소년기에 급격한 성장 패턴을 보이며 오랫동안 진행됩니다. 이 과정에는 충분한 긴사슬 다중불포화지방산이 필요하고, 이 기간에 DHA가 풍부한 전두엽은 집행 기능이 더 잘 발달하게 됩니다.

DHA는 특히 뇌 기능에 필수적인 영양소로, 전두엽의 지방산 중 많은 부분을 차지합니다. 과학자들은 몸 안에서 생성되는 DHA의 양은 얼마 되지 않기 때문에 외부로부터 섭취하는 것이 필요하다고 이야기합니다. 특히 출생 이후 모유 수유는 DHA의 중요한 공급원이 되어, 모유를 먹는 아이는 분유를 먹는 아이보다 더 많은 DHA 축적 비율을 보입니다.

◉ 철분

철분 결핍은 어느 지역에서나 흔히 관찰되는 영양 결핍입니다. 철분이 부족하면 빈혈을 유발할 뿐만 아니라 중추신경계를 포함한 여러 기관의 기능과 성장에 영향을 미칩니다. 특히 영유아기에는 골고루 먹지 않는 아이들이 많아 철분이 부족하기 쉬워요. 그 결과 신경 전달 물질의 대사 이상이나 수초화 형성의 감소 등, 신경이 발달하는 데 문제가 생길 수 있답니다.[4]

태아는 엄마로부터 철분을 전달받습니다. 아이가 태어난 이후에는 빠르게 성장하기 때문에 태아기에 모체로부터 받은 철분이 금방 소모되어 철분이 부족하기 쉬워요. 대개 생후 6개월까지는 태아 때 받은 철분으로 충분하다고 합니다. 이후 헤모글로빈 수치가 낮은 아이의 경우에는 철분이 강화된 분유를 먹는 것이 좋습니다. 하지만 헤모글로빈 수치가 높은 아이가 철분 강화 분유를 먹은 경우에는 10년 뒤의 신경 발달 검사에서 점수가 더 낮았다는 연구도 있으니 아이에게 적절한 수준의 철분을 공급하는 것이 중요해 보입니다.

여성가족부가 제공하는 〈자녀연령별 육아정보〉에 따르면, 소아 빈혈은 대부분 철결핍성 빈혈로, 아이의 상태를 관찰하고 철분을 채워 줄 것을 권하고 있습니다. 우리 아이에게 소아빈혈이 있지 않은지는 평소 아이의 상태에 대해 전문가와 상의하거나, 간단한 혈액 검사를 통해 확인할 수 있습니다. 미국 소아과학회American Academy of Pediatrics, AAP에서는 9개월, 5세, 14세에 정기적으로 빈혈 검사를 받을 것을 권유하고 있습니다.

◉ 아연

아연은 철분과 함께 뇌에 고밀도로 집중되어 있는 미네랄입니다. DNA 합성에 중요한 역할을 하기 때문에 세포 분화에 필수적입니다. 동물 실험을 살펴보면 태아기에 아연이 부족한 설치류는 소뇌와 변연계Limbic System, 대뇌피질 등의 부피가 작았다고 합니다. 즉 뇌의 크기가 제대로 자라지 못한 것이죠.[5] 스탠포드대학교 의대의 연구에 따르면, 아연이 부족하면 시냅스의 성숙이나 신경 세포들 사이의 회로 형성을 저해할 수 있고, 이것이 자폐증에 관련 되어 있을 가능성을 이야기하기도 했습니다.[6] 사람 대상의 연구에 서는 어린 시절의 아연 결핍이 이후 학습, 주의, 기억 및 불안이나 우울 등의 기분에 안 좋은 영향이 있는 것으로 밝혀졌습니다.

● 비타민 B군

하버드 의대의 우마 나이두Uma Naidoo 박사는 뇌 건강을 위해 매 일 먹어야 할 영양소로 비타민 B군을 꼽았습니다. 비타민 B군은 뇌의 노화를 막고 인지 기능을 유지시키는 데에 필수적이라고 해 요. 예를 들어 비타민 B1이 부족할 경우 심혈관계와 신경계 장애 를 보일 수 있고, 신경계의 이상으로 근육통이나 감각, 운동 및 반 사 기능에도 장애가 나타날 수 있어요. 태내 및 출생 직후 비타민 B6의 부족은 시냅스의 효율을 떨어뜨리고, 시냅스의 밀도를 낮추 며, 수초화 진행을 저하시킨다고 합니다. 임신 초기에는 태아의 신 경관이 만들어지는데, 이 과정에서 엽산과 비타민 B12의 결핍은 태아의 신경관 결손을 야기할 수 있습니다.

뇌 발달에 필요한 영양소의 리스트와 영양 결핍이 미치는 영향 에 대한 이야기를 들으면 우리 아이는 괜찮을까 덜컥 걱정이 될 수도 있어요. 영양에 대한 연구를 참고할 때에는 주의할 점이 있습니다. 이 연구가 어떤 환경에서 이루어졌고, 어떤 아이들을 대상으로 하는지 함께 고려해야 합니다. 영양의 부족이 뇌 발달에 얼마나 큰 영향을 미칠 것인지는 그 연구가 어떤 대상에 대해 영양 부족의 심각성을 말하고 있는지를 함께 고려해야 합니다.

영양 부족과 발달에 대한 연구는 개발도상국을 대상으로 진행하거나, 선진국에서도 사회경제적 취약 계층을 대상으로 하는 경우가 많습니다. 이미 영양 결핍이 진행된 환자들을 관찰하거나, 영양이 부족하기 쉬운 환경의 아이들에게 대규모로 영양제 등을 공급하여 긍정적 효과를 보이는지 등을 연구합니다. 예를 들어 워싱턴대학교는 아이들에게 바나나와 콩, 땅콩 등을 이용한 음식이 뼈와 뇌 발달 및 면역력 증진에 가장 좋은 효과를 보였다는 연구를 발표했습니다. 이 말을 들으면 당장 바나나를 사 와서 매일매일 아이에게 먹여야 할 것 같은 기분이 듭니다.

하지만 이 연구는 방글라데시에서 영양 실조 증세를 보이는 아이들을 대상으로 하였고, 바나나와 땅콩은 그 나라에서 값싸고 쉽게 구할 수 있는 재료이기 때문에 우선적으로 포함시킨 것뿐입니다. 따라서 이 연구를 밥과 나물, 닭고기 등을 먹는 것보다 바나나와 땅콩을 먹는 것이 더 뇌에 좋다는 식으로 결론지어서는 안 되겠지요.

또한 특정 영양소가 뇌 발달에 미치는 영향을 검증하기 위해서는 다른 요인을 통제해야만 합니다. 동물 실험이 많은 이유가 여기에 있지요. 최대한 비슷한 사육 환경에서 키우되, 한 영양소의 섭취 여부만 다르게 조절할 수 있으니까요. 하지만 사람을 대상으로 하는 연구에서는 이런 요인들을 완전하게 통제하기 어렵습니다. 영양 결핍 연구의 참가자들에게는 보통 한 가지 이상의 문제가 있기 마련입니다. 환경의 위생이나 질병의 위험성, 교육 수준 등입니다.

영양의 부족과 환경의 자극은 뇌 발달에 각각 영향을 미칠 뿐 아니라, 이 둘이 만나면 또 다른 결과를 만들어 내기도 합니다. 예를 들어 베트남에서 진행된 한 연구는 미취학 연령의 아이들이 영양 수준이 좋지 않을 경우 학령기에 인지 검사 점수가 낮다는 연관성을 찾아 냈는데요. 이 연관성은 3세부터 4세까지 아이들이 유치원에 다니면 상쇄됨을 밝혔습니다. 유치원을 다니지 않는 아이들은 영양 부족이 인지 발달을 저해시켰지만, 유치원에 다닌 아이들은 영양 섭취에 따른 차이가 없었어요. 즉 유치원에서 제공하는 교육 환경과 다양한 자극들이 영양 결핍으로 인한 위험에서 아이들을 지켜준 셈이지요. 그렇기 때문에 다른 환경 요소가 괜찮은 수준이라면 우리 아이가 우유를 좋아하지 않는 것이 바로 뇌 발달 지연으로 이어질 가능성은 매우 낮습니다.

아이가 태어난 순간부터, 혹은 아이가 엄마 배 속에 있을 때부터 아이에게 음식을 먹이는 것은 부모의 중요한 고민이자 커다란 노동입니다. 대개의 경우 특정 영양소가 너무 부족하지 않도록, 이따금 최근의 식단을 점검해 보는 정도로 충분합니다. 그리고 때마다 돌아오는 아이들의 정기 검진을 받으시고, 나이에 맞게 일러 주시는 소아과 의사 선생님의 권고 사항을 잘 기억해 두고요. 아이가 잠을 잘 못 잔다거나, 장기간 기분이 저하되거나, 키와 몸무게가 늘지 않는 등의 우려가 있을 때에 잊지 말고 기록해 두었다가 상담하시면 됩니다. 이런 문제가 영양 섭취 때문이 아닐까 걱정되실 때에는 최근 식단을 적어 두었다가 검진할 때 의사 선생님과 상의해 보셔도 좋아요.

저도 아이들을 매일 먹이는 것이 큰 고민입니다. 요리를 그다지 좋아하지 않는데도 아이들 이유식을 집에서 해 먹이느라 애썼고, 평일 저녁이면 늘 바쁘게 동동거리면서도 시간이 되면 상을 차려야 합니다. 끼니는 참 무섭게 돌아오더라고요. 그렇다고 해서 아이들 반찬을 만들 때마다 어떤 영양소가 들어 있는지를 따지고, 뇌 발달에 얼마나 도움이 되는지 자료를 찾아보지는 않습니다. 영양소를 갖춘 식단을 매끼 차리기 위해 부엌에서 많은 시간을 보내지도 않아요. 어느 날은 열심히 요리를 하고, 아이들의 축구 연습이나 피아노 레슨이 있는 날에는 집에 돌아와 피자를 시켜 아이들과 함께 먹기도 합니다. 아이들에게는 철분이 필요하지만 동시에 부모와 나란히 앉아 동화책을 읽는 시간이 필요하고, 무리해서 요리를 하느라 지친 부모보다는 편안하고 즐거운 부모와 나란히 앉아 피자를 먹는 것이 더 좋을 테니까요.

배고픔과 배부름은 뇌가 보내는 신호다

여기서 꼭 이야기하고 싶었던 것은 바로 먹고 마시는 행동과 뇌 사이의 관계입니다. 뇌 발달을 위해서 어떤 반찬을 해 줄지 고민하는 것보다 어쩌면 더 중요한 이야기입니다. 바로 우리가 먹는 것을 결정하는 영역이 뇌라는 것이죠. 뇌는 영양을 섭취하는 식사라는 행동의 지휘자입니다. 식사는 그저 입안의 음식을 삼키는 것만을 뜻하지 않습니다. 그것보다 훨씬 복잡다단한 과정이죠.

가장 단순하게는 자신이 배가 고픈지 아닌지를 느끼는 것에서 시작하고요. 어떤 음식을 먹을지 메뉴를 선택하는 의사 결정도 필요합니다. 식사 장소와 어울리고, 함께 식사하는 사람들에게 피해를 주지 않는 식사 예절을 지키는 것도 중요하겠지요. 적당히 배부름을 느꼈을 때 식사를 멈추는 것도 알아야 하고, 몸과 마음의 건강을 해치지 않는 식단과 습관을 유지하는 것도 중요합니다.

이 모든 것이 뇌의 영역입니다. 어떤 것은 본능의 영역이고, 어떤 것은 문화적 학습의 영역입니다. 그리고 가정은 아이들에게 식사에 대해 알려 주는 첫 번째 장소입니다. 언제 어디서 먹을 것인지부터 무엇을 어떻게 먹을지 등 식사에 대한 전반적 이해가 집에서부터 형성됩니다. 우리는 아이들에게 잘 먹는 법을 가르쳐 주어야 합니다.

잘 먹는 아이가 되기 위해 뇌가 놓쳐서는 안 되는 신호가 있습니다. 우리가 음식을 먹을지 말지 결정하는 데에 제일 중요한 정보인 배고픔과 배부름입니다. 배고픔이란 무엇일까요? 미국 심리학회 용어 사전에서는 배고픔이란 음식에 대한 요구 때문에 발생하는 감각이라고 정의합니다. 배고픔은 몸 안의 영양적 균형을 유지하는 에너지 항상성에 의해 조절되고, 이전에 먹은 음식물이 소화되어서 점차 줄어들면 우리 몸의 연료를 보충하기 위해 배고픔의 신호가 만들어집니다.

소화기관 안의 음식물이 점차 줄어들면 소화기관의 근육이 수축하게 되고, 우리 뇌는 그 신호를 알아차립니다. 또한 혈액 속의 영양소가 얼마나 있는지를 감시하기 때문에, 이것이 부족해질수록 우리는 음식을 먹고 싶어집니다. 배에서 꼬르륵 소리가 날 정도라면 소화기관의 수축이 거의 막바지 단계입니다. 이때에는 배고픔을 참기가 어렵고, 빨리 무언가를 먹고 싶어지죠.

음식을 먹기 시작하면 반대의 작용이 시작됩니다. 음식이 식도를 따라 이동하면서 배부름의 감각이 시작됩니다. 음식물이 위에 점차 모이게 되면 위를 둘러싼 근육이 팽창하고, 여기에 있는 여러 신경들은 근육이 늘어났다는 소식을 뇌간과 시상하부Hypothalamus⭑로 전달합니다. 시상하부는 뇌간의 바로 위에 있는 아몬드 정도 크기의 영역입니다. 대사 과정과 자율신경계 활동 전반을 아우르며 체온, 배고픔과 배부름, 갈증, 피로, 수면 등의 조절에 중요한 역할을 담당합니다.

시상하부에 배부름의 신호를 주는 경로는 위의 팽창 외에도 다양합니다. 다른 중요한 정보는 화학적 신호입니다. 음식물이 소화기관에서 소화되며 영양소로 분해되면 이에 대한 반응으로 각종 호르몬이 분비됩니다. 예를 들어 음식이 소화될 때 소화를 촉진하는 콜레시스토키닌이 분비되면 시상하부는 이 신호를 받아 음식으로부터 받는 보상의 신호를 줄어들게 합니다. 음식을 먹는 즐거움이 덜 느껴지면서 점차 식사에 대한 열의가 감소하게 되지요.

우리의 뇌와 몸이 활동하기 위해 꼭 필요한 연료는 바로 포도당입니다. 음식을 먹은 뒤 혈당이 오르면 인슐린이 분비되고, 인슐린에 의해 분비된 렙틴은 다시 시상하부에 신호를 보내 배고픔을 느끼는 뉴런을 억제시키고, 식욕을 막는 뉴런은 활성화시킵니다. 이 정도가 되면 우리는 배가 불러 더 이상 음식을 먹고 싶지 않을 거예요. 이렇게 호르몬, 소화기관의 감각, 뇌간과 시상하부가 모두 긴밀히 소통하며 우리의 몸이 음식을 더 먹거나 그만 먹도록 조절합니다. 섬세하고 아름다운 과정이지요.

기분대로 주는 부모가
기분대로 먹는 아이를 만든다

유독 밥맛이 좋은 날이 있습니다. 반대인 날도 있고요. 유독 단 것이 당기는 날이 있고, 무엇을 먹어도 맛이 없을 때도 있지요. 비슷한 일상을 보내고 있다면 배 속이 비는 속도도, 먹을 수 있는 음식의 양도 하루 사이에 달라질 리가 없을텐데 왜 그런 걸까요? 식욕에 영향을 미치는 것은 배고픔 외에도 여러 요인들이 있습니다. 대표적인 예는 바로 정서입니다. 높은 불안은 종종 식욕을 앗아갑니다. 불안은 스트레스 상황에 대한 반응입니다. 스트레스 상황에서 몸은 혹시 모를 위험에 대비하기 위해 한가로이 음식을 소화시키는 것보다는 여차하면 도망가거나 싸울 준비를 합니다. 혈압과 심박수를 높이고, 근육을 경직시키며 수면과 허기는 뒤로 미룹니다. 스트레스가 높아지면 우리는 종종 속이 메스껍거나 꼭 막히는 것 같은 느낌을 받습니다. 이런 감각들은 배고픔과 배부름을 느끼는 것을 방해하고요. 아이들도 마찬가지예요. 걱정과 불안, 두려움은 식욕 감퇴로 연결됩니다. 특히 아이들은 불안하고 긴장될 때 배가 아프다는 이야기를 자주 해요.

반대의 경우도 있어요. 배가 고프지 않은데도 정서적 이유로 음식을 먹는 '감정적 식사'입니다. 우리가 주의해야 할 감정적 식사의 종류는 부정적 감정을 해소하기 위해 음식을 먹는 것입니다. 아이들에게 가장 흔히 보이는 감정적 식사의 원인은 지루함과 스트레스라고 해요. 2020년에 발표된 논문에 따르면 감정적 식사를 하는 사람들은 스트레스를 받았을 때 먹은 음식을 더 맛있다고 느끼고, 뇌의 보상 시스템 역시 더 많이 반응했다고 해요.[7] 뇌에서 도파민Dopamine을 분비하여 음식을 스트레스로 인한 부정적 감정을 막는 용도로 사용하는 것이죠.

2014년 미국에서 진행된 연구에 따르면 8세에서 12세 아이들의 감정적 식사에 가장 많은 영향을 미치는 요인은 아이가 기분이 안 좋을 때 먹을 것으로 달래는 부모의 행동이라고 합니다.[8] 감정적으로 먹이는 부모가 감정적으로 먹는 아이를 만듭니다. 게다가 아이를 달래려고 먹이는 음식은 주로 사탕이나 초콜릿 같은 칼로리가 높은 음식일 가능성이 높고요. 감정적 식사 패턴은 이후 폭식증이나 비만 등의 2차적 문제를 낳기도 하는데, 이는 뇌와 몸이 긴밀하게 신호를 주고받으며 식사를 결정하는 일을 잘하지 못해서 생기는 일입니다.

음식이 주는 기쁨을 느끼지 말라는 의미는 아니에요. 다만 아이가 지금 음식을 먹는 이유가 배고프기 때문인지 혹은 안 좋은 기분을 쉽게 없애기 위해서인지 한 번씩 되짚어 볼 필요가 있습니다. 아이가 울거나 떼를 쓸 때 달콤한 막대 사탕으로 주의를 돌리지 마시고, 부모인 우리의 스트레스도 초콜릿과 달콤한 크림이 올라간 커피 음료로 잠재우지 않으면 좋겠습니다. 생일 파티의 예쁜 케이크는 즐겁고 기쁘게 드시고요.

몸의 소리를 듣게 하라

우리는 언제나 같은 양을 먹지 않아요. 배가 더 고픈 날도 있고, 입맛이 없는 날도 있지요. 맛있는 반찬이 있으면 밥 두 공기를 뚝딱 먹기도 하고, 기분이 좋지 않은 날에는 산해진미가 차려져 있어도 입안이 까슬합니다. 서하는 감각이 예민한 아이입니다. 하지만 타고난 대식가이기도 하지요. 먹는 것을 좋아하고, 많이 먹는 아이임에도 유독 밥을 잘 먹지 않는 시기들이 있었습니다. 새로 이가 날 때면 늘 이유식을 거부하곤 했어요. 서하가 평소보다 적게 먹는 것이 마음이 쓰여 어떻게든 먹여 보려고 했지만 큰 효과는 없었죠. 유독 밥을 먹지 않고, 밤이 되면 끙끙대며 잠들지 않아 혹시 아픈 것은 아닐까 걱정을 하다 보면 어느 새 쌀알 같은 새 이가 돋아나곤 했습니다. 이가 올라오는 불편함에 먹고 싶지 않았던 모양입니다.

유하는 학교에 입학해 도시락을 먹기 시작하자 약 2주 간 점심을 먹지 않고 돌아왔습니다. 매일 그대로 남겨 온 음식을 음식물 쓰레기통에 쏟아 버리니 저는 무척 속이 상했어요. 입맛을 잃을 만큼 새로운 곳이 영 편치 않았던 것이겠지요. 억지로 먹고 체하는 것보다는 낫다, 학교에서 먹고 싶지 않으면 집에 돌아와서 먹자며 머리를 쓰다듬어 주는 수밖에 없습니다. 낯선 환경에 어느 정도 적응하자 아이는 차츰 도시락을 비우기 시작했습니다. 오빠랑 같은 양을 싸 줘도 뚝딱 비우고 오는 날도 생겨났고요. 과거의 날들은 물론 걱정스러웠고 이렇게 먹지 않아도 괜찮을까 불안하기도 했지만 지금 돌이켜 보면 아이들이 몸의 소리를 듣는 과정이었구나 싶습니다.

배가 고프면 음식을 찾고, 배가 고프다고 느끼지 못하거나 배가 부르다고 느끼면 음식 섭취를 멈추는 것은 본능의 영역입니다. 갓난아기도 배가 고플 때에는 젖 냄새가 나는 곳을 향해 고개를 돌리거나 입술을 오므리며 젖 빠는 시늉을 하지요. 배가 부른 아기는 혀로 젖병을 밀어내고, 고개를 돌려 젖병을 피하면서 그만 먹겠다는 신호를 보냅니다. 우리 모두가 생존을 위해 갖고 태어난 소중한 능력입니다. 부모는 아이들이 자라는 과정에서 계속 뇌가 이 신호를 잘 느끼고 활용할 수 있도록 지켜 주고, 다른 신호들로 혼란스럽게 하지 말아야 합니다. 아이들에게 식탁에 앉을 때 배가 고픈지 생각해 보고, 식탁을 떠나기 전에 배가 부른지 스스로 생각해 보게 해 주세요.

어쩌면 아이는 별로 먹지 않았는데도 식탁을 떠나겠다고 할지도 모르지요. 괜찮습니다. 그저 연습이 필요할 뿐이에요. 이번 끼니에서 충분히 먹지 않았다면, 아마 다음 끼니에서 더 배가 많이 고플 거예요. 그때 몸의 신호를 듣게 해 주세요. 정말로 배가 고파지면 꼬르륵 소리가 들리겠지요? 많이 뛰어논 날에는 배가 더 많이 고플 것이고, 감기 기운이 있는 날에는 평소보다 적게 먹을 거예요. 그러다 감기가 다 낫고 나면 입맛이 돌아와 그동안 못 먹는 양까지 잘 먹을 테니 기다려 주세요. 부모가 먹을 양을 정해 주거나 아이의 입에 음식을 넣어 주기 보다는 아이 스스로 몸의 소리를 듣고 자신을 돌보는 법을 잘 깨우치도록 많은 기회를 주시길 바랍니다. 잘할 수 있을 거예요.

뇌를 발달시키는 밥상머리 감각

우리 아이는 왜 브로콜리를 안 먹을까요? 입을 꾹 다무는 아이에게 부모는 이렇게 설득하곤 합니다. "한 입만 먹어 봐. 먹어 보면 좋아하게 될 거야." 정말 그럴까요? 브로콜리가 맛 없어서 안 먹을 수도 있죠. 실은 그럴 가능성이 가장 높습니다. 하지만 어떤 아이는 뽀글뽀글하게 생긴 모양이 이상해서 먹지 않습니다. 입안에서 뭉개지는 식감이 싫어서 뱉어 내기도 하고요. 삶은 브로콜리의 냄새만 맡아도 인상을 쓰기도 합니다. 혹은 '초록색'이라서 싫어하기도 하죠. 우리는 모든 감각을 이용해서 음식을 먹습니다. 그리고 감각 정보를 통합하여 음식에 대한 평가와 판단을 내립니다. 생각보다 복잡한 과정입니다. 이 역시 뇌가 담당하는 일이고요.

성인들에게 밥을 먹는 행위는 너무도 오래 연습한 것이기 때문에 자연스럽게 진행됩니다. 하지만 아이들에게 콩나물 무침은 무척 신기합니다. 콩나물 머리는 노란색이고 단단하고 반으로 갈라져 있지요. '왜 갈라져 있을까?' 아이들은 궁금할 거예요. 어른들에게 질문을 쏟아 냅니다. 질문에 집중하다 보면 입안에 넣고 있던 밥을 씹는 것은 잊어버리기 때문에 입안의 음식물이 말할 때마다 밖으로 쏟아져 나와요. 다시 콩나물 무침으로 시선을 돌립니다. 먹어 보기로 결심해도 음식이 입안으로 들어가기까지는 험난한 여정입니다.

콩나물은 서로 뭉쳐져 있어서 잘 집히지 않습니다. 음, 리본을 풀듯이 손가락으로 헤집어서 풀어 봐야 할 것 같아요. 한 가닥을 겨우 끄집어 내면 어떻게 입으로 넣어야 할지 잘 모릅니다. 머리부터? 뿌리부터? 입으로 조준은 했지만 한 입에 쏙 들어가지 않습니다. 손의 움직임을 조절하는 능력도, 눈으로 보지 않고도 입의 위치를 정확하게 아는 능력도, 음식의 크기에 맞게 입을 벌리는 능력도 아직 발달 중이기 때문입니다. 혹은 뿌리 쪽 가는 부분에 시선이 갈지도 모릅니다.

이건 또 뭐지? 자신이 이것을 먹으려 했다는 사실은 머리에서 지워진 채, 콩나물의 실뿌리를 하나씩 뜯어 내기 시작합니다. 재미있어서 멈출 수 없을 거예요. 한참을 뜯으며 놀다 보면 식욕은 사라지고, 다른 것을 하고 놀고 싶어집니다. 의자에서 벗어나 장난감을 찾으러 갑니다. 어때요? 우리 집과 비슷한가요?

감각 정보의 처리는 식사에서 매우 중요한 영역입니다. 앞에서 다루었던 배고픔과 배부름 역시 감각 정보이고요. 의자에 앉은 자세를 유지하며 음식을 집어 입으로 가져가는 것 역시 근육과 관절의 움직임을 스스로 느끼는 과정입니다. 음식에 대한 정보를 처리하는 것도 중요하지요. 눈 앞의 음식에 대해 느끼고 그 정보를 잘 배워야 아이들은 자신이 무엇을 먹을지 잘 결정할 수 있습니다.

음식이 차려진 식탁에 앉았을 때 우리는 제일 먼저 눈으로 살펴봅니다. 음식은 눈으로도 먹는다고 하죠. 과거 수렵 채집 시대의 사람들은 아마도 음식을 찾을 때에 시각 정보에 많이 의존했을 것으로 예상됩니다. 아직 익지 않은 초록색 자두는 먹지 않고, 붉은색으로 곱게 익은 자두를 골라내어 먹어야 하고, 바닥에 떨어져 곰팡이가 핀 열매는 피해야 하니까요. 특히 영장류가 가지고 있는 삼색을 기반으로 하는 시각 정보 처리는 푸른 숲에서 붉은 열매를 빠르게 발견하기 위해 진화된 것이라고도 합니다. 이 시기의 감각 탐색은 아마도 지금처럼 복잡하지 않았을 거예요. 먹을 수 있는 것을 발견하면 되었겠지요.

하지만 이제는 너무도 많은 종류의 음식들이 있기 때문에 아이들이 배울 것도 많아졌어요. 아이들도 어떤 음식을 먹을지 말지 결정하는 데에는 시각적 정보를 사용합니다. 그동안 먹어 본 음식들의 정보를 바탕으로 눈앞의 음식을 보며 판단을 내립니다. 그래서 자신이 즐겨 먹는 친숙한 음식과 닮은 것일수록 잘 받아들일 수 있습니다. 생소하거나 싫어하는 음식과 닮은 것은 시도하지 않으려고 하지요.

시각 정보의 검열을 통과한 뒤에는 후각과 촉각의 시험을 거칩니다. 냄새는 식욕에 강한 영향을 미칩니다. 빵집에서 나는 고소하고 달콤한 냄새나 고깃집에서 나는 기름진 냄새를 떠올려 보세요. 갓난아기들조차 달큰한 젖 냄새를 알아차릴 수 있고, 엄마를 구분하는 정보로 사용하기도 합니다. 후각 정보는 빠르게 뇌에 전달됩니다. 시각 정보가 눈을 통해 들어와 신경을 따라 시상Thalamus▼을 거쳐 긴 여행을 해서 뇌의 가장 뒤로 전달되는 것에 반해, 후각 정보는 코를 통해 들어와 바로 코의 뒤에 위치한 후각 망울로 이동한 뒤 다른 뇌 영역으로 전달됩니다.

뇌에서 후각 정보를 처리하는 후각 피질은 감정과 기억 등을 담당하는 변연계와 가까이 위치하고 있어요. 우리는 냄새를 좋은 기억이나 나쁜 기억과 쉽게 결합시키고 판단할 때 빠르게 사용할 수 있습니다. 냄새의 구분과 호오는 개인의 경험에 따라 좌우됩니다. 삭힌 홍어의 냄새는 누군가에게는 안 좋지만 누군가에게는 입에 침이 고이게 합니다.

촉감 역시 중요하지요. 아이들은 낯선 음식을 만났을 때 그것을 누르고, 뜯고, 뭉개고 싶어 합니다. 촉각적 경험은 가끔 입맛을 더 돋우기도 합니다. 상추쌈에서 느껴지는 감촉이나 감자튀김을 집어 먹으며 손가락에 붙는 소금의 느낌은 그 음식을 특별하게 해 줍니다. 입에 넣은 음식에서도 냄새와 촉감을 느낍니다. 입 안의 음식을 씹으면서 호흡을 하면 그 냄새가 다시 후각 정보로 입력됩니다. 냄새를 맡지 못하면 음식의 맛도 잘 느껴지지 않지요. 촉감에 민감한 아이들은 입안에서 느껴지는 질감이 중요합니다. 너무 무른 것을 싫어하는 아이도 있고, 질긴 것을 싫어하는 아이도 있습니다.

입안에 음식을 넣었다면 이제 맛을 느낄 차례입니다. 단맛, 신맛, 쓴맛, 짠맛, 감칠맛의 다섯 가지 기본 맛은 미뢰를 통해 입력되어 뇌로 전달됩니다. 사람마다 맛을 느끼는 정도는 모두 다릅니다. 선천적으로 더 많은 미뢰를 가지고 태어난 사람들은 맛을 강하게 느낍니다. 우리가 일상에서 이야기하는 음식의 맛은 과학적 의미의 맛의 인식과는 조금 다릅니다. 입안에 음식을 넣고 씹으며 입력되는 냄새, 촉감, 소리까지 모두 통합되어 이 음식의 '맛'이 결정됩니다.

후루룩 소리를 내며 매끄럽게 입안으로 빨려 들어가는 국수와, 짧게 끊어 놓아 숟가락으로 퍼먹기만 해야 하는 국수의 맛은 절대 같을 수가 없습니다. 엄마가 얹어 준 김치와 함께 먹으면 더 맛있지요. 남은 국수를 누가 마저 먹을지를 두고 형제 간에 투닥거리기도 하고요. 식사 시간 동안 아이에게 자신의 오감을 이용해 음식이 주는 경험을 흠뻑 누리게 해 주세요. 이 경험들은 감정과 함께 저장되어 오래오래 아이에게 남게 됩니다. 추운 겨울날 길을 걷다 코끝을 스치는 국숫집의 멸치 육수 냄새를 맡으면 엄마 생각이 날 거예요.

아이들의 뇌는 아직 발달하는 중입니다. 무럭무럭 자란다는 의미이기도 하고, 입력되는 정보를 잘 처리하는 방법을 배운다는 의미이기도 합니다. 이것을 자연스럽게 하기 위해서는 오랜 연습 기간이 필요합니다. 그래서 아이들의 정보 처리는 성인들과는 다릅니다. 성인의 눈에는 식사 시간에 눈에 보이는 것을 입에 넣어 먹는다는 것이 가장 중요하겠지만, 아이들에게는 그렇지 않다는 것을 잊지 않아야 해요. 그것이 아이들에게 가장 필요한 것들이고 즐거운 일이라는 점도요. 우리에게 더 이상 신기할 것 없는 콩나물 무침 한 접시는 아이에겐 새로운 감각 경험의 장이 됩니다. 새로 배운 정보를 자신이 알고 있는 것에 버무려 더 멋진 무언가를 만들어 내지요.

서하는 아쿠아리움에서 곰치를 보고 난 뒤로 콩나물을 밥 속에 숨겨 넣었다 뺐다 하며 '곰치와 굴' 놀이를 한참 했어요. 유하는 숟가락 위에 밥으로 침대를 만들고, 멸치를 눕힌 뒤 국 속의 시금치나 미역을 건져 이불을 덮어 주곤 했습니다. 손가락 사이사이 밥풀이 붙고, 식탁 위에 국물이 뚝뚝 떨어지고, 식사 시간이 정신없긴 하지요. 하지만 그 모든 것을 원하는 만큼 탐험한 뒤에야 콩나물 무침에 대한 감각적 정보가 모두 뇌에 축적되고, 비로소 식탁에 콩나물 무침 한 접시가 올라오면 '딴짓'을 하지 않고 먹게 됩니다. 그때가 되면 콩나물은 곰치가 아니라 그저 반찬이 되어 버릴 테니 서운한 일일지도 모르겠습니다. 콩나물 한 접시의 신비로움을 마음껏 누리기를 바랍니다.

편식의 원인,
혹시 푸드 네오포비아?

아이들이 오감을 통해 음식에 대해 배우는 과정에서 필연적으로 생기는 것이 있습니다. 바로 편식입니다. 아이의 편식은 부모를 무척 힘들게 하는 장애물 중에 하나입니다. 아이가 맛있게 먹기를 기대하며 만든 반찬의 반은 버려지기 일쑤입니다. 잘 안 먹는다고 음식을 안 줄 수도 없고, 열심히 요리했는데 아이가 먹지 않으면 실망과 좌절감이 찾아옵니다. 이 일을 하루에 세 번 반복해야 하죠. 요리하고 상을 차려 주는 것만이 먹이는 노동의 전부도 아닙니다. 장을 보고, 식재료를 보관하고, 다 먹은 것을 치우고 정리하기까지 많은 시간이 듭니다. 먹기 싫다는 아이와 실랑이를 하거나, 돌아다니는 아이를 쫓아다니는 정신적 수고도 포함이고요.

제한적, 회피적 음식 섭취 장애로 분류되는 사람들은 인구의

0.3퍼센트에서 3퍼센트 수준이지만, 미국 성인의 대략 30퍼센트는 자신을 편식하는 사람이라고 생각합니다. 미국과 캐나다가 함께 진행한 2003년의 연구에 따르면, 2세 아이를 둔 부모의 50퍼센트가 자신의 아이가 편식을 한다고 이야기했습니다. 호주의 한 연구에서는 아이가 '다소 편식을 한다' 혹은 '편식을 한다'고 생각하는 부모가 70퍼센트가 된다고 보고한 적도 있습니다. 한국의 국민건강보험공단이 발표한 2016년 자료에서도 5, 6세 아이들의 42.5퍼센트가 편식의 경향이 있다고 이야기합니다. 절반 이상이 겪는 일이라는데, 편식이 과연 특수한 문제라고 볼 수 있을까요?

저는 편식이 뇌 발달의 자연스러운 과정이며, 누구나 겪는 일이라고 생각합니다. 편식을 아예 하지 않는, 무엇이든 주는대로 다 먹는 아이는 본 적이 없습니다. 좀 더 다양한 음식들을 먹는 아이와 즐겨 먹는 몇 가지 음식만 먹으려는 아이가 있을 뿐이죠. 심지어 성인조차도 좋아하는 음식과 싫어하는 음식, 혹은 못 먹는 음식이 존재합니다.

연구들을 종합해 보면, 편식이 가장 심한 시기는 2세에서 5세이고, 좀 더 넓게 보면 1세에서 6세입니다. 이 나이대는 편식뿐만이 아니라 돌아다니며 먹거나, 음식물을 손으로 집어 먹고 장난을 치기 때문에 부모에게는 다양한 식사 관련 고민이 많아지는 시기입니다. 식사 고민이 심해지는 데에는 몇 가지 이유가 있습니다. 첫째, 아이의 식사 자체가 크게 바뀌는 시기이기 때문입니다. 모유 혹은 젖병으로만 구성되었던 단조로운 식사에서 벗어나 차츰 성인들이 먹는 다양한 음식을 접하는 나이입니다. 액체를 꿀떡꿀떡 삼키기만 하다가 새로운 질감의 음식이 입안에 들어오는 감각적 충격을 경험하게 됩니다. 고체 음식을 먹는 것은 새로운 경험이지요. 처음 접하는 일을 자연스럽게 받아들이기까지는 익숙해지는 과정이 필요합니다. 어떤 음식은 맛있어서 처음부터 좋아할 수도 있지만, 어떤 음식은 친해지는 데에 다소 시간이 걸립니다. 그래서 이유식 시절에는 먹던 식재료를 나중에 먹지 않는 일이 흔합니다. 죽 속에 들어 있던 다진 브로콜리와 작은 나무처럼 생긴 데친 브로콜리는 다르니까요.

아이들은 신맛이나 쓴맛이 느껴지는 채소 반찬은 곧잘 거부합니다. 이런 맛들을 거부하고 단맛을 좋아하는 것은 본능이 시키는 일입니다. 갓난아기조차도 이런 경향이 있다고 하네요. 하지만 여러 음식을 맛보다 보면 새콤한 무침이나 쌉쌀한 커피도 맛있다는 것을 배우게 됩니다. 설탕을 넣지 않은 아메리카노가 맛있다고 느꼈을 때는 몇 살이었나요? 대개는 성인이 되어서야 그 맛을 알게 됩니다. 맛을 배우는 데에는 이렇게 오랜 시간이 걸린답니다.

둘째, 아이의 이동성이 증가하고, 다양한 놀이를 시작하기 때문입니다. 쉽게 말하자면 노는 재미를 알아 버린 것이죠. 이 시기의 아이들은 신체 능력과 인지 능력이 폭발적으로 발달하기 시작합니다. 이를 위해 연습이 필요하지요. 달리기와 점프도 연습해야 하고, 언어 발달을 위해 말도 연습해야 하고요. 새로 할 수 있게 된 자동차 놀이나 인형 놀이는 너무도 재미있습니다. 그에 비해 식사 시간은 다소 지루할 수 있죠.

배가 정말 고프다면 앉아서 밥을 먹겠지만, 조금만 배가 차면 돌아다니기 시작합니다. 이것이 편식의 직접적인 이유는 아니겠지만 먹는 양이 줄어들 수 있고요. 아무래도 마음에 드는 반찬이 없는 날에는 더 쉽게 흥미를 잃게 됩니다. 세상에는 재미있는 것이 많은데 아이들이 집중할 수 있는 시간은 아직 길지 않습니다. 걷기 시작한 아이들의 이동성이 증가하면서 먹는 것 대비 운동량은 늘어납니다. 그래서 한 살 이후로는 생후 첫 1년만큼의 속도로 살이 찌지 않는 것이 보통입니다.

마지막으로 아이들의 편식에 중요한 영향을 미치는 요인은 바로 푸드 네오포비아Food Neophobia입니다. 푸드Food는 음식, 네오Neo는 새로움, 포비아Phobia는 공포증을 말합니다. 푸드 네오포비아는 낯선 음식을 거부하는 것으로 눈앞의 음식이 충분히 익숙하지 않다면 먹지 않는 경향성이에요. 동물 연구에서 푸드 네오포비아는 특정 맛을 싫어하는 미각 혐오와는 다른 신경 회로에서 담당한다는 것을 밝히기도 했습니다. 심리학자 폴 로진Paul Rozin 교수는 '잡식 동물의 딜레마'라는 말로 푸드 네오포비아를 해석합니다. 잡식 동물은 여러 음식을 시도하며 최대한 다양하게 영양을 섭취해야 하지만, 동시에 아무 것이나 덥석 먹었다가는 독성을 섭취할 위험이 있습니다. 따라서 그동안의 경험을 통해 안전한 음식으로 분류된 것은 마음 편히 먹고, 익숙하지 않아 위험성을 판단하기 어려운 음식을 꺼리도록 진화되었다고 해요.

푸드 네오포비아가 가장 심해지는 시기는 2세에서 6세입니다. 어린아이들이 혹시라도 부모의 눈 밖에서 아무것이나 먹고 탈이 나지 않도록 잘 모르는 음식을 먹지 않는 경향성이 강해진 것이 아닐까 추측합니다. 자연이 우리를 낯선 위험으로부터 보호하려는 시도인 것이지요. 6세가 지난다고 해도 새로운 음식에 대한 거부감은 누구에게나 있습니다.

식습관의 학습 역시 충분한 시간이 필요한 영역입니다. 엄마 품에 꼭 안겨 따스한 모유를 먹는 것과 딱딱한 의자에 앉아 차가운 사과를 먹는 것은 천지 차이입니다. 젖병의 젖꼭지와 숟가락이 다르고, 목에 채워지는 턱받이는 불편하지요. 아이가 처음 걸음마를 배울 때는 수차례 넘어지며 배우고, 말을 배우기 시작할 때는 정확하지 않은 발음으로 한 단어씩 더듬더듬 배웁니다. 누구도 아이가 한 살이 되자마자 벌떡 일어나 달려가고, 문장으로 유창하게 말하기를 기대하지 않지요.

그런데 왜 유독 음식을 먹는 일은 처음부터 성인처럼 하리라고 기대하는 걸까요? "맘맘마" 하던 옹알이가 "배고파요. 밥 주세요"가 되기까지 거의 2년 가까운 시간이 걸리는 것처럼, 아이가 밥그릇, 국그릇에 차려진 음식을 수저를 이용해 의젓하게 먹기까지 그 정도 시간이 걸릴 것으로 생각해 보세요. 돌쯤의 서하는 '그릇'의 쓸모를 받아들이기까지 한참 시간이 걸렸습니다. 어떤 음식을 주어도 그릇을 엎은 뒤에 손으로 집어 먹었지요. 그래서 외식을 할 때는 식판을 탈부착할 수 있는 부스터를 항상 가지고 다녔습니다.

국물이 있는 음식은 먹을 수도 없었지요.

작은 그릇에 담긴 간식을 손가락으로 집어 먹는 것으로 시작해 차츰 그릇을 인정하게 되었고, 결국에는 아이용 식판에 담긴 밥과 반찬을 잘 먹게 되었습니다. 두 돌 무렵에는 그릇과 물컵을, 세 돌 무렵에는 젓가락을 자유자재로 사용하게 되었습니다. 초등학생이 될쯤에는 이런 것은 당연히 문제가 되지 않습니다.

아이들의 편식이나 식습관에 가장 안 좋은 영향을 미치는 것은 다름 아닌 강압적이고 불편한 식사 시간입니다. 입이 짧은 아이, 편식하는 아이의 식사 시간은 대개 편치 않습니다. 배가 부르다고 해도 더 먹으라는 말을 듣고, 먹기 싫다고 해도 한 입만 먹어 보라는 권유를 듣습니다. 부모는 밥을 잘 먹지 않는다며 아이를 혼내거나, 밥을 다 먹으면 사탕을 주겠다고 회유하기도 하지요. 아이의 입에 반찬을 억지로 넣어 주기도 합니다. 물론 부모는 아이가 잘 먹지 않아서 다른 문제가 생길까 걱정되어 하는 행동이지요.

안타깝게도 이 모든 행동은 도움이 되기는커녕 반대의 결과를 가져옵니다. 아이의 자율성을 간섭하는 행동이기 때문입니다. 혼이 나거나 싫은 것을 강요당하기 때문에 식사 시간이 더욱 싫어지고요. 아이는 식사 시간이 불편하고 긴장되기 때문에 더더욱 입맛을 잃어버립니다. 부모가 음식의 양과 종류에 간섭하게 되면 아이는 스스로 자신의 몸을 이해하고 이를 바탕으로 적절한 의사 결정을 내릴 기회를 빼앗깁니다. 많은 연구들이 억지로 먹이는 것은 편식 개선에 효과가 없으며, 스스로 먹는 것보다 더 많은 양을 먹일 수도 없다고 합니다. 종종 식사 시간의 부정적 경험은 성인이 되어서까지 영향을 미치기도 합니다.

미취학 아동기에 가장 심해지는 푸드 네오포비아와, 이유식을 졸업하고 새로운 음식들을 한창 경험해야 하는 시기가 맞물리면서 유아기는 편식이 가장 심한 나이대로 등극합니다. 채소를 잘 먹지 않는 것, 혹은 새로운 음식을 거부하는 것, 그리고 수저를 사용하지 않거나 식사 시간에 돌아다니는 등의 문제는 대개 나이를 들수록 나아집니다. 소수의 아이들은 편식으로 인해 영양 불균형을 겪기도 하지만, 대다수의 아이들은 자라는 데에 문제가 없을 뿐만 아니라 여섯 살쯤부터는 자연스럽게 편식이 줄어든다고 합니다. 희망적이지요?

그 중에서도 푸드 네오포비아는 음식을 반복적으로 노출하면서 친숙해지면 아이가 그 음식을 시도해 볼 가능성도 올라갑니다. 그 노출 과정에는 콩나물을 한 가닥씩 헤집어 보거나, 멸치 위에 시금치 이불을 덮는 놀이도 포함됩니다. 오늘 당장 시금치 나물을 꼭꼭 씹어 삼키는 것은 어려울지도 몰라요. 하지만 아이들은 매일 새로운 세상을 배우고 있습니다. 오늘은 모양을, 내일은 냄새를, 모레는 질감을 경험하고, 그러다 보면 어느 날 새로운 반찬을 입에 넣고 오물오물 먹는 날도 오겠지요. 그때 용감한 도전을 함께 축하해 주세요. 즐겁고 편안한 분위기에서 식사하는 것이 아이에게 해줄 수 있는 가장 좋은 응원입니다.

우리 아이의 뇌를 위협하는 달콤한 유혹

달콤한 간식을 싫어하는 아이는 거의 없지요. 성인도 마찬가지이고요. 인간은 대체로 당분, 즉 탄수화물이 만들어 내는 단맛을 좋아합니다. 우리 몸이 활동하기 위해서는 음식으로부터 양분을 얻어야 합니다. 탄수화물은 에너지 제공에 중심적 역할을 담당합니다. 곡물, 채소, 과일, 콩 등에는 탄수화물이 풍부하게 들어 있고, 대부분 문화권에서 이 재료들을 주식으로 삼습니다. 탄수화물을 섭취하면 대사 과정을 통해 포도당이 방출되고, 우리 몸은 이를 에너지원으로 사용하게 됩니다. 포도당은 우리 몸을 구성하는 세포가 일하는 데에 연료가 됩니다. 물론 뇌의 신경 세포도 포함되지요.

과거에는 강한 단맛을 느끼기 어려웠을 거예요. 숲을 거닐다 아주 운이 좋아야 단맛을 가진 열매를 먹을 수 있었겠지요. 그러면 그 위치를 잘 기억해 두었다가 다시 찾아와 먹어야 합니다. 우리의 뇌는 탄수화물을 적극적으로 찾아야 한다는 것을 잘 알고 있습니다. 탄수화물은 몸의 연료를 공급하기에 가장 좋은 영양분이기 때문에 탄수화물이 주는 단맛을 좋아하도록 진화하게 되었지요. 뇌 안의 보상 시스템을 통해, 우리는 입 속에 달콤한 무언가가 들어왔을 때 쾌감을 느끼도록 설계되어 있습니다.

보상이 주는 쾌감의 역할은 중요합니다. 이 쾌감을 다시 느끼기 위해 그 행동을 반복하기 때문이에요. 도파민은 여기에서 중요한 역할을 합니다. (이 기제에 대해서는 이후 네 번째 사이클인 〈놀이〉에서 다시 자세히 설명할게요.) 도파민의 역할은 여러 가지가 있지만, 그 중에서도 신경과학자들이 가장 동의하는 것은 바로 보상을 얻기 위한 동기 부여의 역할입니다. 우리에게 꼭 필요하고 중요한 기능이죠. 우연히 찾은 열매의 단맛은 뇌에 보상 신호를 만들어 내고, 이후로도 열매를 계속 찾아 다니고, 찾으면 먹어서 살아남도록 도와주니까요.

하지만 현대 사회에는 단맛이 너무도 흔합니다. 과일의 단맛은 품종의 개량을 거쳐 점점 강해지고, 신맛이나 쓴맛은 느끼기 어렵습니다. 뿐만 아니라 설탕이나 인공감미료는 자연에서 만날 수 있는 것보다 훨씬 더 강한 단맛을 내지요. 이것은 비정상적으로 높은 수준의 보상 신호를 만들어 내고, 우리의 뇌는 이것을 감당하기 어려워집니다. 도저히 견딜 수 없는 유혹입니다.

설탕, 인공감미료 등이 만들어 내는 단맛이 우리 뇌에 미치는 영향은 매우 큽니다. 강한 단맛은 더 많은 도파민 분비를 만들어 내요. 얼마나 많은 도파민을 분비시키는지는 우리가 무엇을 먹을지 선택하는 과정에서 중요한 지표가 됩니다. 강한 단맛이 주는 쾌감을 다시 경험하기 위해 할 수 있는 가장 쉬운 행동은 무엇일까요? 바로 또 먹는 것입니다. 단맛이 동기 시스템에 미치는 영향에 대한 2007년 프랑스 보르도대학교의 연구에서는 쥐들에게 인공 감미료의 한 종류인 사카린을 탄 물과 중독성이 높은 약물인 코카인 주사를 제공했습니다.[9] 두 개의 레버 중에 하나를 누르면 사카린을, 다른 하나를 누르면 코카인을 받을 수 있도록 훈련시킨 뒤 둘 중 어느 것을 선택하는지 지켜보았습니다. 놀랍게도 90퍼센트 이상의 쥐들이 코카인보다 사카린을 선택했어요. 시간이 지날수록 코카인을 선택하는 숫자가 줄어들었고, 코카인의 투여량을 늘려도 사카린을 이기지 못했지요. 뇌의 보상 경로에서 도파민을 빠르게, 그리고 많이 분비시키는 물질일수록 중독될 가능성이 높습니다. 뇌가 쾌감의 반복을 위해 우리를 채찍질하기 때문이에요.

단맛의 중독은 뇌가 일하는 방식을 바꾸어 놓습니다. 첫 번째 문제는 우리에게는 적응 능력이 있다는 것입니다. 아기용 쌀과자를 먹었을 때의 쾌감은 영원히 가지 않습니다. 그 맛에 익숙해지면 처음과 같은 즐거움을 느끼기 어렵게 되지요. 어두운 방에서 밖으로 나가면 처음엔 햇빛에 눈이 부시지만 시간이 가면 적응되듯이, 같은 혹은 비슷한 단맛에 반복적으로 노출되면 쾌감이 점차 줄어들게 됩니다. 이전과 같은 수준의 쾌감을 느끼기 위해서는 더 강한 단맛이 필요해집니다. 즉 단맛에 내성이 생기는 것이에요. 내성은 중독이 발생하고 유지되는 데에 중요한 역할을 해요. 음식에 점점 더 많은 감미료를 넣어야 하고, 달콤한 소스가 없으면 음식에서 맛을 느끼지 못하게 됩니다.

두 번째 문제는 보상 영역 외에도 다른 뇌 영역들이 교란될 수 있다는 점입니다. 설탕을 많이 먹인 쥐들은 본래 쥐들이 본능적으로 잘하는 일인 공간을 기억하고 찾아내는 과제를 잘 못했다는 연구 결과들이 있고요.[10] 주의를 통제하는 과제 역시 잘 수행하지 못했다고 합니다.[11] 쥐들을 새로운 환경에 데려다 놓으면 환경을 탐색하고, 배우는 과정에서 도파민 시냅스가 급증합니다. 하지만 중독성 강한 약물인 메스암페타민을 투여한 쥐들은 새로운 환경에 갔을 때 도파민 시냅스의 변화를 보이지 않았습니다. 이 결과는 도파민 관련 자극에 중독이 되면 학습 능력이 저하되는 과정을 보여줍니다.

설탕이 과잉 행동을 부추기는지에 대해서는 계속 논란이 있지만, 과잉 행동을 하는 아이들의 식단에 설탕이 더 많이 포함되어 있다는 것은 확실합니다. 학교에서 미국 명절 행사에 꼭 포함되는 단음식들(할로윈의 캔디, 크리스마스의 쿠키, 발렌타인 데이의 초콜릿 등)이 제공되는 날이면 "오후 수업은 글렀구나"라고 푸념하는 선생님들을 만나게 됩니다. 설탕을 먹고 흥분하는 슈거 하이Sugar High로 아이들이 수업에 집중하지 못하는 경험을 수없이 했기 때문이죠.

한 가지 주의할 점이 있어요. 이 이야기를 '탄수화물은 나쁘다'

고 받아들여서는 안 됩니다. 성장기의 아이들이 잘 자라고, 활동하기 위해서는 탄수화물을 통한 에너지 공급이 필수입니다. 세계보건기구WHO나 미국식품의약국FDA 같은 건강과 보건 관련 주요 단체들은 매끼 3분의 1에서 4분의 1정도는 탄수화물을 섭취하도록 권장합니다. 통곡물이나 채소, 과일과 같은 복합 탄수화물이 아니라, 설탕, 시럽, 농축 설탕 등 혈액 속으로 빠르게 당을 방출하고 혈당을 급하게 올리는 단당류와, 다른 영양소 없이 단맛만을 내는 인공 감미료를 주의하자는 이야기입니다.

현대 사회에서 단맛 없이 살아가는 것은 불가능에 가깝습니다. 아침에는 빵에 잼을 발라서 먹고, 오후에는 단맛이 가득한 음료수와 과자를 먹습니다. 쉽고 기분 좋게 열량을 채울 수 있지요. 하지만 뇌에 건강한 방향은 아닙니다. 우리 아이에게 매일 달콤한 간식을 제공하는 것에 대해 다시 생각해 보아야 합니다.

소아비만이 뇌에 위험한 이유

　과거 음식과 관련한 가장 큰 문제는 바로 영양 부족 및 굶주림이었습니다. 충분히 먹는 것이 아이를 먹여야 하는 성인들부터 국민의 건강을 책임지는 정부까지 모두의 고민인 때가 있었지요. 전세계적으로 굶주림은 많이 해소되고 있습니다. 여전히 영양 섭취 부족 인구는 있지만 한 세기 전과 비교하면 지금은 놀라운 수준입니다. 대신에 영양 섭취 과잉으로 비만 인구가 늘어 가는 동시에 영양의 균형이 무너진 인구도 매년 증가하고 있지요.

　아이들도 마찬가지입니다. 무상 급식을 제공하고, 저렴한 가격으로 식재료를 구할 수 있는 기회가 많아지지만 동시에 음식 섭취로 인한 문제를 겪는 아이들이 갈수록 늘고 있어요. 혈압, 심장 질환, 2형 당뇨, 비만, 골다공증, 빈혈, 충치 등이 그 예입니다. 그 중에서도 소아 비만은 성인 비만으로 이어질 확률이 높고, 다른 건강 문제의 원인이 되기 때문에 간과할 수 없는 문제입니다.

중앙대학교병원 이대용 교수의 분석에 따르면 소아청소년의 비만이 2015년에서 2019년, 4년 사이 두 배 이상 늘어났고, 당뇨병, 고혈압, 지방간과 같이 과거 '성인병'으로 불리던 질환들의 어린이 발병율도 20퍼센트에서 40퍼센트 증가했다고 해요. 게다가 코로나19의 유행으로 아이들이 실내에서 보내는 시간이 많아지면서 소아 비만이 더 빠르게 늘어나고 있습니다. 국민건강보험공단의 비만 진료 현황 자료에 따르면 코로나19 이전 2019년 대비 2021년 상반기 9세 이하의 아이와 10대 청소년의 비만 진료가 모두 80퍼센트 이상 증가했다고 해요. 어린아이들의 비만 증가는 공중보건학 관점에서 주요 사회 문제로 꼽힙니다. 사회에 소아 비만이 늘어나는 것은 미래 사회 전체의 건강을 위협하는 요인이 되기 때문입니다.

비만은 뇌에도 영향을 미칩니다. 비만이 야기하는 당뇨, 고혈압, 염증과 우울은 성인에게 인지 기능 저하를 일으키는 요인들이기도 합니다. 아이들에게도 마찬가지이고요. 비만과 과체중은 집행 기능과 주의에도 영향을 미치고, 당과 포화 지방이 높은 음식 위주의 식단은 충동 억제 능력을 저하시켜 아이들이 몸에 안 좋은 음식을 참지 못하도록 이끄는 악순환을 낳습니다.[12]

현재까지 분명한 인과관계가 밝혀지진 않았지만, 다수의 연구들에서 비만과 낮은 학업 성취, 혹은 인지 기능 저하의 관련성을 지적해 왔습니다. 이러한 차이는 뇌 구조에도 반영이 됩니다. 캠브리지대학교의 연구에 따르면 비만인 아이들의 대뇌피질은 평균적으로 더 얇았고, 특히 좌우뇌 모두의 전전두엽피질 두께가 얇은 것을 확인했습니다.[13] 이 영역들은 주의와 충동 조절 및 의사 결정에 중요한 영역들입니다. 뿐만 아니라 뇌 영역 간의 의사소통을 좌우하는 백질 주요 경로의 연결성 역시 감소되었지요.[14] 비만과 뇌 발달에 대한 연구는 아직도 진행 중입니다. 다만 반복되어 관찰되는 결과들은 비만이나 비만을 만들어 내는 환경 요소 및 습관들에는 뇌가 잘 기능하는 것을 방해하는 무언가가 있음을 시사합니다.

대개 부모들은 비만보다 아이가 안 먹는 것을 걱정합니다. 먹는 것에 통 흥미가 없거나, 편식을 하는 아이들이 많이 있지요. 그럼에도 소아 비만을 다루는 이유는 어린 시절의 편식이나 잘못된 식습관이 더 커서는 비만으로 이어질 수도 있기 때문이에요. 밥을 잘 안 먹기 때문에 부모가 밥을 먹여 주는 습관이나, 다양한 음식을 먹지 않고 패스트 푸드나 당이 포함된 음료 등으로 끼니를 때우는 습관을 갖게 되면 장기적으로는 영양 실조보다는 비만으로 이어질 가능성이 높습니다.

그 중에서도 가장 주의해야 할 것은 텔레비전이나 스마트폰 등으로 영상을 틀어 놓고 아이에게 밥을 떠먹이는 것입니다. 미국에서 2세에서 5세 아동 800여 명을 대상으로 한 연구에 따르면, 절반의 아이들이 식사 시간에 디지털 미디어를 시청하고 있다고 해요. 그 중 22퍼센트는 매일 식사를 하며 디지털 미디어를 본다고 합니다. 다수의 연구에서 식사 시간 동안 디지털 미디어 시청과 비만 사이의 관계를 확인하기도 했습니다. 왜 그런 것일까요?

영상 시청은 뇌를 바쁘게 합니다. 현란하게 움직이는 텔레비전 속 인물과 반짝이는 화면은 강한 시각 자극이기 때문에 뇌는 이 정보들을 처리하느라 다른 곳에는 신경을 쓸 여유가 없지요. 영상을 보며 음식을 먹으면 배부름의 신호에도 둔감해지고, 평소보다 더 많은 칼로리를 섭취하게 됩니다.[15] 혹은 먹고 난 뒤에 자신이 얼마나 먹었는지 기억하지 못하기도 하는데요. 이는 또다른 문제를 만들어 냅니다. 음식 섭취의 기억이 다음 끼니의 양에도 영향을 미치기 때문이에요. 먹은 것을 기억하지 못하면, 다음 끼니에 더 많이 먹게 됩니다. 텔레비전에 정신이 팔리면 식사의 모든 과정에 집중하지 못하기 때문에 아이들이 자신의 몸을 잘 관리하는 법을 배우지 못하게 됩니다. 그리고 이것이 지속되면 아이는 비만이 될 수 있는 것이죠. 식사 시간에는 그 자체에 집중할 수 있는 환경을 만들어 주세요. 몸과 뇌가 소통하며 음식을 먹도록이요.

물 한 컵의 강력한 힘

저는 아이들 식사마다 각종 영양소는 매번 못 챙기지만, 이것만큼은 꼭 챙기려고 노력합니다. 바로 물이에요. 우리 몸무게의 50퍼센트에서 60퍼센트는 물이 차지합니다. 성인 기준 뇌 부피의 75퍼센트를 차지하고요. 체내 수분을 유지하는 것은 중요한 일입니다. 덥거나 운동을 할 때에 몸 속의 수분을 땀으로 배출하고, 땀이 증발하면서 온도를 낮추는 방법으로 체온을 조절하니까요. 몸 속의 수분은 신체 능력의 기반이 되기도 합니다. 운동 중에 체내 수분이 너무 줄어들면 운동 능력과 체온 조절 능력이 낮아지고, 운동에 대한 동기가 감소하면서 더 힘들다고 느끼게 됩니다.[16]

뇌에도 수분은 중요합니다. 수분이 부족해지면 기억과 집중력 등의 인지 기능이 저하되고, 더 쉽게 피로를 느껴요. 기분도 안 좋아지고요. 특히 밤 사이 물 마실 기회가 없었으니 아침에는 반드시 물을 마시도록 합니다. 2012년 이탈리아의 한 연구에서는 9세에서 11세 초등학생 아이들이 집에서 얼마나 수분을 섭취하고 학교에 오는지 알아보았어요. 등교한 아이들의 소변을 채취하여 수분섭취 정도를 검사해 보았지요. 그 결과 85퍼센트의 아이들이 수분부족 상태였다고 합니다. 이후 수학 및 언어 과제를 주었을 때 수분이 부족한 아이들은 과제 수행 능력이 떨어진다는 것을 발견했어요.[17] 영국의 연구에서도 7세에서 9세 초등학생 아이들에게 물 25밀리리터를 마시게 하자 주의력 검사 점수가 30퍼센트 가량 상승했다고 해요. 하지만 갈증을 해소하기 위해서는 300밀리리터 이상의 더 많은 물을 마셔야 했다고 합니다.[18]

물을 잘 마시기 위해서는 뇌가 수분의 균형을 잘 계산하고, 물을 마시는 행동을 하도록 결정해야 합니다. 수분 균형은 항상성의 메커니즘을 통해 조절되는데요. 수분 부족이나 과잉의 신호들은 뇌로 전달되어 물이 부족하면 물을 마시도록 하거나, 소변의 양을 줄이고, 반대의 경우에는 물을 마시지 않고, 소변의 양을 늘리게 됩니다. 소변의 조절을 제외하면 몸 안의 수분을 유지하는 방법은 바로 물을 마시는 것입니다. 이것은 갈증이라는 감각에 의해 만들어져요.

수분이 부족해지면 세포 내의 수분이 세포 밖으로 방출되어 세포의 크기가 줄어들게 됩니다. 세포의 수축을 감지한 뇌는 갈증을 느껴 물을 마시도록 몸에 지시를 내립니다. 그 외에 국이나 우유,

과일 등 물이 아닌 음식에서 수분을 얻기도 하고, 날씨가 덥거나 추울 때 체온을 조절하기 위해 물을 마시기도 합니다. 맛과 기호때문에 마시는 음료들도 있고요. 사회적 목적을 위해 마시기도 합니다. (누군가에게 만나서 이야기를 나누자는 뜻으로 "커피 한잔 하자"라고 이야기하지요.)

갈증을 느끼고 물을 마시는 것 역시 배워야 하는 능력입니다. 물을 마시는 습관이 없는 아이는 목이 마르다는 것을 잘 느끼지 못할 뿐만 아니라 갈증을 다른 것과 착각하기도 해요. 대표적인 것이 배고픔이죠. 뇌가 물이 부족한 것과 음식이 부족한 것 사이의 차이를 잘 판별하지 못하고, 무언가 부족하니 일단 채우자는 결정을 내린 것입니다. 물을 마셔야 할 때에 간식을 먹게 됩니다.

갈증을 판별하는 데까지는 성공했어도 물이 아닌 음료를 선택할 때가 있습니다. 당분이나 카페인이 많이 함유된 음료는 갈증을 해소하지 못하고 오히려 더 목이 마르게 합니다. 특히 카페인은 이뇨 작용으로 몸 안의 수분을 내보내는 역할을 합니다. 당이 많이 포함된 음료를 마시는 습관은 불필요한 열량을 추가로 섭취하게 해 비만을 야기하기도 하지요. 어린이용 음료도 크게 다르지 않습니다. 2018년 한국 소비자원의 조사에 의하면 어린이용 음료에 포함된 당은 최소 5그램에서 최고 24그램으로, 당 수치가 높은 음료 한 병을 마시면 하루 당류 섭취 기준량의 60퍼센트 이상을 섭취하게 됩니다.

안타깝게도 뇌는 이런 점을 구분하지 못합니다. 액체를 꿀꺽 꿀꺽 마시면 그것이 무엇이든 간에 물을 마시는 것으로 생각한다네요. 우리 몸은 혈당이 오르내리는 것을 감지할 수 있기는 하지만, 음료수 한 병을 마신 것을 식사 한 끼를 먹은 것처럼 생각하지는 못합니다. 음료보다는 순수한 물을 마시는 습관을 기르는 것이 좋습니다. 집 안에 음료를 많이 사 두지 마시고, 밖에 나갈 때에는 물병을 챙기세요. 저는 아이들이 밖에서 뛰어놀 때 틈틈히 "Water Break!"라고 외쳐 물을 마시도록 알려 줍니다. 놀다 보면 갈증도 잘 안 느껴지니까요. 갈증을 물로 해결하는 습관을 들이면 음료 섭취를 줄일 수 있을 거예요.

뇌가 좋아하는 47가지 식습관

싱싱한 식재료로 만든 요리보다 더 편리하고 저렴한 고열량의 음식들이 아이들의 식생활을 흔들어 놓습니다. 그렇기 때문에 가정의 역할이 더 중요합니다. 아이가 성인이 될 때까지 쭉 식사를 함께할 사람들은 가족이니까요. 뇌는 식사에서 중요한 역할을 합니다. 충분한 영양소를 공급해 아이의 뇌를 발달시키는 것도 중요하지만, 뇌가 어떤 음식을 어떻게 먹을지 잘 결정하도록 가르치는 것도 중요합니다.

부모는 건강한 식사를 제공함으로써 아이들의 뇌를 키울 뿐 아니라 아이들이 자라서 스스로 좋은 식습관을 유지할 수 있는 능력도 함께 만들어 줘야 합니다. 간혹 우리가 아이에게 밥을 먹이기 위해 하는 행동 중에는 이 과정을 방해하는 것들도 있답니다. 아이

의 몸을 건강하게 지켜 주는 식습관을 기르기 위해 뇌가 꼭 배워야
할 능력과, 그것을 가르쳐 주기 위해 가정에서 해야 할 것들을 몇
가지 꼽아 보겠습니다.

◑ 규칙적인 식사 시간을 정해요

규칙적인 식사 시간을 정하는 게 좋습니다. 수면 시간을 일정하
게 유지하여 수면 패턴을 만드는 것과 비슷합니다. 식사 시간이 들
쑥날쑥하면 아이의 하루 일과 역시 안정되기 어렵습니다. 우리 가
족의 하루 일과에 맞추어 최대한 비슷한 시간대에 식사하도록 합
니다. 아이의 몸이 규칙적인 식사 시간에 익숙해지면 끼니를 예측
하게 됩니다.

집에서는 잘 먹지 않던 아이가 유치원에 가면 잘 먹는 경우가
많습니다. 기관의 식사 시간이 우리 집과 무엇이 다른지 한번 생각
해 보세요. 기관에서는 일정한 루틴을 따르고, 규칙적인 식사 시간
이 정해져 있으며, 그 시간이 되면 모두가 하던 일을 멈추고 함께
밥을 먹습니다. 어린아이라도 '아, 지금은 밥 먹는 시간이구나!' 하
고 깨닫기 쉽지요.

식사 시간을 정할 때에는 아이가 적당히 배고픈 것이 중요해요.
너무 자주 먹으면 아무래도 배가 고프지 않을 것이고, 끼니 사이가
너무 멀면 지치고 배가 고파서 아이의 일상생활에 지장이 생기겠

지요. 간식 역시 시간과 양을 조절해 주세요. 간식은 끼니 사이의 허기를 면하기 위한 것이므로 간식을 먹어서 다음 끼니를 제대로 먹지 못하게 되는 것을 피해야 합니다.

◉ 건강한 식단을 제공해요

우리 가족의 건강과 행복을 위한 식단을 제공합니다. 매끼 완벽한 균형의 영양소를 제공해야 한다는 뜻은 아니에요. 부모가 차려 놓은 음식을 아이가 남기지 않고 먹어야 한다는 뜻도 아닙니다. 하지만 부모가 무엇을 제공하는지가 아이에게 하루에 무엇을 먹고 살아야 하는지를 가르치고 있다고 생각해 주세요. 아이가 편안하게 먹을 수 있는 음식을 차려서 기쁜 마음으로 식사에 임하게 해 주시고, 아이가 새롭게 배울 수 있는 음식을 주어서 다양한 음식과 친해지게 도와주세요.

아이가 음식을 남기는 것이 걱정된다면 아주 적은 양을 먹게 한 뒤, 원하면 더 먹도록 알려 주시면 됩니다. 한 살 이전부터 덩어리가 있는 고형의 음식을 맛보게 하는 것은 이후의 편식을 줄이는 효과가 있다고 하고요. 쓴맛을 가진 채소는 그 자체로 먹지 않는다 하더라도, 다른 음식과 함께 먹으며 맛과 향에 익숙해지다 보면 나중에는 그 채소를 잘 먹게 될 가능성도 높아져요. 아이가 좋아하는 소스와 함께 주는 것도 좋습니다. 한마디로 부모의 역할은 다양한 식재료를 여러 방법으로 꾸준하게 소개하는 것입니다.

◉ 식사 예절을 지키며 즐겁게 식사해요

가족이 모여 함께 식사하고 모두가 식사 예절을 지키며 즐겁게 식사하는 분위기가 가장 중요합니다. 아이들은 지시를 따르며 배우기보다는 어른들의 행동을 함께하며 배우기를 좋아합니다. 아이는 가만히 앉아서 먹으라고 하면서 다른 가족들은 자꾸만 자리를 이탈해 다른 일을 한다거나, 아이가 밥을 먹는 동안 누군가는 거실에서 텔레비전을 보는 경우에는 아이가 적절한 식사 행동을 배우기 어렵습니다.

연구들에 따르면 가족이 함께 식사하는 것은 많은 이점이 있습니다. 가족과 함께 식사하는 아이들은 언어 발달이 강화되고, 자존감이 높으며, 편식을 덜 하고 비만의 가능성이 낮아집니다. 혼자서 식사하는 아이들보다 더 많은 채소와 과일을 먹고, 비타민과 무기질을 더 많이 섭취한다고 합니다. 특히 부모가 먹는 것을 강요하지 않을 때 더더욱 그렇습니다. 아이가 아직 시도하지 않는 음식을 부모가 맛있게 먹으며 어떤 맛인지 설명해 주는 것은 음식에 대한 아이의 호기심을 자극하고 두려움을 낮출 수 있습니다.

● 영양소와 음식에 대해 함께 배워요

지식은 좋은 의사 결정을 내릴 수 있는 힘이 됩니다. "채소를 먹으면 몸에 좋아"와 같은 모호한 표현보다는 "쌀에 들어 있는 탄수화물은 우리가 움직일 수 있도록 힘이 나게 해 줘"와 같은 구체적인 정보를 주면 좋습니다. 텍사스주립대학교의 아동 발달 연구에 따르면 3세 이상의 아이들은 눈에 보이지 않는 것이 있다는 사실을 이해할 수 있습니다. 손에 세균이 있어서 씻어야 한다거나, 설탕이 물에 녹아 설탕물이 되어도 그 안에 설탕의 성분이 존재하고 있다는 것을 설명해 주면 알아듣지요.

세상의 다양한 음식과 영양소, 조리법에 대해 알려 주세요. 아이가 장을 보고 요리하는 과정을 지켜보거나 직접 참여하면 더 좋아요. 땅에서 쑥 뽑혀 나온 감자가 식탁 위의 감자볶음이 되기까지의 이야기를 나누며 식사해 보세요. 아이들이 감자를 더 좋아하게 됩니다. 아이들은 경험하며 배우는 것을 가장 좋아한다는 것을 잊지 마세요.

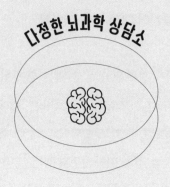

다정한 뇌과학 상담소

Q. DHA 영양 보충제가 필요한가요?

A. DHA가 뇌 발달에 필요한 영양소인 것은 사실입니다. 영양 보충제가 아이들의 인지 및 주의력 발달에 도움이 된다는 몇몇 연구들이 있지만 언제나 일관된 결과가 나오는 것은 아니라고 해요. 2012년 옥스포드대학교의 연구에서는 읽기 점수가 하위 20퍼센트 이하인 아이들이 오메가3 영양 보충제를 먹은 후 읽기 점수가 상승하였고, ADHD 아이들 역시 오메가3 처방 후 관련 행동이 낮아졌다는 부모의 보고가 있었습니다. 하지만 같은 연구에서 해당 아이들의 교사들은 아이들의 ADHD 관련 행동에 변화가 없다고 이야기했어요. 이후 2017년, 2018년에 시행된 연구들에서는 오메가3 보충제가 ADHD 증상이나 기억, 읽기 능력 등에 영향을 미치지 않는다고 보고했어요.[19] 현재로서는 ADHD 증상 완화 효과를 기

대하는 것은 증거가 충분하지 못한 것 같습니다.

시각적 정확성에는 DHA 보충제가 효과를 보이는 것으로 결론지었다고 합니다만, 이것이 인지 발달에도 영향을 줄 것이라는 증거는 역시 없습니다. 아동 연구는 아니지만, 생선을 자주 먹는 노인층은 인지 능력이 천천히 감퇴한다고도 하고, 알츠하이머병의 위험을 줄인다는 연구들도 있어요. 저는 영양 보충제를 꼭 먹어야 한다고 결론짓기는 어렵다고 생각합니다. 하지만 시간이 지나고 더 많은 연구가 진행될수록 우리가 알고 있는 과학적 결론이 이후 다른 이론으로 대체되기도 하니 좀 더 지켜보아도 좋겠지요. 우리 아이에게 부족한 영양 성분이 궁금하시다면 소아청소년과 의사 선생님과 꼭 상의해 보세요!

Q. 딱딱한 음식을 씹지 않고 조금만 뜨거워도 뱉어 버리는데 어떻게 하죠?

A. 감각 정보를 처리하는 것이 유독 힘든 아이들이 있습니다. 감각 처리 장애Sensory Processing Disorder라고 부릅니다. 이 아이들은 옷의 까슬한 부분을 유독 견디지 못하거나, 갑작스럽게 큰소리가 날 때 남들보다 많이 놀란다거나, 몸을 어딘가에 비비거나 부딪히는 등의 행동을 보일 때도 있습니다. 감각기관을 통해 들어오는 정보를 능숙하게 다루는 것이 어렵다는 뜻입니다. 다른 아이들보다 작은 차이에 민감하고, 민감한 차이를 느끼다 보니 더 강하게 반응합니다. 조금만 더워도, 조금만 추워도 남들보다 쉽게 불편함을 느낄 수 있어요. 이 아이들에게 식사는 특히 힘든 시간이 될 수 있습니다. 식사는 끊임없이 들어오는 감각 정보의 향연이니까요. 음식이 뜨겁거나 차가우면 먹지 않고, 딱딱하거나 질긴 음식을 씹지 않으려 할 수도 있고요. 반대로 음식을 너무 많이 씹거나 오랫동안 삼키

지 않기도 합니다. 새로운 음식을 시도하기까지 오래 걸리기도 합니다. 강한 냄새나 맛을 가진 음식 보다는 심심한 음식을 선호할 수도 있어요.

물론 아이들 누구나 이와 비슷한 순간들이 있기 마련입니다. 어제는 잘 먹던 음식을 오늘은 물컹하다며 안 먹기도 하고요. 하지만 오랜 기간 아이가 음식물을 대하는 것 자체를 힘들어 하고, 그것이 감각적 문제로 생각된다면 전문가와 상의해 보시기를 추천드립니다. 아이들이 음식을 좀 더 편하게 먹을 수 있는 방법을 알려줄 거예요. 감각 처리 장애 진단을 받을 정도는 아니지만, 아이가 특정 감각에 민감하다면 놀이로 접근하는 것이 좋습니다. 촉감에 민감한 아이라면 아이가 편하게 받아들일 수 있는 질감부터 만지며 놀도록 유도하고, 맛에 민감한 아이라면 아이가 좋아하는 식재료에서 시작해 다양한 썰기 방법이나 조리 방법 등으로 음식을 받아들일 수 있는 범위를 넓혀 가면 도움이 됩니다.

Q. 모유를 먹은 아이가 더 똑똑한가요? 분유를 먹은 아이가 더 잘 자라나요?

A. 모유가 뇌 발달에 도움이 된다는 증거들은 다수 있습니다. 모유는 본디 아이의 성장을 위해 만들어졌으니까요. 모유에 들어 있는 DHA가 뇌 발달에 필수적인 것은 분명합니다. 분유에 추가된 성분이 얼마나 효과가 있는지에 대해서는 확실하게 결론지어지지 않았고요. DHA가 강화된 분유는 효과가 없다는 연구들도 있습니다. 모유를 먹은 아이들이 인지 발달이 빠르고, 아이큐가 높으며, 학업 성취가 더 크다는 연구들이 있어요. 실제 뇌를 촬영한 결과 두 살까지 모유를 먹은 아이들의 백질 발달 속도가 빠르며, 이 차이가 네 살까지의 인지 발달 수준과 관련된 것을 발견하기

도 했습니다.

하지만 영양 부족에 대한 연구들과 마찬가지로 이 연구들은 한 가지 요인의 영향을 검증하기 위해 다른 요인들을 최대한 통제한 것들입니다. 뇌 발달에 영향을 미치는 것은 모유냐 분유냐의 문제 외에도 많은 것들이 있죠. 그 중에 중요한 것으로 꼽히는 것은 양육자와의 애착입니다. 분유를 먹는 아기도 양육자의 사랑을 듬뿍 받으며 안정적으로 자라고 있다면 걱정하지 않아도 괜찮습니다. 모유 수유가 가진 큰 장점은 바로 따뜻한 엄마 품에 안겨 눈을 맞추며 젖을 먹는 아이가 느끼는 유대감이라고 합니다.

그렇다면 분유를 먹이는 동안 아이를 품에 안고 사랑스러운 눈빛으로 바라보며 유대를 형성하면 되지 않을까요? 엄마가 아닌 사람도 함께할 수 있으니 얼마나 좋은지 모릅니다. 모유 수유를 할 수 있는 상황이 여의치 않아 분유를 선택하는 경우도 있지요. 오히려 모유를 먹이며 엄마가 스트레스를 과도하게 받거나, 건강을 해치게 되는 것보다는 분유의 도움을 받아 건강하고 즐겁게 육아에 임하는 것이 더 좋습니다.

반대의 경우를 걱정하는 분들도 계세요. 분유를 먹은 아이들은 생후 1년간 신체의 성장 속도가 모유를 먹는 아이들보다 빠릅니다. 그 때문에 과거에는 분유가 영양 면에서 더 좋다고 생각하는 사람들도 있었죠. 우리의 몸은 모유를 먹고 자라는 것이 기본이므로 모유를 먹는 아이가 느리게 자란다고 생각할 필요는 전혀 없습니다.

식사는 뇌가 잘 자랄 수 있도록 영양을 공급할 뿐 아니라 아이에게 몸을 건강하게 유지하는 방법을 가르치는 수단입니다. 아이가 몸에 필요한 영양분을 잘 섭취하고 있는지, 좋은 식사 습관을 기르고 있는지 점검해 보세요.

1. 규칙적인 식사 시간과 적당한 양의 간식을 제공하고 있나요? 3~5일 동안 아이의 식사 시간과 간식 시간을 기록하여 규칙적인지 살펴보세요. 시간 간격과 음식 양이 적당한지 생각해 보세요.

  *
  _____

  *
  _____

2. 우리 아이는 식사 시간에 스스로 음식을 먹고 있나요?

  *
  _____

  *
  _____

3. 우리 아이는 식사 시간에 디지털 미디어를 보지 않고 식사에 집중하고 있나요?

  *
  _____

  *
  _____

4. 아이가 이해할 수 있는 선에서 영양 섭취와 식사 예절에 대한 교육을 하고 있나요?

   *
   _____
   *
   _____

5. 우리 아이는 음료가 아닌 물을 충분히 마시고 있나요?

   *
   _____
   *
   _____

Cycle 3

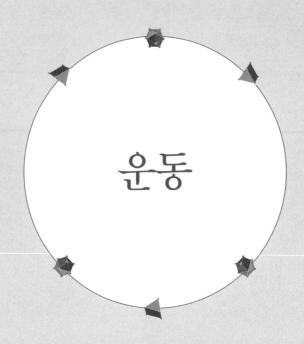

운동

움직이는 뇌가 똑똑하게 자란다

아이들은 끊임없이 움직여야 합니다. 아이들을 자꾸 '조용히' 그리고 '가만히' 앉아 있게 두려는 현대의 문화는 오히려 뇌 발달을 저해합니다. 활발하게 뛰어놀고 자연을 탐험하는 아이의 뇌가 똑똑하게 자란다는 사실을 잊지 말아야 합니다.

왜 우리 아이는
가만히 앉아 있지 않을까?

    부모님들이 가장 걱정하는 일 중 하나는 아마 이것일 거예요. 아이가 가만히 앉아 조용히 집중해서 무언가를 하지 않는다는 것. 식사 시간에 돌아다니거나 식당에서 큰소리를 내고, 수업 시간에 앉아 있기 힘들어 몸을 비비 꼬면서 집중하지 못하죠. 이 문제는 비단 소수만의 문제가 아닙니다. 점점 더 많은 아이들이 심리 치료, 언어 치료, 상담 등을 이용하고 그 나이대 또한 점점 어려지고 있어요. 가만히 앉아 수학 학습지를 풀지 못하는 아이가 불안한 부모는 아이를 더 많은 학원에 보내고, 장시간 앉혀 두는 연습을 합니다. 적어도 수업 시간만큼은 앉아서 진득하게 공부할 수 있어야 초등학교에 입학해서 잘할 수 있을 거라고 믿으면서요. 우리 아이는 왜 가만히 있지 않는 걸까요?

사실 아이들은 모두 움직입니다. 가만히 누워 있는 것만 같은 갓난아기들도 발가락을 꼼지락대고, 발을 뻥뻥 차고, 손을 뻗어 허우적대며 무언가를 잡으려고 하지요. 기어다니기 시작하면 부모들은 바빠집니다. 아이들이 끊임없이 움직이는 것은 발을 딛고 서서 무언가를 손에 잡을 수 있는 능력이 아이들을 더 많은 일들을 할 수 있는 단계로 이끌어 주기 때문입니다. 인간에게 가장 중요한 능력 중 하나이지요. 화장대 위의 로션통을 열고 로션을 손으로 푹 퍼서 거울에 바르고 싶은 욕망을 실현하려면 의자 위로 기어오르는 능력을 얻어야만 합니다. 마치 게임에서 레벨업을 해야 더 재밌는 세상이 펼쳐지는 것처럼요. 아이들의 움직임에는 배움이 담겨 있습니다. 배움은 언제나 아이들을 더 유능한 존재로 만들어 주지요.

아이들이 어릴 때에는 부모들도 이 사실을 모두 알고 있습니다. 아기와 마주보고 앉아 도리도리 짝짜꿍을 가르치고, 걸음마를 시작하도록 두 손을 잡아 주며 한걸음씩 떼는 아이를 보며 감탄합니다. 아이가 앉기와 걷기가 가능해지는 무렵부터 아이의 움직임은 조금 다르게 보입니다. 어려서부터 책을 읽으면 뇌 발달에 좋다고 했는데 우리 아이는 책장 앞에 서서 책을 뽑는 데만 관심을 두고요. 밖에 나가서 초록색과 노란색의 나뭇잎 색깔을 알려 주고 싶은데, 1분도 안 되어 나뭇잎을 다 뜯어 놓고 달려가 버립니다. 이런 모습을 보면 부모의 마음에 서서히 걱정이 피어납니다. 우리 아이가 산만한 건 아닐까, '조용하게 가만히 앉아서' 공부하지 못하는 건 아닐까 하고요. 우리는 이제부터 가만히 앉아 있는 아이의 뇌가 더 잘 자라는지에 대해 이야기해 볼 거예요. 정말로 아이의 뇌가 원하는 것은 무엇인지, 부모인 우리가 놓치고 있는 것은 무엇인지 말이에요.

몸이 약해지는 속도가
빨라지고 있다

우리는 점점 움직일 필요가 없는 세상에서 살아가고 있습니다. 한때 산과 들을 다니며 먹을 것을 구하던 사람들 대부분은 유목민적 생활 양식을 버리고 한곳에서 곡식과 가축을 길러 양식을 해결하게 되었습니다. 현대에는 밖을 돌아다니며 먹을 것을 구하는 대신 컴퓨터를 두드리며 생활을 이어갑니다. 더 많은 사람들이 더 오래 앉아 있게 되었습니다. 아이들 역시 실내에서 지내는 시간이 하루의 대부분을 차지하고, 어려서부터 책상에 앉아 무언가를 하는 시간이 점점 늘어납니다.

한국보건사회연구원의 〈아동 및 청소년 비만 예방대책 마련 연구〉에 따르면 한국 아동청소년의 생활 패턴은 다른 국가들과 비교했을 때 학습 시간이 가장 길다고 합니다. 운동에는 한 시간도 쓰지 않고요. 즉 가장 움직이지 않고, 오래 앉아서 공부하는 아이들이라는 뜻이죠. WHO가 146개 국가를 조사하고 2016년 발표한 보고서에 따르면 한국 청소년의 94퍼센트가 운동 부족으로 조사한 국가들 중 꼴찌를 기록했습니다.

움직이지 않는 아이들의 몸은 예전보다 튼튼하게 자라기 어려워졌어요. 영국 에섹스대학교의 연구에 따르면 현대의 아이들은 1998년의 아이들보다 더 약해졌습니다.[1] 이 연구에서는 장기간 축적된 아이들의 신체 정보를 비교 분석해 보았습니다. 연구 책임자인 개빈 샌더콕Gavin Sandercock 박사는 한 인터뷰에서 이렇게 이야기했어요. "오늘날 열 살 아이들은 6년, 16년 전의 아이들보다 더 키가 크고, 더 무겁습니다. 그래서 가장 건강하리라고 생각했지요. 하지만 점점 몸집이 커짐에도 불구하고 아이들은 오히려 약해지고 있었습니다." 아이들의 체력과 근력은 점차 나빠지고 있습니다. 말하자면 과거보다 커진 몸에 비해 힘은 없다고 표현할 수 있겠네요.

더 우려되는 점은 나빠지는 속도도 빨라지고 있다는 거예요. 영국 아이들의 경우 철봉에 매달려 자신의 몸무게를 버틸 수 있는 시간 같은 근지구력은 1998년부터 2008년까지 매년 2.5퍼센트씩 감소했으나 2008년 이후부터는 4퍼센트씩 감소하고 있습니다. 한국을 살펴볼까요? 매년 학교에서 실시하는 학생건강체력평가Physical Activity Promotion System, PAPS에서 4, 5등급 비율은 2019년 12.2퍼센트에서 2021년 17.7퍼센트로 상승했습니다. 줄어드는 운동 시간만큼 우리 아이들은 약해지고 있습니다.

요즘 아이들은 더 자주 다칩니다. 역시 유럽의 자료를 보면 1998년 대비 2007년 아동, 청소년의 골절은 13퍼센트 증가했다고 합니다.[2] 가장 많은 골절은 손으로 이어지는 팔의 앞쪽에서 일어나고, 가장 많은 이유는 넘어져서라고 해요. 몸에 충격이 가해졌을 때 뼈를 보호할 만큼 튼튼한 근육이 없으면 뼈에 금이 가거나 부러지게 됩니다. 평소 활동이 적은 아이들은 민첩성과 유연성이 떨어져서 잘 넘어질 뿐 아니라 넘어질 때의 충격에도 약합니다. 쉽게 다치는 몸은 또다시 운동의 기회를 제한하며 악순환을 만듭니다.

운동과 직접적 관련이 있는 소아 비만 역시 점점 큰 문제가 되고 있어요. 두 번째 사이클 〈식사〉에서 말씀드린 것처럼 소아비만율이 점차 상승하고 있지요. 비만은 몸의 건강뿐만 아니라 뇌의 발달에도 영향을 미친다는 것을 말씀드렸지요? 이것이 점점 더 움직이지 않는 우리 아이들이 겪고 있는 문제입니다.

뛰어노는 아이가 학습을 잘하는 이유

많은 부모님들이 아이들이 밖에 나가서 뛰어노는 것이 중요하다는 데에는 동의합니다. 무엇보다 아이가 즐거워하고, 많이 움직이다 보면 몸이 튼튼해진다는 것을 알고 있으니까요. 한국이 세계에서 가장 운동을 하지 않는 국가가 된 것은 이 사실을 모르기 때문은 아니라고 생각해요. 그보다는 운동과 신체 놀이가 종종 교육과 공부에 밀려나기 때문이라고 생각합니다. 강의나 라이브 방송을 통해 운동과 바깥놀이의 중요성에 대해 이야기하다 보면 늘 따라오는 질문이 있습니다. "하지만 시간이 없어요. 매일 운동하면 공부는 언제 하나요?" 점점 어린 나이부터 사교육을 시작하고, 나이가 많아질수록 학습에 쓰는 시간이 점차 늘어나죠. 그러다 보니 청소년기에는 세계에서 가장 운동을 안 하는 국가가 되었지요. 이 사실은 항상 저를 안타깝게 합니다. 알고 보면 운동은 뇌의 발달에도 큰 영향을 미치고, 놓쳐서는 안 되는 부분이기 때문이죠.

미국의 칼 코트먼Carl Cotman 교수는 캘리포니아주립대 어바인 대학교에서 수십 년간 노인성 치매와 뇌의 노화에 대한 연구를 해 왔습니다. 노년기까지 뇌의 건강을 유지하면서 사는 사람들의 특징을 관찰한 결과 공통된 비결을 발견했습니다. 바로 운동을 하고 있다는 것이었어요. 이전에는 운동은 몸의 건강에만 좋다고 생각했습니다. 코트먼 교수는 운동이 뇌 건강에도 직접적으로 영향을 미치는지를 규명해 보기로 합니다. 쥐들에게 쳇바퀴를 제공하고, 쳇바퀴를 돌리는 쥐들의 뇌에 다른 점이 있는지 살펴보기로 했어요. 연구에서 초점을 맞춘 것은 뇌유래신경영양인자Brain-Derived Neurotrophic Factor, BDNF 입니다.

BDNF는 한마디로 뇌의 성장을 도와주는 단백질입니다. BDNF는 뉴런이 새롭게 자라나는 것을 도와주고 이미 있는 뉴런의 생존을 높입니다. 뉴런의 활동을 활발하게 하고, 뉴런끼리의 신호 전달이 잘될 수 있도록 해 주고요. 뉴런과 뉴런이 서로 연결되도록 도와 신경가소성을 높입니다. 즉 뇌가 잘 성장하고, 건강하게 유지되는 데에 꼭 필요한 존재이지요. 코트먼 교수의 연구팀은 실험들을 통해 운동은 이 BDNF를 높여 준다는 것을 밝혀냈어요.[3]

더 흥미로운 점은 BDNF의 증가를 찾은 뇌 영역입니다. 코트먼 교수 역시 운동이나 몸의 감각에 관련된 뇌 영역에서 이런 효과를 관찰할 것이라고 예측했다고 하는데요.[4] 운동으로 인한 혜택을 받은 영역은 해마였습니다. 해마는 운동보다는 인지 기능을 담당하는 영역으로 주로 단기 기억을 장기 기억으로 전환하고, 공간 기억을 저장하여 장소를 잘 찾게 해 줍니다. 해마는 퇴행성 치매에 특히 취약한 부위로, 치매가 진행되면서 기억을 잃어버리는 증상을 설명할 수 있지요. 운동이 해마에 미치는 긍정적인 효과는 실험의 참가자들이 운동을 시작한 지 단 며칠 만에 발견되었고, 운동을 그만두고 나서 몇 주 뒤까지도 지속되었다고 해요. 아일랜드의 트리니티칼리지 더블린에서는 평소 운동을 하지 않는 남자 대학생들을 대상으로 몇 주간 유산소 운동 프로그램에 참여하도록 했습니다. 일정 기간 운동 프로그램에 참여한 학생들은 그렇지 않은 학생들에 비해 혈액 샘플 안의 BDNF가 증가하고, 주의 및 기억 과제에서 더 높은 점수를 얻었습니다.[5]

뇌가 활동하기 위해서는 산소가 필요하고, 이 산소는 혈액을 통해 전달되지요. 미국 텍사스대학교 사우스웨스턴 의학연구소의 연구에서는 유산소 운동을 1년간 지속한 노인 그룹은 해마로 들어가는 뇌의 혈류량이 많아지고, 기억력 검사의 점수가 올라간 것을 발견했습니다.[6] 운동을 통해 심장 기능을 향상시키고, 뇌로 산소를 원활하게 공급하면 결국 뇌의 기능이 향상되는 것이죠. 이렇게 몸의 움직임은 학습과 기억에 없어서는 안 될 역할을 합니다.

산소 공급에 영향을 미치는 것은 심장만이 아닙니다. 뉴멕시코 하이랜즈대학교의 연구에 따르면 사람이 걸을 때마다 발바닥이 땅에 부딪히며 생기는 울림이 몸에 압력의 파동을 형성하고, 그 결과 뇌로 흐르는 혈류량을 증가시키게 됩니다. 재미있는 점은 걷기와 달리기는 이러한 변화를 나타내는 데 반해 같은 유산소 운동인 자전거 타기는 동일한 효과를 일으키지 못한다고 합니다. 발이 땅을 디디며 울림을 만들어 내지 않기 때문이지요. 달리기처럼 심박수를 높이지 않고도 뇌 관류를 증가시켜 기능을 향상시키는 걷기의 힘이 놀랍습니다. 왜 이런 일이 생기는 걸까요?

학자들은 그 이유를 아주 먼 옛날의 사람들이 살던 방식에서 찾습니다. 수렵 채집 시대 이야기로 잠시 돌아가 볼게요. 우리 선조들은 사냥과 수렵 채집을 중심으로 살아갔습니다. 농사를 짓고 가축을 키우기 이전의 삶이죠. 이때의 삶은 움직임을 기반으로 했을 거예요. 단순히 동물을 잡기 위해 뛰어다니고, 나무를 타고 올라가 열매를 따야 하기 때문만은 아닙니다. 먹을 것을 찾기 위해 더 넓은 지역을 오가며 살아야 한다는 것을 의미합니다.

이때의 이동성은 바로 생존 능력 그 자체입니다. 어디에 가면 먹을 것을 얻을 수 있고, 어디에 가면 위험한 동물이 있는지를 알기 위해서는 '이동'해야 하니까요. 따라서 더 많은 지리적 지식이 필요합니다. 부지런히 돌아다니며 지형 정보를 파악하고, 그 정보를 기억해서 사람들과 효율적으로 공유하면서 살아가야 하지요. 이러한 생활 방식은 우리 뇌에 몸을 움직인다는 것은 새로운 환경을 배우는 과정이라는 가르침을 남겼습니다.

그래서 우리 뇌는 움직이며 살아가고, 움직이며 배우도록 되어 있습니다. 걸어 다니고 뛰어다니면서 뇌에 필요한 산소가 더 잘 공급되도록, 많이 움직일수록 뇌가 학습하는 데에 필요한 단백질이 더 잘 만들어지도록 말이에요. 새로운 곳을 걸어 다니며 주변을 둘러볼 때 우리 뇌는 이렇게 말할 거예요. "무언가 중요한 일이 일어나고 있어! 잘 보고, 듣고, 느끼고, 기억해 둬!"

우리 아이에게 필요한 운동은 무엇일까?

2010년 미국의 변호사이자 오바마 전 대통령의 부인인 미셸 오바마는 '렛츠 무브Let's Move!'라는 캠페인을 시작합니다. 당시에는 영부인이었지요. 아이들이 건강한 삶을 꾸려 나갈 수 있도록 돕는 것을 목적으로 하는 어린이 비만 퇴치 캠페인입니다. 미국 역시 갈수록 아이들의 운동량과 활동량이 줄어들고, 특히 학교에서는 학생들에게 더 많은 공부를 시키기 위해 체육 수업과 쉬는 시간을 줄이고 있었거든요.

캠페인이 성공하는 데에 결정적인 영향을 미친 것은 아마도 무대에 올라 대중 앞에서 엉덩이를 옆으로 흔드는 '엄마 춤Mom Dancing'7을 추는 미셸 오바마일 거예요. 학교에 방문해 아이들과 함께 춤추기도 하고, 유명 운동선수와 홍보 영상을 찍기도 한 영부인의 모습은 많은 사람들의 뇌리에 강하게 남았습니다. 미셸 오바마는 왜 여러 사회적 이슈 중에서 아이들이 더 많이 움직여야 한다는 메시지를 선택했을까요?

바로 가장 간단하면서도, 가장 큰 효과를 보이는 미래 대비책이기 때문입니다. 아이들에게 꾸준한 운동 습관을 갖도록 도와주는 것은 지금 당장 실천할 수 있는 간단한 과제이고 많은 예산이나 복잡한 정책이 전혀 필요없지만, 이것을 놓쳤을 때 우리가 감당해야 할 미래의 부담은 말할 수 없이 크거든요. 아이 한 명의 인생에서도, 사회와 국가의 입장에서도 마찬가지입니다.

우리 아이가 과연 하루에 얼마나 움직여야 뇌는 물론 몸과 마음이 건강할까요? 여러 국가와 단체의 전문가들이 각 연령별로 필요한 운동에 대한 기준을 발표하고 있는데요. 전문가들이 제시하는 대부분의 기준은 유사합니다. 여기에서는 WHO에서 발표한 아동, 청소년의 신체적 활동에 대해 자세한 가이드라인을 살펴보도록 하겠습니다. 24시간을 기준으로 우리 아이들의 연령별 신체 활동 기준은 다음과 같습니다.[8]

연령별 신체 활동 기준

1세 미만	• 하루에 여러 차례에 걸쳐 신체 활동을 합니다. 특히 바닥에서 다른 사람과 상호작용하며 노는 시간을 보냅니다. 많을수록 좋습니다. • 1시간 이상 하이 체어나 유모차 등 같은 자리에 고정되어 있는 것을 피합니다.

연령	권장 사항
1~2세	• 하루에 180분 이상 신체 활동을 합니다. • 적당한 강도부터 격렬한 강도까지의 다양한 신체 활동을 합니다. 많을수록 좋습니다. • 1시간 이상 하이 체어나 유모차 등 같은 자리에 고정되어 있거나 오래 앉아 있는 것을 피합니다. • 텔레비전을 보거나 비디오 게임을 하는 등 정적인 활동은 2세 이후, 1시간 미만으로 합니다. 짧을수록 좋습니다.
3~4세	• 하루 180분 이상 다양한 신체 활동을 합니다. • 60분 이상의 적당한 강도부터 격렬한 강도까지의 다양한 신체 활동을 합니다. 많을수록 좋습니다. • 1시간 이상 하이 체어나 유모차 등 같은 자리에 고정되어 있거나, 오래 앉아 있는 것을 피합니다. • 텔레비전을 보거나 비디오 게임을 하는 등 정적인 활동은 1시간 미만으로 합니다. 짧을수록 좋습니다.
5~17세	• 하루 평균 60분 이상의 적당한 강도부터 격렬한 강도까지의 신체 활동을 합니다. • 일주일 전반에 걸쳐 유산소 운동을 합니다. • 격렬한 강도의 유산소 운동과 근육과 뼈를 강화시키는 운동을 주 3회 이상 합니다. • 정적인 활동 시간을 제한하고, 특히 여가용 디지털 미디어 시간을 적절하게 제한합니다.

미국 보건복지부에서는 70페이지에 달하는 신체 활동 가이드라인을 발표했습니다.[9] '여러 강도의 다양한 신체 활동'이 무엇을

의미하는지 이 자료를 통해 좀 더 상세히 살펴볼게요. 아무런 노력도 하지 않는 상태를 0, 할 수 있는 한 가장 강렬한 강도를 10이라고 가정하겠습니다.

강도에 따른 신체 활동 종류

적당한 강도	5에서 6의 강도에 해당하는 활동입니다. 어린아이들의 경우 평소보다 심박수가 크게 빨라지지 않는 수준의 활동을 생각하면 됩니다. 활동적인 놀이 시간, 예를 들면 자전거 타기나 롤러스케이트 타기, 가벼운 하이킹과 걷기가 해당됩니다. 조금 큰 아이들의 경우에는 서서 공을 던지고 받는 정도의 운동과 빗자루질과 같은 움직이는 가사 활동이 포함될 수 있습니다.
격렬한 강도	7에서 8의 강도의 활동입니다. 평소와 비교했을 때 심박수가 더 빨라지고 숨이 가빠지는 수준입니다. 예를 들면 달리기 혹은 얼음땡이나 술래잡기 등 달리기를 포함한 놀이, 좀 더 강도 높은 자전거 타기, 줄넘기, 축구, 농구, 수영, 스키 등의 심박수를 높이는 스포츠 활동, 무술과 무용 등이 포함됩니다.
근육 강화 운동	평소보다 특정 근육의 힘을 더 많이 사용하도록 요구하는 신체 활동입니다. 근육에 일종의 '부하'를 주는 운동을 생각하면 이해하기 쉽습니다. 팔굽혀펴기나 윗몸일으키기 등 무산소 운동과 무거운 무게를 드는 활동, 매달리기와 기어오르기, 그네 타기 등의 기구 활용이 포함됩니다. 줄다리기 같은 놀이도 해당될 수 있습니다.
뼈 강화 운동	뼈에 자극을 주어 뼈의 성장과 강도를 촉진하는 활동입니다. 뼈에 주는 자극은 주로 바닥의 힘으로 생각하시면 됩니다. 달리기, 줄넘기, 농구, 테니스, 땅따먹기 등의 활동이 좋습니다. 뼈 강화 운동은 곧 유산소 운동과 무산소 운동이기도 합니다.

이러한 가이드라인들은 여러 분야의 전문가들이 수십 년간의 연구 결과를 모아 만들어 둔 것입니다. 어쩌면 당연한 이야기 같지만, 그래서 더 의미 있지요. 우리 집에 이 내용을 적용해 볼까요? 우선 5세 미만의 아이들이라면, 하루 종일 움직이는 것이 기본이라는 것을 기억하면 됩니다. WHO의 가이드라인에서 제시하듯이 미취학 연령의 아동은 하루에 얼마나 운동을 할 것인지보다는 어떻게 하면 아이가 가만히 앉아 있는 시간을 줄이고 많이 움직이게 할 것인지를 생각하는 게 옳은 방향입니다. 기준에 맞추기 위해 반드시 매일 체육 수업이나 발레 수업에 가야 할 필요는 없다는 것이지요. 놀이터에 나가는 것처럼 그저 아이에게 고정된 장소와 자세를 요구하지 않는다면 이것은 많은 부분 저절로 해소됩니다.

산만한 게 아니라 뇌가 발달하는 중이다

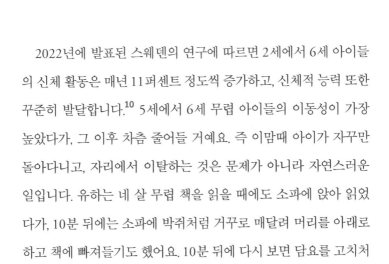

2022년에 발표된 스웨덴의 연구에 따르면 2세에서 6세 아이들의 신체 활동은 매년 11퍼센트 정도씩 증가하고, 신체적 능력 또한 꾸준히 발달합니다.[10] 5세에서 6세 무렵 아이들의 이동성이 가장 높았다가, 그 이후 차츰 줄어들 거예요. 즉 이맘때 아이가 자꾸만 돌아다니고, 자리에서 이탈하는 것은 문제가 아니라 자연스러운 일입니다. 유하는 네 살 무렵 책을 읽을 때에도 소파에 앉아 읽었다가, 10분 뒤에는 소파에 박쥐처럼 거꾸로 매달려 머리를 아래로 하고 책에 빠져들기도 했어요. 10분 뒤에 다시 보면 담요를 고치처럼 돌돌 말고 그 안에서 책을 읽고 있지요. 자칫 산만하게 느껴지지만 사실은 전문가들이 권장하는 '가만히 고정되어 있지 않는 시간'을 스스로 채우고 있는 중입니다.

앉은 자세를 유지하는 것은 본디 쉽지 않은 일입니다. 갓난아기가 혼자서 앉기까지는 수개월이 필요하고, 이는 꼭 달성해야 하는 주요 발달 지표입니다. 아이는 누운 상태에서 팔다리를 움직이고, 엎드린 자세에서 고개를 들며 힘을 기릅니다. 무거운 머리를 잡아당기는 중력에 대항하여 몸을 위로 밀어내는 능력을 키워야만 가능하지요. 앉은 자세를 오래 유지하는 것에는 더 많은 노력이 필요합니다. 충분한 힘과 균형 감각이 길러져야 자세를 통제할 수 있거든요.

집중력만의 문제가 아닙니다. 우리 아이가 유독 가만히 앉아 있지 않는다고 걱정하는 부모들은 아이에게 오랜 시간 앉아 있는 것을 훈련시키려고 합니다. 소위 엉덩이 힘을 키운다고 하죠. 오랜 시간 앉아 있으면 오히려 몸을 버티는 데에 중요한 코어Core 근육이 약해집니다. 코어 근육이 약한 아이는 체중을 버티지 못해 탁자에 몸을 기대거나 의자에 뒤로 누워 앉습니다. 장시간 이러한 자세로 앉아 있다 보면 허리 근력이 약화되는 악순환에 빠지게 되죠.

아이가 앉아 있는 것을 힘들어 한다면, 눈을 감고 한 발을 들고 서 있도록 해 보세요. 한 발로 깡총깡총 뛰거나, 평균대 위에서 떨어지지 않고 걷는 것도요. 균형 감각이 부족한 아이는 몸을 가누는 것을 힘들어 합니다. 철봉에 매달려 무릎을 배 쪽으로 끌어당길 수 있나요? 매달린 상태에서 그네 타듯이 다리를 앞뒤로 흔드는 것은요? 코어 근육이 탄탄해야 아이가 몸을 곧은 자세로 지탱할 수 있습니다. 아이의 앉은 자세가 좋지 않다면 많이 걷고, 달리면서 균형 감각을 기르고, 매달리기와 사다리 타기, 공놀이 등으로 근육을 먼저 발달시켜야 합니다. 앉아서 글씨를 쓰는 것은 그 다음에 발달합니다.

따로 시간을 내어 운동을 한다면, 꼭 빠지지 않았으면 하는 것은 다름 아닌 걷기와 달리기입니다. 직립보행은 인간의 가장 기본적인 이동 방법이죠. 무언가를 잡고 일어선 뒤, 혼자서 잘 걸어다니는 것은 아이들의 중요한 발달 과제 중에 하나입니다. 걷기 다음엔 달리기, 계단 오르내리기, 발을 모아 점프하기나 한 발로 깡총 뛰기 등 연령에 맞는 운동 능력은 아이의 성장을 확인하는 지표가 됩니다. 자유롭게 돌아다니며 놀기만 해도 이 능력들이 자라납니다. 가까운 거리는 차를 타지 않고 걸어서 이동하는 것, 조금 오래 걸리더라도 유모차에 앉지 않고 부모와 손을 잡고 걸어가는 것은 가장 간단하게 제공할 수 있는 운동 기회입니다.

유하가 학교에 입학하기 전에는 오빠의 하교 시간에 맞추어 학교에 오빠를 데리러 가는 것이 매일 오후의 한 부분이었습니다. 일부러 집에서 10분에서 20분 정도 여유 시간을 두고 출발하면 길가에 떨어진 나뭇잎도 줍고, 산책 나온 이웃 강아지랑 놀 수도 있어요. 교문 앞 길에서 밸런스 바이크를 타고 왔다 갔다하며 오빠를 기다렸다가 돌아오는 길에는 연석을 따라 걸으며 균형 잡기도 합니다. 모두 합치면 하루에 40분 정도의 운동 시간이 뚝딱 만들어집니다. 많이 걸어 다닐 수 있는 기회를 만드는 것만으로도 온 가족의 건강과 아이의 뇌 발달에 좋은 영향을 미칩니다.

각각의 운동은 저마다의 장점이 있습니다. 유산소 운동의 효과에 대해서는 상대적으로 많은 연구들이 이루어졌지만 그 외의 운동이 뇌에 미치는 영향에 대해서 우리가 알고 있는 것은 많지 않습니다. 하지만 다양한 근육을 복잡하게 사용하는 운동은 많은 장점을 기대할 수 있습니다. 예를 들어 어떤 쥐 실험에서는 쳇바퀴에서 달리기만 한 쥐와 평균대와 사다리, 움직이는 물체 등 복잡한 통로를 다니는 운동을 한 쥐의 뇌를 비교해 보았는데요. 복잡한 운동을 한 쥐의 소뇌에서는 신경세포 성장 인자Brain Growth Factor, BGF가 더 많이 늘어난 것을 발견했습니다. 쳇바퀴를 달리기만 한 쥐의 뇌에서는 이러한 변화를 관찰할 수 없었고요. 해마에 일어난 것과는 전혀 다른 효과이죠?

소뇌는 몸의 감각 정보가 들어오는 통로이며 대뇌에서 만들어낸 운동 지시 정보의 통로이기도 합니다. 이 정보를 통합하고 근육에 전달하는 과정을 통해 소뇌는 우리 몸의 움직임을 통제합니다. 아이들은 달리기와 같은 유산소 운동과 태권도나 요가와 같이 다양한 근육을 통제하는 운동을 함께하는 것이 좋다고 생각합니다. 뇌 발달에 서로 다른 영향을 미칠 테니까요. 지속적으로 운동하는 생활 습관을 기르기 위해서는 무엇보다 아이가 좋아하는 운동을 하는 것이 중요합니다. 음악에 맞추어 춤추는 것도 좋고, 협동심이 길러지는 팀 스포츠도 좋습니다. 가족이 함께 주말마다 자전거를 탄다면 운동과 가족의 결속을 한번에 잡을 수 있을 거예요.

만약 조금 더 모험심을 발휘한다면 맨발로 걷는 것을 시도해 볼 수 있습니다. 발의 발달은 직립보행과 안정적인 서 있기를 할 수 있도록 해 주기 때문에 아이들의 운동 발달에서 중요한 역할을 합니다. 발이 잘 자라려면, 발에도 적절한 환경과 경험이 주어져야 합니다. 맨발의 경험은 발의 물리적 성장에 도움이 됩니다. 신발을 신지 않는 문화에서 성장한 성인들의 발은 폭이 더 넓게 자라고, 발과 발가락의 기형이 적다고 해요. 신발을 신지 않는 것이 자연스러운 남아프리카의 아이들의 발은 늘 신발을 신는 유럽 아이들의 발과 비교했을 때 발바닥에 오목하게 들어간 아치가 더 높고 엄지발가락의 휜 정도가 더 낮았다고 합니다.[11] 두 가지 모두 튼튼한 발의 특징으로 볼 수 있습니다.

맨발로 걷기는 감각 및 운동 능력을 키워 줍니다. 아이들이 맨발로 걸으면 신발을 신었을 때에는 느껴지지 않던 바닥의 습기, 온도, 감촉 등을 느낄 수 있어 감각 경험의 폭을 넓혀 줄 수 있고요. 평소보다 바닥을 더 주의 깊게 살피는 것을 볼 수 있습니다. 바닥 표면이 바뀌거나, 돌멩이의 위치를 주의해야 한다는 것을 알게 되기 때문이지요.

어른들은 아이들이 맨발로 걸어 다니면 위험하지 않을까 걱정하지만, 연구에 따르면 맨발로 걷는 것이 오히려 부상 위험을 낮춘다고 합니다. 발이 더 튼튼하게 자라면서 아이들이 넘어지지 않기 때문이고, 또 바닥을 살피며 조심해서 걷는 방법을 배우게 되니까요. 칼럼니스트이자 작가인 린다 맥거크Linda McGurk는 스웨덴에서 맨발로 노는 아이들은 여름의 상징이며, 지저분해진 발은 자유롭고 행복한 유년시절의 상징이라고 이야기했습니다. 작가 역시 긴 겨울이 끝나고 날이 풀리는 봄날이 오면 맨발로 잔디를 뛰어다니며 아직 축축한 바닥을 느끼던 어린 시절의 기억이 남아 있다고 해요. 스웨덴의 여름 노래, 〈맨발의 발라드The Barefoot Ballad〉에서 이야기하듯 '신발도 양말도 없는 맨발로' 나가서 걸어 보세요.

아이에게 움직일 공간과
시간을 뺏지 마라

    인스타그램에서 스튜디오B를 시작할 때 저희 아이들은 각각 여섯 살과 네 살이었습니다. 어느 날 라이브 방송을 하다가 "뇌과학을 공부한 엄마로서 아이들 뇌를 위해 꼭 챙기는 것은 무엇인가요?"라는 질문을 받았어요. (이 책 전체가 그에 대한 답변이지만) 그날 저는 두 가지를 대답했어요. 하나는 두 번째 사이클인 〈식사〉에서 다룬 물 마시기, 다른 하나는 야외에서 운동하는 것, 즉 바깥놀이입니다. 들으시는 분들이 실망할까 조금 주저하며 말했던 기억이 납니다. '부모님들이 나에게 기대하는 것이 이런 것이 아닐텐데'라는 생각이 들었거든요.

    하지만 지금도 뇌 발달을 위해 중요한 것에 대한 질문을 받을 때면 늘 바깥놀이를 꼽습니다. 체육 수업에 참여하는 것이나 평생

취미로 즐길만한 스포츠를 찾는 것도 중요하지만, 그에 못지 않게 바깥놀이는 아이들의 성장에 중요합니다. 바깥놀이라고 하면 꼭 바다나 산, 놀이동산 같이 특별한 장소로 가야 한다고 생각하기 쉽지만, 꼭 그렇지만은 않습니다. 제가 이야기하는 바깥놀이는 말 그대로, 야외 공간에서 운동하며 노는 것을 의미합니다.

여러분은 어린 시절 어떻게 자라셨나요? 저는 마당이 있는 단독주택에서 태어났어요. 증조할머니부터 갓 태어난 저까지 4대가 모여서 사는 곳이었지요. 유치원부터 초등학교까지는 다세대주택에서 살았고, 청소년기부터 아파트에 살기 시작했습니다. 그래서 어렸을 때에는 놀 장소가 많았어요. 아주 어려서는 할머니가 가꾸는 마당의 화단과 옥상의 텃밭이 있었고요. 커다란 목련 나무 아래 고무 대야에 물을 받아 하루종일 들락날락하며 여름 더위를 버텼습니다. 초등학생일 때 역시 마찬가지예요. 여름방학이면 주택들 사이에 있는 길에 돗자리를 깔고 버찌 나무에서 딴 열매를 놓고 소꿉놀이를 했던 기억이 있어요. 이 모든 것은 저절로 이루어졌습니다. 저희 부모님이 특별히 화단에서 소꿉놀이 하는 것이 중요하다고 생각해서 시킨 일이 아니었지요.

요즘 아이들은 다릅니다. 2016년 국립환경과학원의 조사에 따르면 10세 미만의 한국 어린이의 평균 야외 활동 시간은 34분에 불과하다고 합니다. 서양권 국가들과 비교하면 현저히 적은 시간입니다. 미국 환경청U.S.D.A. Forest Service이 실시한 조사의 데이터를 링컨 라슨Lincoln Larson 교수와 개리 그린Gary Green 교수가 재분석한 논문에 따르면, 19세 미만 미국 아이들의 대부분이 하루 평균 2시간 이상 야외 활동을 합니다. 학교에서 돌아온 후 한국 아이들이 가장 많은 시간을 보내는 활동으로는 실내 놀이, 게임과 텔레비전 시청이 꼽힙니다. 아이들이 밖에서 노는 것은 이전처럼 자연스러운 일이 아닙니다.

2022년 가을, 스튜디오B에서 약 260명의 부모님들을 대상으로 바깥놀이 실태 조사를 했습니다. 매일 바깥에 나가 아이들과 시간을 보낸다는 응답은 10퍼센트밖에 되지 않았습니다. 일주일에 한두 번만 나간다는 응답이 36.3퍼센트로 가장 많았지요. 평일에 사용하는 바깥놀이 시간은 1시간 미만이 51.5퍼센트로 절반 정도를 차지했습니다. 매일 나가서 실컷 뛰어노는 아이들은 '거의 없다'고 할 수 있겠지요. 평소 스튜디오B를 알고 있고, 제 인스타그램을 통해 뇌 발달과 놀이에 대한 이야기를 자주 접하고 계셨을 분들인데도 말이에요. 왜 밖에서 노는 것이 어려워졌을까요?

2017년에 발표한 바깥놀이에 대한 한국 부모의 인식을 조사한 자료에 따르면 부모들은 바깥놀이의 위험 요인으로 지나가는 차량과 응급 상황에 대한 관리가 이루어지지 않는 점을 꼽았습니다. 즉 아이들이 안전하게 놀 공간이 없는 것입니다. 마당이 있는 집과 골목이 사라져 가기 때문이겠지요. 스튜디오B의 부모님들은 아이들과 나가서 신나게 뛰어놀지 못하는 가장 큰 이유로 부모의 시간 부족과 체력적 한계를 꼽았어요. 맞벌이 부모가 집으로 돌아왔을 때에는 이미 저녁 무렵이라 밖으로 나갈 수 없는 경우도 허다하지요. 시간이 없는 것은 아이들도 마찬가지예요. 아이들이 자랄수록 부모의 마음은 조급해져 놀이터와 자전거보다는 학원이나 학습지를 선택하게 됩니다. 공간과 시간을 빼앗긴 아이들은 언제나 방 안에 있어야 합니다.

아이들이 가만히 앉아 있지 않는 것은 어쩌면 우리가 아이들에게 뛰어야 마땅한 시간에 앉아 있기를 요구하고 있기 때문인지도 모릅니다. 지금부터는 밖에서 보내는 시간이 얼마나 중요한지에 대해 이야기해 보려고 합니다. 아이들에게 밖으로 나갈 시간을 마련해 주고, 뛰어놀 공간을 찾아 주고, 서투른 아이들의 몸짓을 이해해 주기 위해서요. 그렇게 마음속 우선순위를 높이다 보면 우리에게 바깥놀이가 조금은 돌아오지 않을까 하는 기대를 하고 말이에요.

행복한 아이로 키우는 자연의 마법

많은 부모님이 바깥놀이는 몸이 튼튼해지기 위해서 하는 것이라고 생각합니다. 맞아요. 운동이 뇌 발달에 중요한 기능을 한다는 것을 말씀드렸지요? 바깥놀이의 이점은 운동의 이점과 비슷한 면이 있습니다. 실내 공간보다 야외 공간에서 신체의 움직임이 더 커질 수 밖에 없고, 다양한 움직임의 기회를 제공하지요. 하지만 자연은 태권도 수업은 줄 수 없는 중요한 것을 가지고 있답니다.

아이들의 발달에 중요한 부분을 차지하는 것은 감각을 처리하는 능력의 발달입니다. 우리는 많은 감각을 가지고 있지요. 감각마다 장점과 단점이 있고, 이러한 감각들은 상호보완적인 역할을 합니다. 시각 정보는 높은 해상도를 자랑하지만 범위의 한계가 있고 (뒤는 볼 수 없으니까요), 어둠 속에서는 그 힘을 잃어버립니다. 이 한계는 청각 정보가 크게 보완해 주죠. 등 뒤에서 무언가가 떨어진다면 우리는 뒤를 돌아볼 수 있고, 한밤중 애애앵하는 모기 소리를 들으면 바로 불을 켜고 모기를 찾을 수 있으니까요. 후각 정보는 뇌로 빠르게 전달된다는 이야기 기억나시죠? 냄새는 위험한 상황을 빠르게 알려 주는 역할을 합니다. 연기는 보이지 않지만 탄 냄새가 나면 주변의 안전을 점검할 수 있습니다.

빛이 눈으로 들어오면 시각 정보를 처리하는 것처럼 감각 정보를 받아들이는 것은 어느 정도 타고난 능력입니다. 특별히 훈련을 거치지 않아도 아이들은 일정 시기가 되면 엄마, 아빠와 눈을 맞추고, 움직이는 물체를 따라 시선을 이동하지요. 하지만 여러 감각 정보를 통합하여 분석하고, 이를 바탕으로 적절하게 반응하는 능력은 그렇지 않습니다. 자연 환경은 시각, 청각, 후각, 미각, 촉각적으로 풍부한 자극을 주고, 자신의 몸 내부를 통한 감각인 전정 감각[12]과 고유수용성 감각[13]을 느낄 수 있는 기회를 제공합니다. 감각 능력을 발달시키기에 가장 좋은 환경이라고 볼 수 있지요.

2022년 중국에서 실시한 연구에서는 성인을 대상으로 어린 시절에 자연에 노출된 것이 감각의 발달에 미치는 영향을 알아보았습니다.[14] 어렸을 때에 얼마나 자연친화적인 환경에서 살았는지를 조사하고, 감각 민감도, 즉 감각적 차이를 얼마나 잘 구분해 내는지를 평가했지요. 어린 시절에 자연에 적게 노출되는 환경에서 자란 아이는 성인이 되었을 때 미묘한 감각적 차이를 잘 인식하지 못한다는 것을 발견했습니다.

리처드 루브Richard Louv 박사의 《자연에서 멀어진 아이들》이라는 책에는 자연 결핍 장애Natural Deficit Disorder라는 단어가 등장합니다. 실제 의학적 진단명은 아니지만, 저자는 현대의 아이들이 겪는 다양한 문제들의 원인을 자연에서 멀어진 데에서 찾습니다. 예전에 비해 대부분의 시간을 실내에서 보내는 현대의 아이들은 지금 '감각적으로 축소된 세상'을 살고 있습니다. 아무리 아이가 손으로 무언가를 만지면서 놀 수 있도록 해 주어도 플라스틱, 나무토막, 종이에서 벗어나기 힘들죠. 리처드 루브 박사는 감각 차단의 예시로 실내 온도를 인위적으로 조절할 수 있는 히터나 에어컨을 꼽았습니다. 여름과 겨울의 혹독함으로부터 우리를 보호하지만, 동시에 더위와 추위를 느끼며 살지 않게 되었죠. 아이들이 많은 시간 이용하는 디지털 미디어는 지나치게 시각과 청각에 의존한 정보만을 제공합니다.

성인이 되어 감각적 민감성이 떨어지는 것은 어린 시절 그 감각을 사용할 기회가 없었기 때문에 잘 발달하지 못한 것이라고 볼 수 있습니다. 문제는 아이들이 잃어버린 이 능력들이 뇌 발달에 중요한 요소들이고, 나아가 살아가는 데에 중요한 능력이라는 점입니다. 뇌가 잘 기능하는 것은 바깥 환경을 잘 파악해서, 목표를 달성하기에 적합한 행동을 만들어 내는 것을 의미합니다. 이 기능을 잘하기 위해 아이들은 감각으로 세상을 배우도록 되어 있어요. 감각을 통해 환경을 받아들이고, 인지적, 정서적 처리 과정을 통해 최종 행동을 계획하고 만들어 내지요. 언어나 수학적 사고 능력 또한 여기에 포함됩니다.

◉ 주의력이 회복돼요

주의력 결핍 과잉 행동 장애Attention Deficit Hyperactivity Disorder, ADHD는 요즘 부모님들이 가장 걱정하는 신경계 발달장애 중 하나일 거예요. 2021년 국민건강보험공단 통계에 의하면 ADHD 진단을 받은 사람은 2016년 4만 9000여 명에서 2020년 7만 9000여 명으로 크게 증가했습니다. 이 중 소아청소년 환자의 비율이 80퍼센트에 이르는 만큼 부모님들의 걱정도 충분히 이해할 만합니다. 일리노이주립대의 연구에서는 ADD (ADHD에서 과잉 행동Hyperactivity 증상이 제외된 경우) 아이들의 부모님들을 대상으로 설문 조사를 실시했습니다.[15] "어떤 활동 뒤에 아이의 ADD 증상이 더 완화되나요, 혹은 심해지나요?"라는 질문을 한 뒤 각 활동을 자연Green (낚시나 축구 등 자연 환경에서 하는 활동), 혹은 비자연Not Green (비디오 게임이나 텔레비전 시청 등 자연 환경이 아닌 곳에서 하는 활동)으로 구분했습니다. 그 결과 ADD 증상이 완화된다고 답한 활동의 85퍼센트가 자연 활동인 것으로 나타났습니다. 비자연 활동의 뒤에는 증상이 악화된다고 답한 경우가 57퍼센트로 더 많았지요.

좀 더 구체적으로 살펴보기 위해 연구를 시작하기 전 일주일 동안 아이의 증상이 얼마나 심했는지와 어떤 환경에서 놀았는지를 물어보았습니다. 방 안에서 시간을 보낸 아이들은 자연에서 시간을 보낸 아이들보다 주의력 결핍을 더 심하게 보였지요. 공원보다 더 '야생'의 환경에서 논 아이들이 가장 완화된 증상을 보였습니다. 연구에 참여한 한 아빠는 아들이 비록 ADD 증상을 가지고 있지만, 자신과 함께 골프 연습을 하거나 아들 혼자서 낚시를 할 때면 몇 시간씩 집중할 수 있었다고 이야기했어요. 그 시간 동안 아들은 증상을 거의 나타내지 않고, 편안해 보인다고요. 이 아빠는 이렇게 이야기했습니다. "연구 결과를 본 순간, 마치 내 얼굴을 때리는 것 같았어요. 맞아! 내가 본 게 바로 이거야!"

왜 이런 일이 일어날까요? 한 가지 이유는 규칙이 없는 시간과 제한이 없는 공간의 힘이라고 생각합니다. 소아작업치료사인 앤절라 핸스컴Angela Hanscom은 저서 《놀이는 쓸데 있는 짓이다》에서 규칙과 제한 없이 자유롭게 노는 것이 오히려 아이들을 더 나은 학생Better Students으로 만들 수 있다고 이야기합니다. 뉴질랜드의 한 초등학교에서는 쉬는 시간의 규칙을 없애자 오히려 아이들이 기존의 규칙 위반에 해당되는 행동을 덜하게 되었고, 교사들의 감시도 거의 필요하지 않게 되었다고 해요. 교장 선생님은 아이들이 각자 자유롭게 노느라 바빠서 문제를 일으킬 새가 없었다고 말합니다. 오히려 아이들이 지루해 하고 재미없어 적극적인 동기가 없을 때 벽에 낙서를 하고, 친구를 괴롭히거나 학교 기물을 파손하게 된다고 이야기했지요.

저 역시 아이들과 자연에 나가면 마음이 더 편안합니다. 넓은 평원에서는 아이에게 뛰지 말고 걸으라고 잔소리할 필요가 없고, "엄마 손 잡고 걸어"라든가 "여기서 기다려"라고 명령할 필요가 없습니다. 끝없는 모래사장에서 아이들은 모래를 두고 다투지 않습니다. 시간 안에 달성해야 할 목표가 있는 것이 아니라면 아이가 나뭇가지를 모으거나 곤충 허물을 관찰하는 것이 답답하게 느껴지지 않을 거예요. 나뭇가지를 휘두르며 마법사 놀이를 하는 아이에게 위험하니 나뭇가지를 내려 놓으라고 할 이유도 없고, 나뭇가지를 모으다가 갑자기 새소리를 따라 달려가더라도 '산만하다'고 눈치를 줄 이유도 없습니다. 자연에서는 아이에게 조용히, 가만히, 시키는 대로, 빨리 하라고 요구할 필요가 없고, 요구가 없기에 아이는 문제를 만들지 않습니다.

저희 아이들이 각각 네 살과 두 살 정도일 무렵, 오후에 텔레비전을 보고 나면 유독 저희들끼리 소파에서 과하게 뛰거나 싸우곤 했습니다. 아마도 오후 무렵의 피로와 영상으로부터 받은 자극이 아이들을 흥분시켜 일어난 일이었겠지요. 이때 아무리 조용히 하라고, 뛰지 말라고 지시해 봐야 소용이 없습니다. 가장 효과적인 방법은 잠시 밖으로 나가 걷는 것이었습니다. 아파트 단지를 벗어나는 과정은 조금 힘겨울지라도 아파트 단지 옆 공원으로 걸어 가면, 아이들은 흥분을 해소시킬 만큼 뛰어다닐 수 있고 넓은 놀이터에서 각자 하고 싶은 것을 하며 부딪히지 않을 수 있었어요. 그렇게 놀고 돌아와 간식을 먹고 나면 아이들이 다시 차분하게 책을 보거나 사이좋게 장난감을 가지고 노는 것을 매일 경험했습니다. 아이를 가만히 앉혀 두는 것이 어렵다면, 자연에 나가 마음껏 뛰도록 해 보세요. 분명 변화가 있을 거예요.

◉ 행복한 뇌를 만들어요

OECD 국제학업성취도평가에서 한국의 아동, 청소년의 읽기, 수학 능력은 세계 최상위권입니다. 몇 년째 상위권을 놓치지 않고 있지요. 하지만 어린이행복도조사에서는 매년 최하위권을 차지합니다. 2021년에는 22개의 OECD 국가 중 꼴찌를 기록했습니다. 2013년 유니세프의 자료에 의하면 한국 아동 청소년의 학업 스트레스는 세계 1위로 아이들의 50.5퍼센트가 학업 스트레스를 느끼며 살아갑니다. 아이들의 답변을 들여다 보면 속상함이 더 커집니다. 행복을 위한 조건으로 돈, 성적 향상, 자격증 등의 '물질적 가치'를 꼽은 아이들이 가장 많습니다. 우리 아이들이 마음이 좀 더 여유롭고 행복해지는 방법은 없을까요?

뇌 발달에 대해 이야기할 때 우리는 인지적인 기능을 위주로 생각하기 쉽습니다. 글자를 읽거나 수학 문제를 푸는 것이 뇌가 하는 일임을 의심하지 않지요. 여기서 다루는 몸을 움직이는 것이나 감각을 느끼는 것도 뇌의 중요한 기능이고요. 감정과 정서 역시 뇌가 담당하는 일입니다. 불안이나 우울과 같은 마음의 상태는 뇌의 활동 전반에 영향을 미칩니다. 우울증의 증상으로 우울한 기분과 무기력만큼이나 흔히 나타나는 것이 인지 기능의 저하입니다. 기억력과 주의력이 떨어지고, 생각의 처리 속도가 느려지고, 적절한 의사 결정과 판단이 힘들어집니다.

장기적으로 우울증이 지속되면 대뇌의 구조 자체가 변하기도 합니다. 주의, 기억, 감정 조절, 의사 결정, 계획과 실행 등에 관여하는 전두엽의 여러 영역들은 다른 영역들과 연결되어 신호를 주고받으며 이 기능을 수행하는데요. 우울증은 이 영역들 간의 연결을 약화시킨다는 연구들이 많이 보고되고 있습니다. 남캘리포니아 의대의 브래들리 피터슨Bradley Peterson 교수가 진행한 연구에 따르면 가족력에 따라 우울증에 걸릴 위험성이 높은 사람들은 위험성이 낮은 사람들에 비해 대뇌피질이 얇다고 이야기했습니다.[16] 그리고 대뇌피질이 얇아지는 정도는 현재 그 사람의 우울증 정도와 관련되어 있기도 했지요. 뇌가 한창 자라나는 시기의 아이들에게 우울증은 기분뿐만 아니라 수면, 식욕, 활동성 등에 영향을 미치며 아이들의 신체와 뇌 발달을 저해하는 요인이 될 수 있습니다.

아이들에게 자연에서 보내는 시간을 되돌려 주어야 한다고 생각하는 가장 큰 이유는 그래야 아이들이 더 행복해질 수 있기 때문입니다. 캐나다의 정신건강연합Canadian Mental Health Association, CMHA은 기분의 여정Mood Route이라는 프로그램을 운영했습니다. 사람들이 공원, 온실, 등산로 등을 방문하면서 정신 건강을 증진시키는 프로그램이었지요. 한 참여자는 이렇게 이야기했습니다. "더 행복하고 건강해진 것 같아요. 자연에 빠져들고 있을 때에는 문제를 잊게 되고, 순수해진 기분이 들어요." 미시간대학교의 연구에서도 비슷한 결과를 확인할 수 있습니다. 일주일에 세 번 이상 자연에서 시간을 보낸 사람들은 타액 샘플 안에 스트레스 관련 호르몬인 코티졸 수치가 감소되는 것을 확인했습니다. 연구팀은 정신 건강 업계의 종사자들이 환자들에게 약물 외에도 자연에서 보내는 시간을 '처방'해 줄 것을 권고했어요.

◉ 자연친화적 성향이 발달해요

저는 아이들과 숲에 가는 것을 좋아합니다. 등산이 아이들이 제일 좋아하는 놀이인지 묻는다면 그렇다고는 할 수 없겠네요. 아이들에게 미국의 트램펄린 키즈 카페인 락킹 점프Rockin' Jump와 동네 뒷산 둘 중에 하나를 고르라고 한다면 당연히 락킹 점프를 고를 거예요. 산 입구에 들어서면 이야기가 달라집니다. 봄이면 하얀 점무늬가 남아 있는 아기 사슴과 야생 칠면조 새끼들을 만납니다. 가을이면 도토리와 솔방울을 주워서 놀고, 겨울이면 시냇물에 떠 있는 나뭇잎 아래에 도롱뇽이 숨어 있는지 확인합니다. 숲에서 한바탕 놀고 난 다음에는 나무 그늘 아래의 나무 기둥에 팔을 베고 누워서 쉽니다. 바람결에 루이보스티와 비슷한 마른 풀 냄새가 납니다. 아이들은 자유롭고 행복합니다. 새까매진 손톱 밑과 표정이 말해 주지요. 그렇게 경험이 모이고 모이면 아이는 숲을 좋아하게 됩니다.

어린 시절 자연과 가깝게 지내는 것은 성인이 되었을 때의 자연 친화적 성향과 연결됩니다. 산 근처에 사는 저희 가족은 가끔 꼬리만 남은 청설모의 흔적을 마주할 때가 있습니다. 아이들은 그것을 이상하게 여기지 않고, "밥캣[17]이 밥 먹었다!"고 외칩니다. 산에 갈 때는 가급적 견과류와 사과 등 산에 사는 동물들이 '배탈이 나지 않는' 간식을 챙겨 갑니다. 우리가 먹다가 흘렸을 때 동물들이 먹게 될 테니까요. 초콜릿을 먹고 싶은 마음은 봄철에 만난 아기 꽃사슴을 생각하면 조금 참을 수 있게 됩니다.

미국 국립공원의 아버지로 불리는 존 뮤어John Muir는 환경운동가이자 탐험가였습니다. 미국 서부의 자연 환경이 금광 개발로 훼손되기 시작하자 존 뮤어는 시에라 클럽Sierra Club을 만들어 환경 보호의 중요성을 알리고, 정부를 설득하여 시에라 네바다 지역에 보존 구역을 지정하게 됩니다. 이 중 하나가 유네스코 세계자연유산 중 하나인 요세미티 국립공원입니다. 저희 가족이 가장 좋아하는 여행지 중에 하나인 이곳은 언제나 커다란 산과 맑은 강이 아이들에게 끝없는 놀이터가 되어 줍니다.

아마도 존 뮤어가 없었다면, 우리에게 요세미티는 지금처럼 아름답게 남아 있지 않을지도 모르지요. 우리는 매일 자연의 많은 부분을 잃어 가고 있습니다. 동시에 자연이 아이들에게 주는 선물도 함께 잃어버리고 있지요. 아이들에게 책이나 화면 속이 아닌 진짜 살아 있는 자연을 보여 주세요. 자연을 깊이 이해하고 사랑하는 아이가 자연을 보호하는 어른으로 자라게 됩니다.

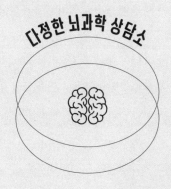

Q. 운동할 시간이 없는데 어떻게 하죠?

A. 결국 운동을 하고 안 하고의 문제는 진실로 자신이 그것을 꼭 해야 한다고 믿는 데에서 온다고 생각해요. '운동? 하면 좋지. 그런데 학원 가야 해서 시간이 없어'라고 생각한다면 늘 운동 시간이 없는 것은 당연합니다. 아이가 일주일에 두 번 수학 학원을 간다면 두 번은 태권도 학원에 가고, 금요일에는 친구들과 놀이터에서 신나게 놀고, 주말에는 온 가족이 공원에 가서 공도 차고 자전거도 타는 일을 당연한 것으로, 혹은 꼭 필요한 것으로 인식하는 데에서 출발해야 합니다. 우리가 비타민을 챙겨 먹고 적정 시기에 예방접종을 하여 건강을 관리하듯이 말이에요.

　아이들에게 운동을 시키는 것도 중요하지만, 그 과정을 통해 움직이는 삶의 방식을 가르치는 것도 중요합니다. 성인도 마찬가지입니다. 아침에 일어나자마자 해야 할 일에 요가를 집어넣거나, 점심 식사를 한 뒤에는 15분간 산책을 하고 오후 업무에 복귀하는 거예요. 중요한 일을 하기 위해서는 시간을 만들어 내야 합니다. 처음에는 그 시간을 만드는 것이 어색하고 아깝게 느껴질 수도 있어요. 하지만 운동을 통해 몸과 마음이 건강해지는 것을 느껴 보면 이전으로 돌아갈 수 없어질 거예요.

Q. 밖에 나가면 무섭다고 피하는데 어떻게 하죠?

A. 어떤 부모에게는 아이가 위험한 놀이를 자꾸 하는 것이 고민이라면, 어떤 부모에게는 아이가 별로 위험하지 않은데도 자꾸만 무섭다며 피하는 것이 고민입니다. 친구들은 높은 미끄럼틀도 씽씽 타는데 우리 아이는 유아용 미끄럼틀도 무섭다며 혼자서는 못 타고, 어느 정도 컸는데도 손을 잡아 주지 않으면 점프를 못하는 아이들이 있지요. 앞에서 이야기했듯이 아이들은 아직 위험을 판단할 만큼 충분한 인생 경험이 쌓이지 않았습니다. 미끄럼틀이나 계단 한 칸쯤은 그리 위험하지 않다는 것을 헤아리기 어려울 수 있지요. "아빠가 볼 때는 우리 ○○이 정도 키면 내려올 수 있을 것 같은데? 한번 해 볼까?" 하고 권하는 것 정도는 아무런 해가 없습니다. 아빠가 먼저 점프하며 시범을 보일 수도 있고요.

하지만 피해야 할 것은 "아니야. 하나도 무섭지 않아. 괜찮아"라고 아이의 말을 부정하는 것입니다. 무서움은 아이가 느끼는 감정이기 때문입니다. 바닷가 바위 절벽 근처에서 물 웅덩이 속 말미잘들을 보러 간 적이 있어요. 유하의 눈에는 바위를 철썩철썩 때리는 파도가 위험해 보였나 봅니다. "오빠, 가지마!" 하고 다급하게 외쳤지요. 사실 오빠는 파도는 커녕 물 한 방울 닿지 않는 곳에 있었는데도 말이에요. "오빠는 지금 안전한 곳에 있고, 안전하게 느끼기 때문에 거기까지 간 거야. 하지만 네가 지금 위험하다고 생각하면 더 이상 앞으로 가지 않아도 괜찮아"라고 말하자 유하는 조용해졌어요. 더 이상 소리를 지르지 않고, 가만히 뒤에서 오빠와 엄마를 지켜보다가 용기내어 다가와서 말미잘을 구경했지요.

"무서울 땐 멈춰도 괜찮아"라고 알려 주세요. 아이가 자신의 감정과 판단을 신뢰하도록 도와줄 거예요. 심장이 쿵쿵 뛸 때, 긴장되고 몸이 얼어붙을 때, 오싹한 그 느낌은 중요합니다. 이 느낌이 들 때 멈추어 상황을 판단하는 능력이 결국 위험을 피할 수 있게 도와주거든요. 잠시 멈추어 상황을 둘러본 다음, 위험하지 않다는 판단이 들면 다시 시작해도 늦지 않습니다. 말미잘은 도망가지 않으니까요.

두뇌 쑥쑥 체크 포인트

신체 활동은 몸을 건강하게 할 뿐만 아니라 뇌에도 중요해요. 아이들은 몸을 움직이고, 감각을 사용하며 세상을 배웁니다. 우리 아이가 공부 등 다른 활동을 하느라 운동할 시간이 부족한 것은 아닌지 점검하고, 연령에 맞는 적절한 신체 활동을 하고 있는지 확인해 보세요. 또 우리 아이가 충분히 세상을 탐험할 기회를 누리고 있는지 생각해 보세요.

1. 우리 아이는 실내외에서 충분한 운동을 하고 있나요? 3~5일 동안 신체 활동량을 기록하여 평균을 계산해 보세요. 이 값을 연령별 신체 활동 기준에 제시된 권장 운동 시간과 비교해 보세요. 만약 우리 아이의 권장 운동 시간이 부족하다면 어떻게 보충해야 할지 고민해 보세요.

*
_____
*
_____

2. 우리 아이는 다양한 신체 활동의 기회를 갖고 있나요? 아이가 주로 하는 운동의 강도와 종류를 생각해 보세요. 적절한 강도와 격렬한 강도, 근육 강화 운동과 뼈 강화 운동을 고루 하는지 생각해 보고, 아이가 즐겁게 참여할 수 있는 신체 활동이나 스포츠를 생각해 보세요.

*
_____
*
_____

3. 가까운 거리는 걸어다니거나 자전거를 타고, 계단을 오르내리거나 달리기를 하는 등 우리 아이에게 일상에서 자연스럽게 운동할 수 있는 기회를 주고 있나요?

*
_____

*
_____

4. 우리 아이는 연령별 신체 활동 기준에서 제시한 것에 비해 너무 오래 앉아 있기를 요구받고 있지 않나요?

*
_____

*
_____

5. 우리 아이는 자연에서 놀 기회를 누리고 있나요? 바깥에서 활동하기 좋은 날씨일 때 바깥놀이 기회를 매일 주고 있나요?

*
_____

*
_____

Chapter 2

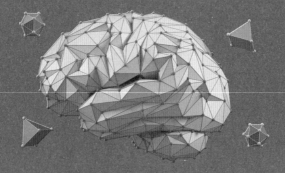

균형 잡힌 일과로
잠재력을 깨워라

: 뇌를 꽃피우는 3가지 사이클

Cycle 4

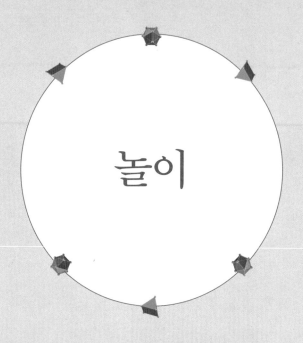

놀이

자아를 발견하고 사회성을 기르는 시작

놀이는 아이들의 본능입니다. 모든 아이들은 놀 수 있는 능력을 가지고 있고, 놀이는 아이들이 마땅히 누려야 할 권리입니다. 놀이는 아이들이 혼자서 생각하는 법과 다른 존재와 어울리는 법을 알려 주고, 아이는 좋아하는 놀이를 반복하며 자기만의 독특한 세상을 구축하게 됩니다. 놀이가 없으면 아이들은 건강하지 않습니다. 아이들의 뇌를 키우는 놀이의 세상을 경험해 보시기 바랍니다.

놀이는 아이의 본능이다

평일 오후 2시 40분이면 아이들을 데리러 학교에 갑니다. 먼저 둘째 유하를 방과후 교실에서 데리고 나오면 아이는 매일 교실 앞에 있는 구름 사다리를 두어 번 연습합니다. 교문 앞으로 가면 첫째 서하도 나와 있습니다. 엄마를 기다리며 친구랑 낄낄대고 장난을 치거나, 혼자 나무 아래에서 나뭇가지로 땅바닥에 있는 돌을 파며 앉아 있어요. 저를 보면 매일 물어봅니다. "엄마, 오늘 친구랑 같이 놀 수 있어요?" 온종일 학교에서 친구들과 복작거리다 왔어도 또 놀고 싶은 것이 아이 마음이죠. 기회가 되면 친구들을 집에 초대하기도 하고, 집에 가기 전 잠깐이라도 운동장에서 친구들과 뛰어다니다 귀가합니다.

집에 돌아와도 아이들은 매일 바쁩니다. 집 안 구석구석 다니며 드래곤 찾기 놀이도 해야 하고, 놀이방에서 블럭 놀이랑 인형 놀이도 해야 하고, 꼼지락거리며 친구에게 선물할 카드도 만들어야 하지요. 날이 좋으면 마당에서 줄넘기도 하고, 공도 차고, 손 짚고 옆 돌기 연습도 합니다. 뒷통수가 땀에 젖고, 얼굴이 발갛게 될 때까지 놀다가 하루가 끝나면 동그란 배가 오르락내리락하며 잠이 듭니다. 자면서조차 뭐가 재미있는지 이히힉 웃을 때도 있습니다. 그리고 다음 날의 놀이가 다시 시작되지요.

우리는 수면, 식사, 운동으로 뇌 발달의 기초 토대를 마련했습니다. 이제부터는 아이의 뇌가 세상을 더 잘 배워 '똑똑하게' 크는 방법에 대해 이야기할 거예요. 어떻게 하면 아이의 뇌가 단단하게 성장하여 삶에 필요한 것들을 잘할 수 있게 될까요? 저는 뇌가 이미 잘 배우도록 준비되어 있다고 생각합니다. 성인들의 눈으로 보았을 때에는 마치 아이들은 아무것도 모르는 듯 보일 때도 있지만, 아이들의 뇌는 생각보다 많은 것이 이미 준비되어 있답니다.

뇌는 스스로 환경을 탐색하고, 자신에게 필요한 정보를 모읍니다. 양육자와의 애착이 중요한 나이에는 아이가 양육자와 낯선 이를 구분하고, 감각적 탐색이 중요한 나이에는 스스로 일어나 돌아다니며 주변을 연구합니다. 엄마, 아빠의 말을 듣고 단어를 내뱉기 시작하고, 동네 아이들의 노는 모양을 유심히 관찰하고 따라합니다. 마치 지금 자신이 무엇을 해야 할지 알고 있는 것만 같습니다. 그렇기 때문에 아이의 뇌가 잘 자라기 위해서 가장 중요한 것은 아이가 아이답게 살 수 있는 환경입니다. 아이가 세상을 탐험하는 방식 중에서도 가장 아름다운 능력은 바로 놀이입니다. 놀이는 어린 아이들에게 가장 중요한 영역이며, 인간뿐만 아니라 많은 동물에게서 발견되는 모습입니다.

앤드류 이바니우크Andrew Iwaniuk 교수는 동료 신경학자들과의 연구에서 포유동물들의 뇌 크기와 놀이를 비교해 보았는데요. 뇌의 크기가 몸에 비해 상대적으로 큰 동물일수록 더 많이 논다는 것을 밝혀내었습니다. 인간은 가장 다양한 놀이를 갖고 있는 존재입니다. 우리가 갖고 있는 놀이에 이름을 다 붙일 수도 없을 거예요. 어디서부터 어디까지가 놀이인지 경계를 정하기도 어렵습니다. 과연 무엇이 놀이일까요? 정서신경과학Affective Neuroscience 분야의 창시자로 꼽히는 자크 팡크셉Jaak Panksepp 박사는 이렇게 이야기했어요. "아이들은 놀이가 무엇인지 본능적으로 알고 있어요. 학자나 부모들만이 헷갈릴 뿐이지요."

참으로 명쾌한 말입니다. 무엇이 놀이면 어떠한가요. 우리는 "자, 이것은 공놀이라는 거야. 공을 던지면 재미도 있고, 팔이 튼튼해진단다. 소파에 기어올라가는 연습을 하루에 10분씩 하면 건강에 좋은 거야"라고 아이들에게 알려 주지 않습니다. 아이들은 그저 밥 먹다 말고 숟가락으로 그릇을 두드리고, 아무리 하지 말라며 쫓아 다녀도 눈치를 보면서 휴지곽에서 휴지를 마구 뽑아대죠. 그리고 가장 중요한 것! 아이는 까르르 웃습니다. 아이들에게는 무엇이든 놀이가 됩니다. 우리의 머릿속에 놀이란 고작해야 숨바꼭질이나 술래잡기, 보드게임 같은 것이 떠오를 뿐인데 말입니다.

그래서 팡크셉 박사는 즐거움을 주는 신체적 활동이 곧 놀이라고 말합니다. 아이들 스스로 깨우친 즐거운 행동이라면 모두 놀이가 된다는 것이죠. 놀이는 재미있습니다. 아이들에게 웃음과 기쁨을 주고, 이를 지켜보는 부모에게도 행복을 주지요. 그러나 단순히 재미를 느끼는 것만이 놀이의 전부는 아닙니다. 놀이가 재미뿐이라 생각하면 놀이는 불필요하고, 쓸모없는 것처럼 느껴지기 십상이고, 좀 더 중요해 보이는 한글 배우기나 숫자 익히기 등에 밀려나게 됩니다. 놀이는 쓸모가 있습니다. 그것도 뇌의 성장 과정에 아주 대단한 쓸모가 있지요. 이제부터 뇌와 놀이의 관계를 좀 더 자세히 살펴보면서, 아이가 스스로 즐겁게 세상을 깨우치며 성장하는 놀이의 아름다움을 함께 느껴 보려고 해요.

놀이가 뇌 발달에 미치는 영향을 이야기할 때 빠지지 않고 등장하는 연구는 바로 1960년대 캘리포니아대학교 버클리 캠퍼스의 신경학자 메리언 다이아몬드Marian Diamond 교수의 연구들입니다. 다이아몬드 교수는 다른 쥐들과 동떨어진 우리에서 홀로 지낸 쥐와 다양한 놀잇감이 있는 '풍부한 환경'의 우리에서 다른 쥐와 어울려 지낸 쥐를 소개합니다. 80일 뒤에 이 쥐들의 뇌를 비교해 보자 놀잇감이 풍부한 환경에서 지낸 쥐들의 뇌는 더 컸고, 복잡한 구조를 가졌으며, 대뇌피질의 두께가 더 두꺼웠습니다.

대뇌피질은 회색질, 혹은 회백질로 신경세포가 모여 있어 정보의 처리가 실제로 일어나는 장소이죠. 이 쥐들은 더 똑똑했습니다. 이후에도 오랜 기간 동안 두 가지 환경에서 쥐를 키워 보았어요.

놀이 환경만이 다를 뿐, 우리를 깨끗하게 유지하고, 먹이를 잘 주며 키워 보았지요. 그러자 다른 쥐들과 놀잇감이 단절된 환경에서 자란 쥐는 반대의 환경에서 자란 쥐들보다 단명했다고 합니다. 아니, 단명이라니! 놀지 못하는 쥐에게 왜 이런 결과가 찾아 왔을까요? 놀이가 우리에게 갖는 의미를 생각해 보아야 합니다.

동물이 성장하는 모습을 담은 영상을 보신 적 있을 거예요. 아기 고양이가 엄마 고양이 꼬리를 잡으려고 뛰는 모습은 보고만 있어도 기분이 좋아지죠. 아기 고양이는 엄마 고양이의 꼬리를 앞발로 잡으려고 뜁니다. 엄마 고양이는 꼬리를 이리저리 흔들며 아기 고양이와 놀아 줍니다. 이러한 놀이 패턴은 치타, 사자 등 다른 고양잇과 동물에게서도 발견됩니다. 이러한 점을 잘 관찰해 보면, 놀이는 생존에 필요한 기술을 습득하는 데에 중요한 역할을 하는 것 같습니다. 진화생물학자와 동물행동학자 들의 견해도 그렇습니다. 이렇게 다양한 종에서 놀이 행동이 발견되는 것을 보면 놀이는 동물의 역사에 오랫동안 존재해 왔고, 생존에 필수적인 역할을 하고 있다고요.

많은 동물들이 무언가를 잡고, 뜯고, 깨물고, 먹으면서 놀거나, 이유 없이 달리고, 뛰어내리고, 기어다닙니다. 이러한 놀이는 그 동물의 특성을 반영하지요. 아기 동물들의 놀이는 성인 동물의 행동과 닮아 있습니다. 포식자를 피해야 하는 초식동물의 새끼는 주로 달리며 놀고, 상위 포식자 동물의 새끼는 싸움이나 사냥과 비슷한 형태로 놉니다. 아기 고양이가 엄마 고양이의 꼬리, 형제 고양이 등을 잡는 놀이는 이후 엄마 고양이가 사냥해 온 쥐를 잡았다 놓았다 가지고 노는 형태로 바뀌고, 성체가 되었을 때 스스로 먹이를 잡도록 연습하는 과정이 됩니다.

인간도 마찬가지예요. 아이들의 놀이에 중요한 두 가지는 말과 도구 사용입니다. "부릉부릉" 하고 차 소리를 흉내 내며 노는 것, 동요를 부르는 것, 부엌 찬장을 열어 냄비와 국자를 꺼내 두드리고 휘젓거나 장난감을 조립하며 노는 것은 언어와 손의 사용이 중요한 인간의 모습을 그대로 담아냅니다. 뛰어난 언어 습득 능력과 세밀한 손 조작이 가능한 골격 및 신경계 등 인간이 가지고 태어난 특성, 그리고 주변 인물과의 소통이나 집 안의 여러 도구들과 같은 환경 요소, 이들의 조합을 통해 아이는 점차 인간에게 필요한 능력을 갖추게 됩니다. 놀이에는 또 무엇이 숨겨져 있을까요? 아이들에게 놀이가 왜 필요한지 뇌과학의 입장에서 바라보겠습니다.

사회성 발달을 위해 꼭 필요한 놀이

놀이에 대해 생각할 때면 어린 시절을 많이 떠올리게 됩니다. 저는 어렸을 때 대가족 사이에서 자랐어요. 제 기억 속의 막내 고모는 그림을 그려 주었고, 할머니는 피아노를 쳐 주셨어요. 증조할머니의 뒤를 따라 마당에서 기른 고추나 호박을 따러 다녔습니다. 유치원에서는 시장 놀이를 한 기억, 동네 아이들과 골목에서 놀던 기억, 초등학교 운동장에서 친구들과 뛰어놀고 중학생 때 친구와 교환 일기를 쓰던 기억들이 줄줄이 떠오릅니다. 언제나 놀이 상대가 있었던 것은 아니고 혼자서 책을 보거나 인형 놀이를 하는 것도 좋아했지만 저를 키워 준 것은 같이 놀던 친구들이 확실합니다.

제 아이들이 친구를 사귀는 모습을 바라보면 가끔 영화의 한 장면처럼 느껴질 때가 있어요. 학교를 마치고 집에 가는 길, 엄마 손만 잡던 아이가 친구 손을 잡고 앞서 걸어갈 때는 기쁘고도 섭섭하여 이 순간이 오래 기억나리라는 예감이 찾아옵니다.

'인간은 사회적 동물이다'라는 아리스토텔레스의 말은 '인간은 폴리스Polis적 동물이다'라는 말에 더 가깝습니다. 폴리스는 고대 그리스 지역의 정치 공동체인 도시국가를 말해요. 인간은 혼자서 살아남기 어렵기 때문에 개미나 벌, 혹은 사자나 침팬지처럼 무리를 이루고 살아갑니다. 인간이 폴리스적 동물이라는 말은 생존하기 위해 모여 있기만 한 것이 아니라 더 좋은 삶을 일구어 나가기 위해 정치적 공동체가 필요하다는 뜻입니다. 우리는 의견을 내고 조율하고, 공동의 목표를 달성하기 위해 협력합니다. 가끔은 전체를 위해 나의 몫을 기꺼이 내어놓기도 합니다. 인간이 사회적 존재로 몫을 하기 위해서는 사회적 뇌가 필요합니다. 이러한 사회적 뇌는 놀이로 만들어집니다.

놀이에서 중요한 것은 다른 존재와의 어울림입니다. 함께 노는 것은 본능일까요? 에모리대학교의 윌리엄 메이슨William Mason 교수는 여러 실험들을 통해 침팬지가 다른 존재와 노는 것에서 큰 보상을 얻는다는 점을 연구해 왔습니다. 그 중 한 실험에서는 침팬지들에게 두 가지 지렛대를 보여 줍니다. 하나를 누르면 사과와 포도 등 침팬지들이 좋아하는 먹이가 나오고, 다른 하나를 누르면 실험자가 함께 놀아 줍니다. 침팬지들에게 지렛대의 차이를 충분히 가르친 뒤에 그들이 배가 고팠을 때 어떤 지렛대를 누르는지 관찰해 보았어요. 침팬지들은 놀랍게도 주어진 시간의 40퍼센트를 실험자와 노는 데에 사용했습니다. 배가 고프지 않았다면 그 차이는 더더욱 커졌습니다. 70퍼센트의 시간을 노는 데에 썼기 때문입니다. 실험에 참여한 침팬지들 중에는 배가 고프든 안 고프든 상관없이 놀이를 선택한 침팬지도 있었습니다.[1]

침팬지뿐만이 아닙니다. 다른 연구에서는 어린 쥐들에게 일정 기간 동안 친구들과 놀지 못하도록 제한했습니다. 다른 쥐가 없는 환경에서 키운 것이죠. 그 뒤 친구들을 만나게 하자 평소보다 더 많이 놀면서 그동안 모자랐던 놀이를 채우는 것을 발견했습니다. 이것은 마치 수면 부족 상태에서 수면 시간을 평소보다 늘리면서 적정한 패턴을 찾아가는 것과 비슷한 양상이라고 하더군요. 침팬지 실험과 비슷하게 각 미로의 끝에 먹이 또는 함께 놀 수 있는 다른 쥐를 놔둔 경우, 한동안 다른 쥐와 놀지 못한 실험 쥐들은 먹이보다 친구를 더 많이 선택했다고 해요. 배가 고플 때도 말이에요.

사회적 교류는 어린 동물들에게 즐거움이고, 교류할 수 있는 상대의 존재는 음식보다도 높은 가치를 가집니다. 음식은 생존을 위해 없어서는 안 될 조건임에도 놀이 상대를 선택했다는 점이 무척 놀랍지요. 어쩌면 친구는 음식만큼이나 생존에 중요한 것인지도 모릅니다. 다이아몬드 교수의 실험에서 홀로 분리된 쥐가 오래 살지 못한 것도 이해가 됩니다.

놀이의 형태 중 다른 대상과 함께 노는 것을 사회적 놀이Social Play라고 합니다. 놀이 중에서도 세련된 형태라고 볼 수 있습니다. 모든 동물이 하는 놀이도 아니고, 인간도 누군가와 잘 어울려 놀기 위해서는 수년간의 학습이 필요합니다. 사회적 놀이 능력은 경험을 통해 발달합니다. 만약 놀이 상대 없이 자라게 된다면 사회적 놀이는 어렵습니다. 오랫동안 친구와 함께 놀지 못하도록 분리되어 자란 쥐들은 성체가 되었을 때 다른 쥐들보다 인지 능력이 떨어집니다. 이 쥐들은 특히 다른 쥐와 맞닥뜨렸을 때 어느 정도 공격성을 취해야 하는지 구분해 내는 것을 어려워한다고 합니다.

사회적 놀이에 어떤 뇌 구조가 중요한지 알아보기 위해 동물 실험에서는 뇌 손상 연구를 진행합니다. 약물을 사용하거나 실제로 뇌를 절제하는 등의 방법으로 뇌의 기능을 손상시키는 연구입니다. 감정의 발생과 감정 신호의 처리에 중요한 역할을 하는 변연계의 측좌핵Nucleus Accumbens, NAcc 영역[2]이 손상된 경우 동물들이 놀이를 못하거나 놀이 시간이 줄어드는 것을 관찰할 수 있습니다.[3] 또한 인지적 측면에 관련된 전두엽 및 측두엽 피질의 손상은 다른 상대와 함께 놀 때 적절한 놀이 반응을 제대로 하지 못하게 합니다.[4]

연구마다 조금씩 다른 결과를 보이기도 하지만, 대체로 해당 연령에 맞는 반응이나 재미를 충족할 만한 수준의 복잡한 반응을 하지 못하게 되는 것이죠. 그 결과 상대는 뇌 손상을 가진 동물과 별로 놀고 싶지 않아 합니다. 놀기 시작하더라도 이내 짧게 마치고 다른 상대를 찾아가 버립니다. 그 결과 뇌가 손상된 동물은 사회적 놀이 시간이 줄어들게 됩니다. 어릴 때부터 다른 친구들과 충분히 어울릴 기회를 갖고 자라며 뇌가 감정 반응과 인지적 처리를 잘할 수 있어야 서로 어울려 노는 상대로 자라나는 것입니다.

사람의 경우에는 어떨까요? 사람을 일부러 가두어 놓고 놀이를 못하게 하는 실험은 할 수 없지만, 사회적 교류가 부족해 느끼는 '외로움'의 연구들은 찾아볼 수 있습니다. 외로움과 사회적 단절은 여러 뇌 영역의 변화를 초래합니다.[5] 관련된 뇌 영역으로는 전전 두피질Prefrontal Cortex, PFC, 섬엽Insula, 해마, 편도체, 복측선도체와 측좌핵, 후부 상측두구Posterior Superior Temporal Sulcus와 인접 영역 등 이 있습니다. 동물 실험에서 사회적 놀이의 핵심으로 꼽는 뇌 영역 들과 유사합니다. 개별 뇌 영역들 뿐만 아니라 시각 정보 처리 시스템이나 주의 시스템 등의 넓은 뇌 영역들 사이의 의사소통에도 영향을 미칩니다.

2019년 이후 코로나19 바이러스로 인한 팬데믹은 우리 모두에게 사회적 교류의 기회를 빼앗았죠. 제가 살고 있는 캘리포니아도 1년이 넘도록 학교 수업을 온라인으로만 진행했습니다. 아이들이 친구를 만날 기회가 현저하게 줄어들었죠. 1, 2주 정도 아파서 학교에 나가지 못한 것이 뇌에 큰 영향을 미치지는 않습니다.

하지만 1년이 넘는 기간 동안 이전만큼 활발한 사회적 교류를 하지 못하고, 다른 사람과 부딪힐 기회를 얻지 못한 아이들의 발달 에는 장기적으로 어떤 영향을 미치게 될지 아직 명확하게 예측하기 어렵습니다. 경험이 제한된 만큼 발달 속도에 차이가 있을 수 있다는 점을 염두하고 아이들이 부족한 경험을 채울 기회를 마련 해 주는 것은 부모의 몫이 아닐까 합니다. 다음에서 아이들이 함께 놀면서 배워야 하는 능력을 몇 가지 꼽아 보겠습니다.

자기조절능력을 키우는 몸놀이의 효과

놀이는 사회를 이해하는 장이 됩니다. 혼자 놀 때보다 누군가와 함께 놀 때에는 참아야 할 일이 많습니다. 놀이터에 갔을 때 먼저 그네를 타고 있는 친구가 있다면 순서를 기다려야 해요. 얼음땡 놀이에서 술래가 되거나, 보드게임에서 졌을 때에는 화가 날 수도 있죠. 친구 앞에서 눈물을 보이기 싫어 괜찮은 척할지도 모릅니다. 게임을 하는데 반칙하는 친구가 있다면? 두 손을 허리춤에 척 올리고 따지기도 합니다. 하지만 화가 난다고 해서 친구를 밀치거나 때려서는 안 되겠지요. 여기에 필요한 능력이 바로 자기조절능력Self Regulation입니다. 자기조절능력이란 자신에 대한 인식과 평가, 상황에 맞는 판단, 필요에 따른 충동의 억제 등을 통해 적절한 행동을 실행하는 능력을 말합니다. 자기조절능력을 기르는 데에는 놀이만한 것이 없습니다.

함께 노는 존재가 보상이 된다는 것은 여기에서 빛을 발합니다. 놀이 시간이 자신에게 가치가 없다면, 아이들은 충동과 감정을 조절하며 행동하지 않을 거예요. 순서를 무시하고 그네를 가로채거나 화가 났을 때는 게임을 엎어 버리면 그만이죠. 하지만 계속 그렇게 행동할 수는 없습니다. 한두 번은 싸우고 화해할 수 있겠지만 아이들이 자라날수록 나이에 걸맞는 사회 행동을 서로 기대하게 되고, 적절한 행동을 하지 못하면 즐거운 놀이에 끼기 어렵습니다. 친구와 놀 수 있는 기회란 부모가 뒤에서 쫓아 다니며 "기다려라" "때리지 마라"라고 외치는 것보다 더 강력한 힘을 가지고 있습니다. 즉 놀이는 어떤 행동을 해도 되고, 해서는 안 되는지 배울 수 있는 가장 좋은 기회입니다.

아이들이 놀다 보면 행동이 과격해질 때가 있습니다. 잡기 놀이를 하다 서로 잡아당기며 넘어지기도 하고, 넘어진 상태로 구르며 레슬링이 되기도 하죠. 이러한 놀이를 거친 몸놀이Rough-and-Tumble 라고 부릅니다. 싸움 놀이와 전쟁 놀이를 좋아하는 아이들도 있습니다. 아군과 적군을 나누고 공을 던져 맞추거나, 나뭇가지로 칼싸움을 하기도 하고, 장난감 활이나 총을 쏘며 놀기도 하지요.

거친 몸놀이는 점차 사라지고 있습니다. 가정도 학교도 아이들에게 보다 얌전하고 조용하게 놀 것을 요구하고, 칼싸움이나 총 놀이는 금지하는 학교도 많습니다. 무기 장난감의 사용 여부는 가치관의 문제이지만, 이러한 거친 몸놀이는 조금 다른 관점에서 볼 필요가 있습니다. 거친 몸놀이는 뇌 발달에 긍정적 영향을 미치기 때문이에요.

앞서 언급한 '혼자서 자란 쥐' 연구 이야기를 잠시 해 보겠습니다. 어린 쥐들이 함께 자라면 서로 쫓고 쫓기거나, 엎치락뒤치락하는 거친 몸놀이를 많이 합니다. 다른 쥐와 놀지 못하고 혼자서 자란 쥐는 이 과정을 경험하지 못했기 때문에 다른 쥐와 소통하는 방법 역시 배우지 못하게 됩니다. 그 결과 성체가 되어 다른 쥐와 맞닥뜨렸을 때 과도한 공격성을 보일 수 있습니다. 공격이 언제나 좋은 선택인 것은 아닙니다. 싸우다가 자신도 피해를 입을 수 있기 때문이에요. 정말 필요한 경우가 아니라면 싸우지 않는 것이 더 이득입니다. 거친 몸놀이는 이 사실을 깨닫게 해 줍니다. 싸움 놀이가 진짜 싸움을 피하게 해 주는 것이죠.

아빠의 육아는 대개 엄마보다 거친 몸놀이를 많이 포함합니다. 물론 아빠보다 엄마가 더 거친 몸놀이를 좋아하는 가족도 있겠지만, 통계적으로 그렇습니다. 아빠가 아이와 놀다 보면, 아이를 던지고, 간지럽히고, 게임에서 져 주는 법이 없어 아이를 울리는 일이 벌어지고는 합니다. 알고 보면 이 과정이 아이의 몸과 뇌 발달에 도움이 됩니다.

2020년 캠브리지대학교와 레고재단이 함께한 연구에서는 40년간 발표된 78편의 논문들을 분석하여 0세에서 3세 아이들의 발달에 '아빠 놀이'가 미치는 영향을 살펴보았습니다.[6] 아빠 놀이는 신체 활동이 많고 거친 몸놀이를 장려하기 때문에 이 과정에서 아이는 감정 조절과 자기조절능력을 키우고, 친구들과의 사회성도 기르게 됩니다.

거친 몸놀이는 신나고 재미있지만 자칫 너무 지나치게 과열될 우려가 있지요. 그러다 보니 울면서 끝나고요. 하지만 이 과정의 반복을 통해 아이들은 자기 몸과 마음의 한계를 깨닫고, 적당한 수준을 유지하기 위해 감정과 행동을 조절하는 법을 배웁니다. 아무리 거친 몸놀이를 함께하는 아빠라 해도, 아빠는 친구가 아니라 보호자이기 때문에 아이의 행동이 너무 과열되면 제지할 수 있는 권위를 갖고 있기도 합니다.

다치면 살펴 주고, 울면 달래 주기도 하지요. 이렇게 쌓은 경험은 아이가 친구들과 어울리며 싸우지 않고 '적당하게' 노는 능력의 기초가 됩니다. 아빠와의 놀이 시간이 많은 아이는 과행동성이나 분노발작과 같은 행동이 줄어든다고 합니다. 격렬하게 노는 것이 아이의 흥분과 감정을 분출하는 창구가 될 수 있기 때문이에요. 아빠의 거친 몸놀이를 적극 권장합니다.

역할 놀이는 마음을 읽는 능력이다

아이들이 친구와 곧잘 어울려 놀기 시작하는 나이는 중요한 사회적 능력이 발달하는 시기와 맞물려 있습니다. 앞에서 말한 충동과 감정을 다루는 자기조절능력이 그 한 측면이고요. 다른 측면으로는 마음 이론Theory of Mind 이 있습니다. 마음 이론은 타인이 자신과 다른 신념, 태도, 해석, 경험을 가질 수 있음을 깨닫고, 타인의 행동이 그 사람 고유의 마음으로부터 만들어진다는 것을 이해하는 능력을 말해요. 마음 이론은 타인의 마음에 대한 공감과 이해의 기본이 됩니다.

마음 이론을 연구하는 대표적인 방법은 틀린 신념False Belief 과제라고 부르는 실험법을 꼽을 수 있어요. 이 과제는 우리가 다른 사람이 틀린 신념을 갖는 것을 이해하는지를 평가합니다. 예를 들면 아이에게 샐리와 앤이라는 두 인형을 소개하며 인형극을 보여 줍니다. 먼저 샐리가 구슬을 바구니에 넣어 둔 뒤 방을 나갑니다. 앤이 방으로 들어와 바구니에서 구슬을 꺼내 상자에 집어넣습니다. 나중에 샐리가 돌아와 구슬을 찾기 위해 어디를 살펴볼까요? 틀린 신념을 이해하는 아이는 샐리가 바구니를 살펴본다고 답합니다. 샐리는 앤이 구슬을 옮겼다는 사실을 모르니까요.

아직 이 능력이 발달하지 않은 아이는 상자라고 대답합니다. 이 문제의 답을 맞추기 위해 아이는 샐리가 알고 있는 것과 자신이 알고 있는 것이 다르다는 점을 이해해야 합니다. 그리고 샐리가 가지고 있는 신념, 즉 구슬은 바구니 안에 있을 것이라는 믿음을 기준으로 행동을 예측해야 하죠. 꽤 복잡한 이야기지요? 한마디로 자신의 마음과 타인의 마음이 다르다는 것을 인식하는 것입니다.

아이는 생후 1년에서 2년까지는 '관점'이라는 것을 이해하기 어렵습니다. 자신이 하고 싶은 놀이와 친구가 하고 싶은 놀이가 다를 수 있다는 관점을 이해하기 어렵고요. 저녁밥을 든든히 먹고 배가 볼록할 때에는 배고파서 울었던 한 시간 전의 자신은 잊어버립니다. 다른 시점을 비교해서 생각하는 것이 어렵기 때문이죠. 두 살 무렵부터는 간단한 상상 놀이Pretend Play가 시작됩니다. 이 무렵에는 엄마 스마트폰을 들고 다니며 전화받는 시늉을 합니다.

아이가 세 살에서 네 살에 접어들면 인지와 언어 발달에 속도가 붙으면서 함께 노는 즐거움은 더더욱 커지게 되죠. 엄마 스마트폰을 귀에 붙이고 돌아다니던 놀이는 "여보세요! 여기 불이 났어요.

빨리 출동해 주세요!" 하고 외치는 박진감 넘치는 역할 놀이로 발전합니다. 이렇게 놀기 위해서 아이는 자신이 어떤 역할인지, 상대는 어떤 역할인지를 현실과 구분해서 이해해야 합니다. 이러한 과정은 마음 이론의 발달을 보여 줍니다.

외로움에 영향을 받는 것으로 알려진 뇌 영역들은 이렇게 자기조절능력과 마음 이론 같은 능력들과 관계되어 있습니다. 배외측전전두엽은 자기조절능력에 중요한 중추입니다. 배외측전전두엽Dorsolateral Prefrontal Cortex, DLPFC과 복측선도체Ventral Striatum 간의 의사소통은 성공적인 자기조절능력의 핵심이라고 볼 수 있습니다. 복측선도체에서 즉각적인 보상을 얻고자 하는 동기는 배외측전전두엽의 평가와 통제에 따라 바로 충족될 수도 있고, 이후의 충족으로 미루어질 수도 있습니다. 후부 상측두구는 마음 이론에서 중요 역할을 합니다. 인간의 의도를 감지하고 행위의 주체를 인식하는 데에 관여하고, 틀린 신념 과제에서도 다른 사람의 신념을 읽어 내는 역할을 합니다. 사회적 놀이에 중요한 이 영역들이 잘 발달해야 이후 다른 사람과의 교류를 잘 할 수 있게 되는 것이죠.

흔히 뇌 발달에 자극이 필요하다는 말을 하죠. 다른 사람들의 존재는 그 자체로 중요한 자극입니다. 한두 살 아이들은 친구와 아직 어울리는 것처럼 보이지는 않지만 서로의 존재를 느끼면서 자신의 놀이를 즐깁니다. 놀이터에 가면 혼자서 그네만 타다 오는 것 같지요? 사실은 근처에서 큰 미끄럼틀을 타는 동네 형을 잘 지켜보고 있답니다. 다음 날 놀이터에 가면 용기내어 형처럼 미끄럼틀을 슝 타 봅니다.

놀이 상대와의 교류는 좀 더 풍성한 자극이 됩니다. 놀이터에서 만난 아이들과 자연스럽게 같이 놀다가 헤어지기도 하고, 얼음땡 같은 놀이를 함께할 수도 있고요. 유치원에서 유독 친하게 지내는 단짝 친구가 생기기도 합니다. 가끔은 장난감을 움켜쥐고 친구와 나누려 하지 않아 엄마 등에 식은땀이 나기도 하고, 친구와 싸울 때도 있을 거예요. 하지만 점차 어울려 노는 법을 터득하게 됩니다. 아마도 성인이 되어서까지 이 성장은 멈추지 않을 거예요. 놀이는 친구를 사귀는 법, 선생님과 교류하는 법, 회사 동료와 함께 일하는 법으로 점차 발전해 갑니다. 아이들에게 친구를 사귈 기회를 주세요. 사회적 놀이의 발달은 곧 인간으로서의 발달입니다.

"같은 놀이만 반복해도 괜찮을까요?"

15개월쯤 서하는 블럭 놀이를 시작했어요. 첫 생일에 아이의 작은 손에 쥐면 꽉 찰 정도로 큼직하고 부드러운 블럭을 선물받았습니다. 처음에 서하는 블럭을 그저 손에 쥐고 입에 넣기 바빴어요. 블럭을 던지거나 통에 넣었다 뺐다 하는 것도 좋아했고요. 곧 엄마가 블럭 몇 개를 끼워 주면 잡아 뺄 수 있게 되었지요. 아이가 15개월을 넘어선 어느 날 스스로 블럭을 꽂을 수 있게 되었어요. 그날의 흥분한 아이의 모습을 잊을 수가 없네요. 너무도 기특하고 대견해서 물개 박수를 쳐 주었지만, 그때는 몰랐습니다. 이 블럭 꽂기를 매일 수백 번씩 반복해야 한다는 것을요.

아이는 그때부터 하루도 빠지지 않고 블럭을 끼웠고, 거기에 엄마도 늘 동참해야 했습니다. 블럭을 끼웠다 뺐다 하는 것이 그렇게나 재미있는지, 얼굴이 발그레해져 가며 "엄마! 뿌엮! 해! 가치! 해!" 하고 외칩니다. 분명 쉬지 않고 옆에서 하고 있는데도 같이 하라는 채근을 들으며 하염없이 블럭을 끼우던 날들. 아이는 그 뒤로 7년을 쉬지 않고 블럭을 하고 있습니다. 여덟 살이 된 지금도 서하가 가장 받고 싶은 선물은 레고 블럭 세트입니다. 대체 무엇이 아이를 쉼 없이 블럭에 몰입하게 하는 걸까요?

어떤 행동을 하도록 이끄는 힘을 우리는 '동기'라고 부릅니다. 동기는 행동을 시작하게 하고, 유지하거나, 그만두게 합니다. '블럭 놀이를 하고 싶다'는 것은 아이의 동기입니다. 이 동기는 아이가 블럭이 담겨 있는 상자를 가져와 블럭을 쏟아 놓고, 하나씩 끼우도록 이끌어 줍니다. 아이가 30분째 블럭에 몰두해 있다면 동기가 이 행동을 유지시킬 수 있겠지요. 충분히 놀고 더 이상 블럭 놀이가 재미없다면 아이는 자연스럽게 블럭에서 다른 데로 관심이 옮겨 갑니다. 블럭 놀이를 하고 싶다는 동기는 줄어들고, 새로운 재미를 찾으려는 동기가 생겨난 것입니다. 때로 동기는 방해를 받기도 합니다. 블럭 놀이는 재미는 있지만 배가 고프면 괜시리 짜증이 나죠. 잘 안 끼워진다고 화를 내고 투정을 부리며 놀이를 이어 나가기 힘들어집니다. 모두 뇌의 신경세포들이 신호를 주고받으며 일어나는 일들입니다.

어떤 행동을 하도록 해서 원하는 것을 얻도록 이끄는 동기는 신경전달물질인 도파민이 담당하는 분야입니다. 도파민은 일명 보상의 호르몬이라고도 불립니다. 우리가 보상, 즉 무언가 우리에게 도움이 되고 좋은 것을 받았을 때 분비되기 때문이에요. 우리의 생존을 도와주는 음식이나 물도 보상이 될 수 있고, 상을 타거나 돈을 받는 것도 보상이 됩니다. 보상은 쾌Pleasure의 감정과 연결되어 있어요. 뇌에는 도파민의 신호를 받고 보상에 대한 정보를 처리하는 보상 회로Reward Circuit가 있습니다. 도파민이 분비되면 보상 회로 안의 뇌 영역들이 그 신호를 받습니다. 그 중에서도 측좌핵이 도파민 신호를 받으면 이 신호가 쾌감이나 즐거움이라는 감정이 되어 이 일을 원하고 계속 하고 싶은 동기로 작용합니다. 보상 회로에는 감정적 기억을 형성하고 학습하는 해마, 인지적 기능에 중요한 전전두피질 등이 포함됩니다.

조금 더 쉽게 설명해 볼까요? 여기에 처음 보는 음료 병이 있어요. 한 번도 마셔 보지 못했기 때문에 이 음료를 마시기 전까지는 뇌에 보상 신호가 나타나지 않습니다. 한 모금 마셔 보니 맛있었다면, 이때 복측 피개 영역에서 도파민이 분비됩니다. 도파민은 측좌핵을 활성화해 우리에게 쾌감을 주고, 이 쾌감을 더 느끼고 싶은 동기를 만들어 냅니다. 그래서 우리는 음료를 한 모금 더, 한 모금 더 마시게 됩니다.

해마는 이 기억을 저장합니다. 음료를 마시는 행동뿐만 아니라 음료의 패키지, 혹은 음료를 마신 장소나 함께 마신 친구들도 좋은 기억으로 남을 수 있습니다. 며칠이 지난 후 길을 걷다 같은 편의점을 지나칩니다. 맛있게 마셨던 음료수가 떠오릅니다. 전전두엽은 가지고 있는 돈, 학원 가기 전까지 남은 시간, 얼마나 목이 마른지 등의 정보를 토대로 음료수를 마실지 말지 판단합니다.

측좌핵은 음료를 마실 때에도 활성화되지만, 음료를 마실 것을 기대할 때 먼저 활성화되기도 합니다. 아직 마시지 않았는데도 음료를 따는 순간 벌써부터 기분이 좋아집니다. 첫 모금을 시원하게 마셨더니 역시나 맛있습니다. 이제 뇌는 이 음료를 '내가 좋아하는 것'으로 기억합니다. 앞으로 이 음료를 자주 마시게 되겠죠? 이렇게 자신에게 좋은 결과를 가져다 주는 행동은 반복됩니다.

블럭 놀이에 빠진 서하의 이야기로 돌아가 볼게요. 보상은 음식이나 물처럼 생존에 필요한 것들만 해당되지 않습니다. 돈과 같이 후천적으로 가치를 학습한 대상이 될 수도 있고요. 다른 사람들로부터의 인정이나 사회적 성취도 보상이 됩니다. 즐거움, 행복, 만족 등의 감정 그 자체가 우리에게 보상이 되기도 합니다. 서하가 블럭을 처음 끼웠을 때 뇌에서는 어떤 일이 일어났을까요? 그동안 잘 되지 않았던 것에 성공한 기쁨으로 도파민이 분비되었을 거예요.

도파민 분비는 아이가 그 행동을 다시 하도록 이끌어 줍니다. 또 끼우고, 또 끼우고, 오늘도 내일도 끼우게 합니다. 그렇게 몇 날 며칠을 끼우다 보면 어떻게 될까요? 점점 잘하게 됩니다. 두 개를 끼우던 것이 네 개, 열 개가 되고, 만들 수 있는 탑의 높이가 점점 높아지죠. 게다가 아이의 성장을 지켜보는 사람들의 기쁨이 거기에 더해집니다. 잘한다고 박수치는 엄마, 같이 탑을 쌓아 주는 아빠, 사진을 찍어 전송하면 원격으로 응원해 주시는 할머니, 할아버지까지! 서하는 어깨를 으쓱대며 또 블럭 놀이에 매진합니다. 쌓기만 하던 블럭 놀이는 자동차나 집을 만드는 놀이로 발전하고, 세 살부터는 설명서를 보며 모형 조립을 시작했습니다. 몇 년을 그렇게 빠져 있었더니 이제는 엄마보다 더 잘 만들게 되었습니다.

게티스버그대학교의 신경심리학자 스테판 시바이Stephen Siviy 교수는 "뇌는 놀도록 동기화되어 있다"고 이야기했습니다. 아이들이 갖고 있는 '놀고 싶다'는 동기는 시키지 않아도 세상을 탐험하게 만들고, 아이는 놀면서 세상을 배우고, 놀면서 성장합니다. 재미있고 즐거운 것을 반복하는 것은 뇌가 가진 멋진 능력입니다.

아이들이 걸음마 배울 때를 떠올려 보세요. 어느 날 벌떡 일어나 걸어가는 것이 아니죠? 탁자를 부여잡고 일어서 옆으로 게걸음을 걷다가 겨우겨우 손을 뗍니다. 한발짝 떼고는 이내 넘어지는 것을 얼마나 많이 반복하는지. 그런데도 아이는 한발짝 떼면 기뻐합니다. 만약 도파민의 힘이 없다면 아이는 거듭되는 실패 속에 좌절하고 걷기를 포기할지도 몰라요. 하지만 한걸음을 걸었을 때의 기쁨과 흥분이 아이를 두 번째 발걸음으로 인도합니다. 맞은편에서 두 팔 벌려 기다리는 엄마의 미소와, 다시 일어나서 뒤뚱뒤뚱 걸어갔을 때 꼭 안아 주는 가족들의 축하가 성공의 기쁨을 더 크게 해 줍니다. 아이는 배우는 법을 알고 있고, 부모는 가르치는 법을 알고 있습니다. 모두 놀이를 통해 일어납니다.

우리 아이가 같은 놀이를 반복하는 것이 걱정인 부모님들도 많이 계시죠. 다양한 놀이를 해 주어야 아이의 뇌 발달에 더 좋지 않을까 불안한 마음이 들 때가 있어요. 아이가 같은 놀이를 반복하는 이유는 대개 그 안에서 새로운 즐거움을 계속 느끼기 때문입니다. 마음이 놓이지 않는다면 아이의 놀이를 자세히 관찰해 보시길 권해요. 성인의 눈에 똑같아 보이는 놀이도 사실은 조금씩 변화하기 마련입니다. 매일 같은 소방차 출동 놀이라도 스토리가 조금씩 달라지고 사고 현장이 다양해질 거예요. 늘 만드는 자동차 블럭에는 새로운 기능이 추가되고, 소꿉놀이의 메뉴에는 어제 저녁에 먹은 반찬이 추가됩니다. 반복 속에 조금씩 새로운 것이 더해지면서 아이의 놀이 자체가 발전하고, 아이는 질리지 않고 계속 즐거움을 느낍니다.

이 과정이 없다면 아이는 어느 놀이도 '잘'하게 되지 않아요. 같은 놀이를 반복하는 것은 걱정할 일이 아닙니다. 오히려 아이가 블럭 쌓기 장인으로 거듭날 발판이 되죠. 만약 아이가 충분히 놀이를 반복하고 더 이상 새롭게 배울 것이 없다고 느끼거나, 더 큰 즐거움을 다른 곳에서 발견한다면 아이는 자연스럽게 다른 놀이로 옮겨갈 거예요. 아이가 노는 모습을 가만히 지켜보세요.

부모가 알아야 할 놀이의 4가지 본질

놀이가 뇌 발달에 중요하고, 놀이를 통해 배운다면 과연 어떤 놀이를 해야 좋은 걸까요? 세상에는 여러 정보가 가득합니다. 뇌 발달에 좋다는 수학 교구도 있고, 초등학교 가기 전까지 꼭 읽어야 한다는 책도 많고요. 블럭 놀이를 해야 공간 지각 능력이 발달하고, 더 늦기 전에 음악도 시작해야 한다고 합니다. 수면이나 운동과 달리 놀이는 '권장 사항'을 구체적으로 드리기는 어렵습니다. 하루에 30분씩 세 번 놀아야 한다, 몇 살 전에는 무슨 장난감이 꼭 있어야 뇌가 발달한다, 이렇게 딱 잘라 말하는 것이 오히려 놀이의 가능성을 제한하기 때문입니다. 그렇기 때문에 어떤 놀이를 하는지보다 더 중요한 것은 놀이의 본질을 잃지 않는 것입니다. 놀이를 제안하기 전에 먼저 부모님들이 놓치지 않았으면 하는 놀이의 요소들을 정리하려고 합니다.

◉ 놀이 시간을 빼앗지 마세요

요즘 아이들은 참 바쁘죠. 어린 나이부터 어린이집이나 유치원에 다니는 아이들도 많고, 오후에도 피아노 학원이나 태권도 학원에 가는 등 성인보다 분주한 스케줄을 소화하는 아이들도 많이 보입니다. 아이의 뇌 발달을 위해 부모가 꼭 해야 하는 것은 바로 놀수 있는 기회를 보장하는 것입니다. 놀이가 아이들에게 중요하다는 것은 많이들 알고 있습니다. 놀이를 강조하는 책이나 다큐멘터리도 많이 있고요. 그런데 신기하게도 노는 시간을 목표로 두거나, 계획해서 만드는 부모들은 많이 없습니다.

부모들의 목표는 한글 떼기나 전집 읽기 같은 학습과 관련한 것이 대부분이고, 계획표에는 각종 수업이나 교구 활용 시간이 들어 있죠. 놀이의 중요성을 강조하다 보니 이것들이 놀이의 가면을 쓰고 있기도 합니다. 일주일에 두 번씩 한글 교재를 푸는 것을 '한글놀이'라고 부릅니다. 한글만 해서는 충분치 않으니 수학 놀이, 과학 놀이, 영어 놀이 등이 아이의 시간을 차지하게 됩니다.

엄마, 아빠와 재미있게 셈도 배우고 한글도 배우면 당연히 좋습니다. 이 시간이 나쁘다는 의미는 아니에요. 저희 아이들도 셈이며 책 읽기며 모두 부모와 즐겁게 배웠습니다. 다만 공부를 위한 놀이만으로는 아이들에게 필요한 노는 시간이 채워지지 않는다는 뜻입니다. 놀이의 핵심은 무목적성입니다. 즉 놀이는 특별한 이득이나 목적을 위한 것이 아니라 이를 통해 얻을 수 있는 즐거움과 기쁨을 추구하는 행동이라고 할 수 있습니다. 한글 스티커를 문제집에 붙이는 것은 이러한 의미에서 진정한 놀이라고 볼 수는 없지요. '한글 공부'라는 명백한 목적을 가지고 아이에게 주어진 활동이니까요.

분명 놀이는 아이들이 타고난 능력이라고 했는데, 시간이 지날수록 잘 노는 아이와 그렇지 않은 아이가 생깁니다. 우리는 언어 능력을 가지고 태어났지만, 언어 발달의 속도가 모두 다르고 성인이 되었을 때의 의사소통 능력이나 문해력 등은 사람마다 차이가 납니다. 언어 능력이 꽃 피기 위해서는 적절한 언어 자극이 있어야 하기 때문입니다. 놀이도 마찬가지입니다. 아이는 놀면서 세상을 배우는 힘을 가지고 태어났지만, 누구나 잘 노는 것은 아니에요. 놀 수 있는 기회가 충분히 주어질 때 그 능력을 발휘할 수 있답니다. 아이에게 교육적인 것을 채워 주기만 해서는 진정한 놀이의 면모를 누리기 어려워요. 얼마나 많이 놀아야 하는지 묻는다면 "최대한 많이!"라고 답하겠습니다.

놀이가 가능하기 위해서 아이들에게 필요한 것은 장난감이나 키즈 카페가 아니라, 기회입니다. 비어 있는 시간이 주어져야 그다음 단계가 가능합니다. 방과후 일정을 저녁까지 채우지 마세요. 대신에 친구 만나는 날, 놀이터 가는 날, 자전거 타고 동네 한바퀴를 도는 날, 집에서 뒹굴뒹굴하는 날을 만드세요. 주말에는 온 가족이 공원에 나가고, 아이가 평소 만나지 못하는 친구나 친지를 만나는 데에 더 시간을 쓰세요.

잘 노는 아이가 되기 위해서는 일단 이 능력을 키울 기회가 있어야 합니다. 그리고 잘 노는 법을 떠올리기 위해 고민하는 시간이 있어야 합니다. 같은 놀이를 반복해서 점점 잘하게 되어야 합니다. 어제 하다 멈춘 놀이를 이어서 할 수 있어야 합니다. 그러려면 충분한 시간이 필요해요. 부모들이 이것을 알아보는 눈을 가질 수 있길, 그래서 노는 시간을 비생산적이라며 아까워하지 않고 모든 아이들이 차고 넘치게 놀 수 있도록 보장해 주길 바랍니다.

◗ 스스로 결정하고 주도해요

놀 수 있는 시간을 마련했다면 무엇을 하고 놀지가 다음 문제겠지요. 놀이가 무엇인지에 대해 여러 학자들의 담론이 있지만, 빠지지 않고 중요하게 꼽히는 것이 있다면 바로 놀이의 자발성과 자기주도성입니다. 놀이에서 가장 중요한 재미와 이것을 결합해 보자면, 자신이 재미있을 만한 행동을 스스로 선택해서 하는 것이 좋은 놀이라고 볼 수 있겠지요. 저는 무엇보다도 아이 스스로 놀이를 선택하는 것이 가장 중요하다고 생각합니다. 여기에는 꼭 필요한 능력이 있어요. 첫째, 아이 스스로 원하는 것이 무엇인지를 아는 것,

둘째, 지금 자신이 활용할 수 있는 놀잇감이 무엇인지 아는 것이
죠. 전자는 아이가 내면의 정보를 이해하는 능력이고 후자는 주변
의 환경 정보를 파악하는 능력입니다.

잘 노는 사람은 자신을 잘 아는 사람입니다. 주말 오후, 비어 있
는 시간이 생긴다면 무엇을 하고 싶으신가요? 집에서 편안하게 영
화를 한 편 보거나 친구들을 만나 밀린 수다를 떨 수도 있지요. 평
소 배우고 싶었던 공예 수업을 들으러 가거나 운동을 할 수도 있을
거예요. 내가 선택하는 행동이 곧 나입니다. 어른들은 아이들에게
네가 하고 싶은 것을 하라고, 행복하게 살라고 쉽게 말합니다.

하지만 우리가 살아 보니 어떤가요? 내가 원하는 것이 무엇인
지 아는 것이 참 어렵지 않던가요? 이 능력이야말로 놀면서 길러
집니다. 아이들은 끊임없이 놀이를 선택해 보아야 합니다. 자신이
그림 그리는 것을 좋아하는 사람인지 나가서 뛰어노는 것을 좋아
하는 사람인지 알기 위해 직접 느껴 보아야 합니다. 좋아하는 것을
발견하는 것만큼이나 싫어하는 것을 발견하는 것 역시 중요하고,
자신이 좋아하는 놀이를 함께할 수 있는 친구를 알아보는 것이 중
요합니다.

어린 시절의 저는 책 읽기를 좋아했어요. 친구들을 집에 자주
초대했는데, 좀 놀다 보면 친구들만 제 방에서 놀고 정작 저는 거
실에 나와 책을 읽고 있었다고 해요. (지금 생각해 보면 저희 친정 엄
마는 무척 답답하셨을 것도 같네요.) 고등학교 때 국사 공부를 하다
보면 역사책이나 백과사전 등을 다 꺼내 놓고 읽다가 시험 공부할

시간이 지나가 버린 적도 많습니다. 그 경험들이 제가 어떤 사람인지를 알려 준 것 같아요. 성인이 되어서도, 아무도 없는 연구실에서 밤늦도록 무언가를 읽는 것이 즐거웠거든요.

정해진 '교재'라는 것이 없으니 제가 읽고 싶은 것을 스스로 찾아 읽게 되었고 그 능력은 박사 학위를 받고, 연구자가 되고, 인스타그래머가 되는 데까지도 쓰이고 있습니다. 제 부모님이 "친구랑 놀아야지, 혼자 책을 읽으면 안 된다"라거나 "시험에 나오는 것만 공부해야지 왜 쓸데없는 책을 읽느냐"라고 했다면 저는 읽으면서 노는 제 자신을 잃어버렸을 지도 몰라요. 어린 시절 자연스럽게 쫓게 된 즐거움은 평생의 만족이 될 수 있습니다.

◉ 장난감으로는 배울 수 없는 것이 있어요

종종 어른들은 좋은 놀이 환경을 주고 싶은 마음에 많은 장난감을 선물하기도 합니다. 저는 어떤 장난감이 뇌 발달에 좋은지, 뇌 발달을 위해 만들었다는 교구가 정말 효과가 있는지 질문도 많이 받습니다. 질문하시는 분들이 원하는 답은 아닐지 모르지만, 저는 심심한 답변을 드리곤 합니다. 아이가 지금 가장 재미있게 놀 수 있는 장난감이 좋은 장난감이라고요.

장난감이나 놀잇감도 물론 놀이 환경에서 중요한 요소입니다. 아이들의 마음을 표현할 수 있는 좋은 재료이고요. 하지만 놀이의 환경은 그보다 더 큽니다. 어제까지 재미있던 장난감 자동차가 갑자기 시들해지고, 병원 대기실에서 순서를 기다릴 때면 지겨워서 몸이 비비 꼬입니다. 그때가 가장 중요한 순간입니다. 잠시 지켜보면 아이는 과자 상자로 자동차 주차장을 만들어 다시 놀이를 시작합니다. 혹은 엄마 가방 속을 뒤져 나온 영수증 뒷면에 낙서를 할 수도 있고요. 자신의 환경을 돌아보고 가능한 놀잇감을 찾아 놀이를 구성한 것입니다.

따라서 특정 장난감이 최고의 뇌 발달을 만들어 주리라는 예측은 조심스럽습니다. 비싼 장난감 세트를 선물했더니 그것이 포장된 상자를 더 잘 가지고 노는 경우도 많거든요. 놀이를 재미있게 해주는 것은 장난감이 아니라 그것을 가지고 노는 아이가 만드는 이야기입니다. 서하가 첫돌 선물로 받은 커다란 장난감 트럭은 3년 뒤 둘째 유하의 인형 유모차가 되어 많은 인형들을 태워 주었고, 크리스마스 때마다 산타 할아버지의 썰매로 변신하여 선물을 배달해 주고 있습니다. 장난감 트럭이 뇌 발달에 더 좋은지는 잘 모르겠습니다. 다만 아이들이 장난감의 새로운 용도를 발견할 때마다 뇌가 쑥쑥 자란다는 것은 확실히 말씀드릴 수 있습니다.

아이들은 심심해도 괜찮습니다. 아이의 지루함을 부모가 두려워하고 대신 채워 주려고 하지 않아도 괜찮아요. 화려한 장난감이 없던 시절 동글동글 돌멩이를 골라 공기놀이를 하고, 집 안에 굴러다니는 실을 주워 실뜨기를 만들어 낸 우리 선조들처럼 손가락만 있어도 놀 수 있는 아이들의 능력을 믿어 보세요. 그리고 아이가 어느 방향으로 뻗어 나가는지 지켜보며 놀라워하면 됩니다.

우리 아이가 어떤 사람인지 궁금하다면 여기에서 가장 많은 답을 발견할 수 있을 거예요. 놀이는 심심함이라는 문제를 해결하는 능력을 키워 주고, 그리고 그 능력을 자유롭게 발휘할 때 아이는 진짜 자신을 발견하게 될 거예요. 놀이 분야의 전문가인 스튜어트 브라운Stuart Brown 박사는 "진정한 놀이는 우리 마음 깊숙한 곳에서 나온다"고 했습니다. 아이가 마음 깊숙한 곳의 목소리를 들을 수 있도록 해 주세요. 아이 스스로 놀이를 이끌어 가는 것은 삶의 주도성을 찾는 길입니다.

◉ 스트레스를 버티는 힘을 길러요

놀이는 마음의 건강과 스트레스에 버티는 능력에 영향을 미칩니다. 미국 소아과의사 협회American Academy of Pediatrics, AAP는 소아과 의사가 '놀이'를 처방해야 한다고 권장하고 있습니다. 장난감과 각종 교육 프로그램, 전자기기의 사용으로 대부분의 시간을 보내는 아이들이 정작 놀이를 통해 얻을 수 있는 학습과 뇌 발달의 기회를 박탈당하고 있기 때문이기도 하고요. 무엇보다 놀이는 긍정적 정서를 높이고 불안과 스트레스를 극복하는 데에 효과가 있기 때문입니다.

앞서 잠시 언급했던 브라운 박사는 놀이 연구소를 운영하며 우울증이 있는 사람들이 놀이로 치료될 수 있다는 것을 연구해 왔습니다. 우울증 환자들이 아이들이나 동물들과 신나게 뛰어노는 시간을 보내자 치료에 도움이 되었다는 거예요. 놀면서 느끼는 긍정적 감정도 물론 중요한 역할을 합니다. 실제로 긍정적 감정을 느끼는 것이 부정적 감정을 상쇄한다고 보는 학자들도 있습니다. 저는 그와 더불어 놀이가 가진 속성 자체가 사람이 살아가는 데에 필요한 마음의 힘을 길러 준다고 생각합니다.

놀이는 아이들의 마음을 지켜 줍니다. 심리학 역사상 가장 유명한 실험 중 하나인 월터 미셸Walter Mischel 교수의 마시멜로 실험에서는 아이들이 더 큰 보상을 받기 위해 인내하고 기다리는 능력을 평가합니다. 당장 마시멜로 한 개를 받는 것과 15분을 기다리면 마시멜로 두 개를 받을 수 있는 것 중에 선택하도록 하는 것이죠. 저도 박사과정 동안 미셸 교수님이 이 실험을 창안했던 스탠포드대학교 안에 있는 빙Bing 유치원에서 같은 실험을 하게 되었습니다. 마시멜로 대신에 작은 선물 상자를 이용했지요. 원 실험과 다르게 저는 실험실 안을 떠나지 않고 반대편에서 다른 일을 하는 척했습니다.

아이들과 실험하면서 발견한 것은 기꺼이 그 시간을 기다리는 아이들은 나름의 전략이 있다는 점입니다. 의자에 올라갔다 내려갔다 하는 아이들도 있고, 고개를 끄덕이며 흥얼흥얼 노래를 부르는 아이도 있어요. 저에게 자꾸 질문을 하는 아이도 있었고요. 가만히 앉아 아무것도 하지 않고 그 시간을 인내하기만 하는 아이는 대개 기다리기에 실패합니다. 그것은 너무도 괴로운 시간이기 때문이죠.

저희 집에 사는 초등학생은 글쓰기 숙제나 수학 숙제를 하기 싫은 날이면 스스로 쓰기 로봇이 됩니다. 한 획 그을 때마다 "슈웅슈웅! 푸아아아! 프슈!" 하고 입으로 효과음을 내며 쓰지요. 어쩌면 공부 시간에 산만해 보이고, 공부하기 싫어 장난치는 것처럼 보일지도 모르겠습니다. 하지만 아이들에게 삶과 놀이는 분리된 것이 아닙니다. 무언가를 놀면서 즐겁게 할 수 있다면 그러지 말아야 할 이유가 없죠. 괴로움을 즐거움으로 전환하는 능력이라니, 어른에게도 꼭 필요하지 않은가요?

아이들은 세상에서 배운 것을 놀면서 소화시킵니다. 병원에서 예방 접종을 하고 온 아이는 병원 놀이를 합니다. 주사 맞기 싫다고 엉엉 우는 곰돌이 인형이 등장할 수도 있고, 의사 선생님은 무서운 사자로 변신하기도 합니다. 눈물 훔치며 엄마랑 돌아오는 길에 먹었던 사탕은 마법의 사탕 이야기가 되어 곰돌이 인형이 아프지 않도록 지켜줄 거예요. 아이가 노는 모양을 바라보다 동글동글 예쁜 돌을 하나 주워 마법의 사탕으로 쓰자고 제안해 보세요.

병원의 장면을 그대로 묘사하지 않더라도 평소 하는 자동차 놀이에서 자꾸 자동차가 고장난다거나, 자동차가 자꾸 우는 형태로 표현될 수도 있어요. 아이는 오늘 미처 소화되지 않은 감정을 드러내고, 그것을 받아들이며 놀게 됩니다. 어른들이 걱정되는 일이 있을 때 뉴스를 찾아보고 주변 사람들과 이야기하면서 어떤 일이 일어나는지 이해하듯이, 아이는 아이 나름대로 놀면서 그 일을 이해합니다. 정말 신기한 과정입니다. 이런 행동을 하는 것에는 분명 이유가 있을 거예요.

뇌는 예측을 좋아합니다. 기존의 정보를 통해 다음을 예측하며 의사 결정을 하게 되지요. 하지만 세상의 일을 다 예측하는 것은 불가능합니다. 언제나 자신의 계획대로 되지 않을 때가 있고, 새로운 사건이 벌어집니다. 누군가에게는 이것이 스트레스가 될 수 있습니다. 이 상황을 잘 이겨 내지 못하면 몸과 마음에 이상 신호가 옵니다. 놀이는 뛰어난 적응 과정입니다. 아이에게 실제 병원은 두렵고 고통을 주지만 병원 놀이를 할 때 아이는 의사도 될 수 있고, 환자도 될 수 있습니다. 인형이나 마법의 사탕이 등장하며 새로운 스토리가 시작됩니다.

아이는 병원 방문이라는 사건을 자신이 가지고 있는 정보와 결합하여 스스로 '다룰 수 있는' 형태로 재구성합니다. 아마도 다음 병원 방문은 처음보다 쉬워질 것입니다. 우리에겐 마법의 사탕이 있으니까요. 인간의 뇌는 매우 복잡한 구조이고 많은 정보를 익힐 수 있습니다. 따라서 예측의 과정도 복잡합니다. 우리가 다양하고 복잡한 놀이를 할 수 있는 것은 아마도 이 능력을 키우기 위함이 아닐까 생각합니다. 아이가 복잡한 세상을 다루며 살 수 있도록 놀이 능력을 키워 주세요.

뇌 발달을 위해 어떤 놀이를 해야 할까?

우리 아이와 함께 할 만한 놀이 아이디어가 필요하신 분들을 위해 제가 좋아하는, 그리고 저희 아이들과 즐겨 하던 놀이들을 정리해 보았습니다. 이해를 돕기 위해 연령을 적었지만 꼭 그 나이대에만 이 놀이를 해야 한다는 의미는 아닙니다. 뇌 발달을 위해 화려하고 복잡한 놀이를 권하는 사회에서 소소하고 심심하지만 아이들의 내면을 키워 주는 놀이들을 소개합니다.

◗ 0~2세

· 산책하기

이 시기에는 제일 먼저 운동과 감각에 관련한 영역이 발달하기 시작합니다. 감각을 다양하게 자극하기 위해 부모가 매일 새로운 재료를 찾아 줄 필요는 없습니다. 햇빛, 바람, 흙, 나뭇가지 등 아이가 만나는 모든 자극이 아이에게는 새로운 배움입니다.

이 시기 가장 좋은 놀이는 산책입니다. 아이는 부모의 품에 안겨 집 앞의 나무에서 나뭇잎이 흔들리는 것을 바라보는 것만으로도 한참 시간을 보냅니다. 흔들리는 나뭇잎 그림자 사이로 햇빛이 반짝이는 것을 지켜보는 것, 얼굴에 느껴지는 바람과 나뭇잎의 움직임 간의 관계를 이해하는 것은 크나큰 즐거움이지요. 매일 산책을 하면서 받은 햇빛은 아이의 숙면에 도움이 되고, 걷기 시작하는 아이라면 밖에서 에너지를 소모하여 식사도 잘하게 됩니다.

• 물건 탐색 놀이

이 시기 아이들이 가장 좋아하는 것은 '탐색'입니다. 엄마표 놀이요? 집 안의 물건을 하나씩 소개해 주시면 충분해요. 요리하는 모습을 보여 주세요. 부엌에서 쓰는 국자를 건네주면 요리하는 모습을 따라할 거예요. 본인의 블럭 조각들을 국자로 퍼올릴 때 아이들은 깔깔 웃습니다. 찬장에서 꺼낸 뚜껑과 그릇을 맞춰 보고, 숟가락으로 플라스틱 통을 두드리며 소리를 듣습니다. 요리 놀이에 심취했다면 부엌놀이 장난감을 사 주어도 좋지만, 없어도 아이들은 얼마든지 놀 수 있답니다.

감각, 운동 다음은 언어 영역이 발달합니다. 사람과 사물의 이름을 알려 주고 아이의 목소리에 대답해 주세요. 오늘은 '국자' 내일은 '뚜껑'을 알려 주세요. 아이를 안전하게 번쩍 안아 끓고 있는 찌개를 보여 주고 '보글보글'을 들려 주면 됩니다.

· 미술 놀이

이 시기 아이들은 자신의 행동이 세상을 바꾸는 것을 즐거워합니다. 미술 놀이는 자신의 행동에 따라 결과가 바뀌는 것을 관찰하기에 좋은 기회입니다. 아이의 구강기가 끝나 간다면 마커와 물감을 소개해 주세요. (물론 아직 구강기라 해도 이것들은 입에 넣지 않는 것이라고 알려 주면서 시작할 수 있습니다.) 물에 잘 지워지는 재료로, 적은 양부터 사용하게 하면 치우는 것이 크게 어렵지 않습니다.

욕실 벽에 물감을 칠했다가 샤워기로 다시 지우는 것도 아이들이 좋아하지요. 그것조차 부담이라면 흙바닥에 나뭇가지로 그림을 그려도 충분해요. 모양을 잘 그리거나 선에 맞추어 끝까지 색칠하는 것은 이 시기 미술의 목표가 아니랍니다. 아이가 색깔과 질감, 자신의 움직임에 집중할 수 있도록 해 주세요.

◉ 3~5세

· 놀이터 놀이

고등인지능력이 피어나기 시작하는 3세, 사회성의 기초가 되는 마음 이론이 능숙해지기 시작하는 4세에 가장 필요한 것은 친구들의 존재입니다. 아이들은 모여서 놀아야 합니다. 놀이터는 아이들의 작은 사회입니다. 어쩌면 아이는 놀이터에 간다 해도 다른 친구들과 활발하게 어울리지 않을지도 모릅니다. 멀리 서서 다른 아이들이 노는 것만 지켜보고 있는 아이도 있고, 또래 아이와 놀지 않고 형들만 따라다니지만 형들이 끼어 주지 않아 속상해 하는 아이도 있습니다. 마음은 친구와 같이 놀고 싶지만 자꾸 싸우게 되기도 하고요.

하지만 그렇다고 해서 아이가 더 클 때까지 놀이터에 가지 말아야 한다는 의미는 아닙니다. 연습이 더 필요하다는 뜻이지요. 그러니 곁에서 지켜보다가 같이 놀 준비가 되면 어울릴 수 있도록 충분히 기다려 주세요. 아이들은 그렇게 학교 가기 전 기초가 되는 '함께 어울리는 법'을 배웁니다. 뛰어놀며 튼튼해지는 몸과 마음은 덤입니다.

• 상상 이야기 만들기

아이들의 머릿속에서는 많은 것이 생겨납니다. 엄마가 읽어 준 책 이야기, 놀면서 본 것들, 자신이 좋아하는 것들 등을 합쳐 자신만의 이야기를 만들기 시작합니다. 아이의 흥미에 맞는 책을 읽어 주시고, 아이가 만들어 내는 이야기를 들어 주세요. 그 이야기들이 발전하여 놀이가 되고, 작품이 되고, 더 알고자 하는 동기가 됩니다. 이야기는 아이의 미술 작품이 되기도 하고, 식탁에 이불을 씌운 집이 되기도 하고, 인형 놀이가 되기도 합니다.

• 규칙이 있는 놀이

이제 우리 아이는 작은 사회의 구성원이 되었습니다. 사회의 구성원으로서 다른 사람과 어울려 노는 법과 규칙을 배웁니다. '다른 사람과 함께 규칙을 지키며 노는 놀이'를 추천합니다. 가위바위보나 '그대로 멈춰라' 같은 규칙이 있는 놀이를 알려 주세요. 어린 시절 부모님이 즐기던 얼음땡이나 땅따먹기, 자동차 안이나 식당에서도 즐길 수 있는 수수께끼와 스무고개 등은 아이의 뇌를 키우는 좋은 놀이들입니다.

이 시기는 우리 아이가 집에서 간단한 보드게임을 시작할 수 있는 나이이기도 합니다. 부모님의 마음과 달리 아직 규칙을 지키기 어려워 하거나, 지는 것을 받아들이기 힘들어 해도 괜찮습니다. 우리에겐 다른 사람들과 함께하는 놀이에 익숙치 않은 아이를 배려하는 대대로 내려오는 멋진 '깍두기' 문화가 있으니까요.

• 집안일 놀이

아이들과 부모님이 집안일을 함께하세요. 아이 스스로 유치원 갈 준비를 하게 하고, 청소와 식사 준비 등에 아이를 동참시킵니다. 아이가 맡아서 할 수 있는 일을 주고 이를 함께하면 아이가 책임감과 독립심을 기를 수 있을 뿐만 아니라 집안일에 대한 전반적인 이해도 높아집니다. 아이는 자연스럽게 자고 일어나면 깨끗한 옷이 마련되어 있고, 정리하지 않은 화장실도 저절로 깨끗해지는 것이 아니라는 사실을 알게 되지요. 집안일에 참여하며 아이는 생존 능력을 기르고, 가정에 기여하는 존재가 됩니다. 집안일이 놀이가 아니라고요? 아무리 사소한 집안일이라도 아이가 즐기면 놀이가 될 수도 있고요, 설사 아니라고 한들 중요합니다.

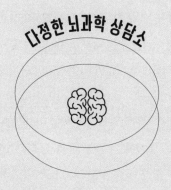

다정한 뇌과학 상담소

Q. 친구랑 노는 것을 어려워해요. 놀이터에 아이들이 뛰어놀고 있으면 오히려 피해서 노는데 어떻게 하죠?

A. 아이마다 친구와 함께 노는 모습은 모두 다릅니다. 놀이터에서 만나는 모든 아이가 자신의 친구인 아이도 있고, 수개월간 한 반에서 같이 놀아도 누구와도 친하다고 생각하지 않는 아이도 있습니다. 이것은 성인도 마찬가지이고요. 친구가 많은 사람이 있고, 적은 친구로도 충분한 사람이 있기 마련이지요. 친구와의 교류는 중요한 발달 과정이긴 하지만 사회성이 친구를 많이, 빨리 사귀는 것을 의미하지 않습니다. 오히려 자신과 잘 맞는 친구를 알아보고 그 친구와 마음을 나누며 노는 능력이 더 필요합니다.

저는 아이가 놀이터에서 다른 아이들을 피해 조용하게 노는 것은 자신에게 잘 맞는 놀이 장소를 찾는 적극적인 행동이라고 봅니다. 소심한 것이 아니라 좋아하지 않는 것은 피하고, 자신에게 맞는 것을 찾을 줄 아는 것이죠. 다른 아이들보다 시간이 더 걸리더라도 자신과 잘 맞는 친구를 만나게 될 거예요.

만약 아이가 다른 사람과의 교류 자체를 어려워한다면 집에서 대화를 한 명씩 주고 받는 것, 상대의 말을 잘 듣고 대답하는 것, 자신의 생각을 언어로 표현하는 것 등을 적극적으로 연습시켜 주세요. 학교 생활이나 우정에 대한 그림책을 보면서 앞으로 다가올 상황을 미리 생각해 보는 것도 도움이 됩니다.

Q. 아이가 계속 물컵에 물을 쏟으며 장난쳐요. 집 안이 엉망이 되는데도 놀도록 두어야 하나요?

A. 놀이를 마음껏 반복해도 된다는 말은 가끔 걱정거리가 되기도 합니다. 아이의 놀이를 부모가 감당하기 어려울 때가 있거든요. 어느 날 아이가 밥을 먹다 컵을 쏟았는데 어라? 이것이 참 재미가 있더란 말이죠. 물컵만 보면 쏟는 통에 물을 주기가 두려워집니다. 물컵에서 시작된 쏟기는 밥도 쏟고, 국도 쏟는 등 점점 다루기 어려운 문제가 됩니다. 우선 모든 놀이를 다 받아 주어야 하는 것은 아닙니다. 세상에는 경계란 것이 존재하고, 어린아이들에게도 예외는 아니죠. 식사 시간에 음식을 쏟지 말아야 한다는 것은 알려 줄 필요가 있습니다.

다음으로 아이는 지금 '쏟는 행위'의 즐거움에 푹 빠져 있기 때문에 이것을 충족할 수 있는 대안을 주면 좋겠습니다. 목욕 시간에 욕조 안에서 물을 마음껏 컵에 담았다 쏟아 볼 수도 있고, 모래 놀이터에 가서 모래를 장난감 삽으로 푸고 쏟는 것을 무한 반복하며 재미있는 시간을 보내도록 해 주세요.

마지막으로 아이에게 친절하게 설명해 주되 간단한 언어 지시를 주세요. 설명이 너무 길면 오히려 아이는 집중하기 어려울 수 있습니다. "쏟기 놀이는 목욕 시간에!" 정도만 알려 주셔도 충분합니다. 카펫에 국을 쏟으면 빨기가 얼마나 어려운지에 대한 푸념은 오히려 핵심 메시지를 이해하기 어렵게 합니다.

Q. 여자아이인데 남자아이 장난감을 좋아해요. 남자아이인데 인형놀이만 하려고 하는데 괜찮은가요?

A. 아이들의 눈에는 남자 장난감, 여자 장난감이 구분되어 있지 않습니다. 성인의 눈으로 구분지은 것이지요. 뚜렷한 장난감이 없는 방 안에서 47개월의 아이들을 자유롭게 놀도록 하면 서로 잡으러 다니거나, 밀고 당기고, 웃긴 장난을 치는 등 가장 기본적인 형태의 놀이를 하고, 여기에는 성별에 따른 차이가 별로 없다고 합니다. 놀이터조차 없는 호숫가나 숲속에서 아이들을 놀도록 하면 성별에 따른 놀이보다는 자유롭게 나무에 올라가고, 풀밭을 뛰어가고, 돌멩이를 물가에 던지는 등의 놀이를 하는 것을 볼 수 있습니다.

고정관념을 학습하면 실제로 뇌 발달이 달라집니다. 인종차별적 관점을 가진 사람일수록 인종 정보에 민감해지고, 성차별적 고정관념을 가진 사람에게 고정관념을 벗어나는 행동은 '예외'로 입력됩니다. 아이들에게 미치는 영향은 더 안타깝습니다. 남자는 공감 능력이 부족하다거나 여자는 수학을 못할 것이라는 고정관념은 그 능력을 학습할 다양한 기회를 남자라는 혹은 여자라는 이유로 일찌감치 포기하게 합니다. 그 결과 뇌 발달을 위한 기회를 잃고, 고정관념대로 자라게 되죠. "남자가 왜 인형 놀이를 해? 밖에 나가서 친구들이랑 공 차고 놀아야지"라는 말로 아이를 벽 안에 가두지 마시길 바랍니다.

놀이는 스스로 생각하고 문제를 해결하는 방법을 가르치는 가장 좋은 선생님입니다. 특별한 장난감 하나가 뇌를 똑똑하게 해 주기보다는 아이가 자유롭게 자신의 흥미를 따라 놀고 다른 사람들과 소통할 때 새로운 능력이 키워진다는 것을 잊지 말아야 합니다.

1. 우리 아이는 어른의 지시가 아닌 자신의 선택에 따라 자유롭게 놀고 있나요?

 * _____

 * _____

2. 우리 아이는 자신을 사랑해 주는 어른들과 함께 노는 시간이 충분한가요?

 * _____

 * _____

3. 우리 아이는 또래와 자연스럽게 어울릴 기회가 있나요?

 * _____

 * _____

4. 우리 아이는 스스로 심심함을 해결해 볼 수 있는 시간적 여유가 있나요?

 * _____

 * _____

Cycle 5

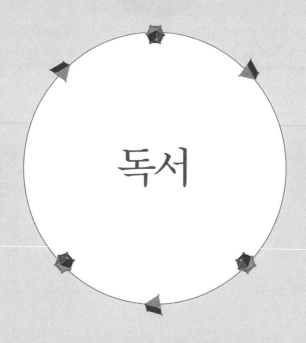

독서

뇌를 성장시키는 문해력의 비밀

글자는 인간이 만들어 낸 멋진 발명품입니다. 인류의 문화는 읽고 쓰기 시작하며 눈부시게 발전하게 되었지요. 우리 아이들에게 이 놀라운 발명품을 누릴 수 있는 기회를 주세요. 읽기를 배우는 과정에서 뇌는 완전히 뒤바뀝니다. 책을 읽고 이야기를 들으며 뇌는 다른 사람의 마음과 다양한 세상을 이해하는 법을 배웁니다. 독서는 가 보지 않은 곳을 경험하는 최고의 방법입니다.

0세부터 준비하는 책 읽는 뇌

잠든 아이를 바라보면 아이의 앞날에 좋은 것들이 펼쳐지기를 빌게 됩니다. 내일도 재미있게 잘 놀았으면, 행복했으면, 힘든 일이 있어도 잘 헤쳐 나갔으면, 똑똑했으면, 다른 이에게 도움이 되는 사람이었으면 하고 말이에요. 아이가 클수록 부모가 곁에서 지켜 주고 돌봐 줄 수 없는 날들이 많아집니다. 아이는 친구도 사귀어야 하고, 공부도 해야 하고, 어려운 일이 있을 때 스스로 해결해야 하지요. 그럴 때마다 도와줄 무언가가 있다면 얼마나 좋을까요?

부모가 아이의 인생에 오랫동안 남을 선물을 줄 수 있다면, 그건 아마도 책 읽어 주기가 아닐까 싶습니다. 수많은 연구들이 책 읽기가 아이들의 삶에 좋은 영향을 미친다는 것을 보여 주고 있습니다. 그렇게 신기한 이야기만은 아닙니다. 우리는 모두 책에서 정보를 얻기도 하고, 즐거움을 느끼기도 하니까요. 책을 읽으려면 계속 뇌를 활발하게 써야 한다는 것은 사실 논문을 찾아보지 않아도 독자라면 쉽게 상상할 수 있는 일입니다.

아이들의 경우에는 어떨까요? 어린아이들은 아직 스스로 글을 읽지 못하지요. 이 아이들이 책을 읽는 방법은 주변의 어른들처럼 다른 누군가가 읽어 주는 책을 귀로 듣고, 이해하지 못한다 해도 책의 그림이나 글씨를 보는 것입니다. 스스로 글을 읽을 수 없는데도 과연 책 읽기, 아니 책 듣기는 효과가 있을까요?

◗ 언어 능력이 발달하고 어휘가 확장돼요

언어 발달에 가장 중요한 것 중 하나는 아이가 얼마나 많은 말을 듣는지입니다. 누구나 듣는 것에서부터 언어 발달이 시작하고, 이후에 말하기를 시작합니다. 읽고 쓰는 것은 훨씬 나중의 일이지요. 듣는 양도 중요하지만, 질도 중요해요. 여기서 언어의 질이란 얼마나 다양한 단어를 듣는가, 얼마나 아이가 듣기에 적절한가, 아이에게 직접 이야기를 하고 있는가 등을 의미합니다. 책 읽어 주기는 아이들의 단어 이해를 확장시킵니다. 책을 읽어 준 아이들은 단어의 의미를 이해하거나, 그림과 단어의 뜻을 연결하는 능력이 우수했다고 해요. 책을 읽어 주면서 질문을 하거나, 해설을 해 주는 것 역시 아이의 단어 이해를 도와주지만, 심지어 다른 설명이 전혀 없이 책을 반복해 읽어 주는 것만으로도 효과가 있다는 연구도 있습니다.

신경학자인 매리언 울프Maryanne Wolf의 《책 읽는 뇌》에서는 아이들이 책에서 보는 언어가 일상생활에서 사용하는 구어와는 전혀 다르다는 것을 발견했습니다. 책에서 보지 않았다면 표현할 리 없는 말을 사용하고, 성인들조차도 잘 생각하지 않는 것들을 말한다고요. 그 예시로 다음과 같은 문장으로 시작하는 이야기를 들려줍니다. "옛날 옛적에 햇살이 한 번도 들이친 적 없는 어둡고 외로운 나라에 요정 같은 존재가 살고 있었어요." 그리고 '옛날 옛적에'라든가 '요정 같은 존재'라는 말을 평소에 하는 사람은 없다고 지적하지요. 하지만 아이들이라면 누구나 이야기가 시작될 때 '옛날 옛적에' 혹은 '옛날 옛날 한 옛날에'와 같은 말을 듣게 됩니다. 그리고 이 말은 앞으로 어떤 이야기가 펼쳐질지에 대한 중요한 신호가 되지요.

일리노이대학교의 제시카 몬태그Jessica Montag 교수의 연구는 여기에 과학적 증거를 보탭니다.[1] 100권의 그림책에 있는 문자들과 아이들을 상대로 하는 4432개의 대화를 분석한 결과, 대화보다 책에 더 다양한 단어들이 포함된다고 합니다. 예를 들어 2만 개 단어가 아이에게 전달된다고 할 때, 대화로는 약 2000개의 단어, 책으로는 약 3000개의 단어가 전달됩니다. 아이는 그림책에서 대화보다 약 1.72배 다양한 단어를 듣게 됩니다. 이 연구에 사용한 그림책들에 담긴 단어는 평균 680개였습니다. 부모가 어림잡아 600개 단어의 책을 매일 한 권씩 읽어 준다면, 그 아이는 책을 읽어 주지 않는 아이보다 1년에 21만 9000개 이상의 단어를 더 듣게 됩니다.

서하가 어린 시절 좋아하던 책《강아지 똥》에는 골목길 담 밑 구석에 똥을 누는 강아지 흰둥이나 소 달구지를 끌고 가는 아저씨와 같은 인물들이 등장합니다. 이제는 주변 누구도 강아지 이름을 '흰둥이'라고 짓지 않지만 아이는 그 이름에 익숙해지고 한 번도 본 적 없는 소 달구지라는 말을 듣고 그림을 보면서 옛날의 모습을 상상해 봅니다. 서너 살 꼬마의 입에서 "얼마만큼 예쁘니? 하늘의 별만큼 고우니?" 같은 문장이 나올 수 있는 것은 모두 책 덕분입니다. 책을 자주 읽어 주면 아이들은 새로운 단어를 더 많이 사용합니다. 이해하는 단어의 수가 많아지다 보면 아무래도 표현에도 영향을 미치기 마련이니까요.

● 표현력이 발달해요

혹시 아이들이 자신이 좋아하는 책 내용을 조잘조잘 이야기하지 않나요? 책을 읽는 아이들은 표현력이 좋아집니다. 시간의 흐름에 따라 줄거리를 묘사하는 기술이 좋아지지요. 성인들은 물론 아이들에게는 더더욱 쉽지 않은 능력입니다. 브리티시컬럼비아대학교 빅토리아 퍼셀-게이츠Victoria Purcell-Gates 교수의 논문은 오래전의 연구이지만 여전히 흥미로운데요.[2] 책을 자주 읽어 준 아이들은 자신의 생일 파티에 있었던 일들을 이야기하거나, 글자가 없는 그림책을 보며 책 읽기 '흉내'를 내라고 했을 때 책을 자주 읽어 주지 않은 아이들보다 더 생생한 이야기를 지어낼 수 있었다고 합니다. 읽었던 이야기를 기억해 말하는 것에 그치는 것이 아니라 스스로 이야기를 만들어 내는 능력까지 갖추게 된다는 의미입니다.

◑ 공동 주의 능력이 자라나요

이 정도만 나열해도 어린 시절부터 책을 읽어 줄 이유는 충분해 보입니다. 언어 발달은 아이의 성장에서 중요한 지표이니까요. 하지만 책 읽어 주기의 효과는 언어 발달보다 훨씬 다양한 측면에 영향을 미칩니다. 예를 들면 아이의 주의력입니다. 아이들이 다른 사람과 소통하기 위해서는 관심 공유 혹은 공동 주의Joint Attention이라고 불리는 능력이 필요합니다. 조금 어려운 말 같지만, 발달 과정에서 자연스럽게 나타나는 능력입니다. 산책 길에 아빠가 아이에게 길 건너를 가리키며 "저기 강아지가 있네"라고 말하면 아이는 아빠가 가리키는 방향을 바라보며 강아지를 구경하게 됩니다. 이것이 공동 주의입니다. 다른 사람이 하고 있는 일이나 바라보는 대상이 무엇인지 알아차리고 같이 주의를 기울이는 능력이지요. 다른 사람과의 상호작용, 의사소통을 하기 위해 필수적인 능력이고, 신생아 시기부터 시작되어 영아기 전반에 걸쳐 발달합니다.

돌 이전부터 아이들은 양육자를 포함해 다른 사람의 시선이 머무는 곳을 따라서 볼 수 있게 되고요. 이후 다른 사람이 손가락으로 무언가를 가리키면 그 방향을 눈으로 따라가고, 자신이 주의를 끌고 싶을 때에도 손가락으로 가리키거나 소리를 내고, 눈빛으로 호소하기도 합니다. 이 과정을 통해 아이들은 사회적 소통에 적극적으로 참여하게 되고, 이는 이후의 언어 발달 및 인지 발달에 영향을 미칩니다. 책 읽어 주기는 이 능력을 연습할 수 있는 좋은 방법입니다. 책을 읽기 위해서는 아이와 부모가 함께 책을 바라보는 공동 주의 과정이 필수이니까요. 부모가 손가락으로 가리키는 그림을 바라보기도 하고, 아이가 흥미를 보이는 책이 있다면 부모가 그 흥미를 따라가 책을 읽어 주거나 아이와 대화하는 등 적절한 반응을 해 주기도 합니다.

　책 읽기를 통해 길러지는 공동 주의 능력은 다른 상황으로 확장될 수 있어요. 평소 이야기를 나누거나 함께 노는 시간에도 아이가 부모의 관심을 이해하고, 부모가 아이의 흥미를 따라가는 상호작용을 잘할 수 있게 되므로 아이의 발달에 좋은 영향을 미치게 됩니다. 그 예로 아일랜드 경제사회연구소의 애쉴링 머레이Aisling Murray 박사의 연구를 들 수 있습니다.[3] 0세부터부터 엄마가 책을 읽어 준 아이들은 상호작용 능력과 문제 해결 능력이 더 좋다는 연구예요.

　하지만 그림만 보여 준 아이들에게서는 이런 효과를 기대할 수 없었지요. 오히려 책과 관계 없이 엄마가 아이에게 말을 많이 하는 것은 같은 효과를 보였습니다. 즉 아이에게 책에 그려진 그림이라는 시각적 자극이 노출되었기 때문에 아이들의 인지 능력이 좋았

다기보다는 엄마가 아이와 상호작용을 하면서 공동 주의를 이끌어 내는 것, 그리고 그 과정에서 책을 통해 다양한 언어 자극을 주는 것이 중요하다는 결론을 내릴 수 있습니다. 언어 발달과 인지 발달에 미치는 긍정적 영향은 이후 아이들의 학업 성취도나 성인이 되었을 때의 취업의 질과 높은 연봉 등으로 연결됩니다.

● '듣기' 뇌가 발달해요

책 읽어 주기와 뇌의 발달 사이의 관계를 연구한 논문들은 아직 많지 않습니다만, 신시내티 아동 병원의 존 휴턴John Hutton 박사의 연구들을 빼놓을 수 없습니다. 2015년에 발표된 연구에서는 3세에서 5세의 미취학 아이들에게 이야기를 들려주며 뇌의 활성화를 관찰해 보았습니다.[4] 이야기를 듣는 동안 아이들의 뇌에서는 여러 영역들이 활발하게 활성화되었는데요. 특히 소리나 음운 정보를 처리하는 영역과 의미를 처리하는 영역 등 말을 듣고 이해하는 영역이 집중적으로 활성화되는 것을 볼 수 있어요.

그 중에서도 평소 언어 자극이 풍부한 독서 환경을 제공하는 가정의 아이들은 좌뇌의 두정-측두-후두 연합 피질Parietal-Temporal-Occipital Association Cortex이 더 많이 활성화되는 것을 발견했습니다. 이곳은 한 영역의 이름이 아니라, 언어의 의미를 처리하는 데에 중요한 역할을 하는 여러 영역들의 집합이에요. 여러 감각적 정보가 통합되는 영역이기도 하고요. 시각적 상상에도 포함됩니다. 이 영역들이 또다른 영역으로 정보를 전달하면서 장기 기억을 만들고, 학습한 내용을 통합하고, 글자와 의미를 연결하기도 합니다. 이 영역들은 나중에 아이가 혼자 책을 읽는 동안 활발하게 활성화되는 영역들입니다.

평소 책에 많이 노출되고, 집에서 책을 많이 읽어 준 아이들의 '읽기' 뇌가 더 활발하게 이야기 '듣기'에 관여한다는 사실이 흥미롭습니다. 아직 혼자 책을 읽지 못하는 아이들은 어른이 읽어 주는 책의 이야기를 들으며 의미를 파악하고 내용을 머릿속에서 상상하게 되고, 그 과정을 반복하면서 이 영역들은 점점 발달할 거예요. 그러면 나중에 아이가 스스로 책을 읽을 때에는 이미 책 내용을 잘 이해하고 마음껏 상상할 준비가 되어 있겠죠. 이 연구의 주요 저자인 휴턴 박사는 〈뉴욕 타임즈〉와의 인터뷰에서 이렇게 말했습니다. "(이야기를 들으며 상상하는) 이 과정이 나중에 그림이 없는 책으로 전환하는 데에 도움이 될 거예요. 이야기에서 무슨 일이 벌어지는지 볼 수 있도록 뇌가 발달했기 때문에 나중에 더 뛰어난 독자가 되도록 도와줄 겁니다."

◉ 더 성숙한 뇌가 돼요

책 읽기가 아이들의 뇌의 활동을 바꿀 수 있다면, 장기적으로는 뇌의 구조도 변하게 될까요? 남캘리포니아대학교와 캘리포니아주립대 LA, 이스라엘의 하이퍼대학교의 공동연구팀은 읽기 능력과 연관되어 있는 뇌 발달의 성숙도를 검증해 보기로 했습니다.[5] 그 결과 단어 읽기, 읽기의 유창성, 글자 이름 말하기 같은 아이들의 읽기 능력이 뛰어날수록 좌뇌의 하두정피질의 회백질 부피 감소와 연관된 것으로 나타났고요. 글자를 빨리 알아보는 능력은 좌뇌의 하전두이랑의 회백질 부피 감소와 연관되어 있었습니다.

뉴런의 가지치기 기억나시죠? 가지치기를 통해 불필요한 연결을 줄이면서 세포체가 모여 있는 회백질은 줄어들었다고 해석할 수 있어요. 즉 좀 더 성숙한 뇌를 가진 것이죠. 이 연구에서는 아이들의 독서량은 제시하지 않았지만, 아이의 읽기 능력이 뛰어난 것은 아마도 더 많은 책을 읽었기 때문이라고 가정하여 독서 경험이 뇌의 발달에 영향을 미치고, 구조적인 차이도 만들어 낸다고 결론 지었습니다.

● 문해 환경이 좋을수록 좌뇌가 성장해요

2019년에 발표된 휴턴 박사 팀의 다른 연구는 뇌 발달과 책 읽기의 좀 더 명확한 관계를 보여 줍니다.[6] 미취학 아이들의 초기 문해력 수준과 부모가 응답한 가정 문해 환경 수준은 아이들의 좌뇌 발달에 영향을 미치는 것을 발견했어요. 이 연구에서는 확산 텐서 영상Diffusion Tensor Imaging, DTI 기법을 사용했는데요. DTI는 뉴런 사이의 연결 경로들이 모인 뇌의 백질의 구조를 생생하게 볼 수 있는 방법이에요. 백질 안의 뉴런 경로들을 따라 물 분자가 여행을 합니다. 고속도로를 달리는 자동차들처럼요. 잘 닦인 길은 차들이 매끄럽게 지나가겠지요? 물이 많이 지나다니는 신경 경로들은 이처럼 잘 닦인 길로 생각할 수 있어요. 읽기 같은 기능을 수행할 때마다 특정한 신경 경로로 신호를 반복해서 전달해 왔다면 그 길은 더 많이 발달하여 넓은 고속도로처럼 차가 씽씽 달릴 수 있게 됩니다.

이 연구에 따르면 가정의 문해 환경이 잘 만들어져 있는 아이들의 뇌는 좌뇌의 언어와 읽기 능력을 담당하는 영역들 간에 백질 연결성이 우수했다고 합니다. 이야기를 많이 들으며 자란 아이들은 언어의 신호가 뇌 속을 씽씽 여행할 수 있도록 길이 잘 만들어졌다고 이해할 수 있습니다. 두 연구 모두 책 읽기가 뇌의 구조적 발달에 영향을 미친다는 결론을 내리며, 어려서부터 책을 읽어 주는 것이 중요하다는 메시지를 전합니다.

아이가 글을 읽을 수 있어도
책을 읽어 줘야 할까?

우리 아이에게 언제부터 책을 읽어 줄까 고민이라면 아주 간단하게 답변할 수 있습니다. 오늘부터 읽어 주세요. 아이가 몇 살이든지 말이에요. 아직 아이가 태어나지 않았나요? 배 속에 있을 때부터 읽어 주어도 좋아요. 책 읽어 주기의 마법은 아이의 나이를 따지지 않습니다. 미국 소아과학회에서는 0세, 즉 태어나서부터 책을 읽어 주도록 권장하고 있습니다. 그동안 미국 소아과학회에서는 모유 수유, 백신 접종, 영양 섭취 등 다양한 주제들에 대해 권장 사항을 발표해 왔는데요. 그 중에서도 아이들의 문해력 발달을 강조한 것은 비교적 최근인 2014년에 발표한 내용입니다.

이 정책을 내는 데에 참여한 파멜라 하이 Pamela High 박사는 〈뉴욕 타임즈〉와의 인터뷰에서 이렇게 이야기했습니다. "의사가 아이들을 만날 때마다 기본적으로 말해야 해요. 책 읽기를 가족들이 매일 하는 즐거운 활동으로 만들라고 알려 주세요." 어떤 부모들에게는 영아기에 책을 읽어 주는 것이 좀 어색할 수도 있습니다. 아직 말도 하지 못하고, 이야기를 알아듣고 있는지 구분이 안 되는 아이들에게 책을 읽어 주는 것은 너무 의욕이 과한 것은 아닐까 싶기도 하고, 이것이 과연 효과가 있을까 의심이 들 수도 있고요.

2022년 발표된 논문에 따르면, 아일랜드의 900명 이상 아이들을 살펴본 결과 생후 9개월에 책을 읽어 준 아이들은 3세에 어휘 표현력이 더 우수했다고 합니다.[7] 저는 연구 결과보다 더 놀라웠던 점이 있어요. 바로 연구에 참여한 아일랜드 가정 중 80퍼센트가 생후 9개월의 아이에게 책을 읽어 주고 있었다는 점입니다. 생각보다 많은 부모들이 돌 이전부터 아이들에게 책을 읽어 주더라고요.

그렇다면 아이에게 언제까지 책을 읽어 주는 것이 좋을까요? 책 읽어 주기를 시작하기에 좋은 시기가 '최대한 일찍'이라면 책 읽어 주기를 마치기에 좋은 시기는 '최대한 늦게'라고 할 수 있습니다. 미국의 스콜라스틱 출판사에서 2017년 발표한 〈아이들과 가족의 독서 보고서 Kids and Family Reading Report 6th Edition〉를 살펴볼까요? 0세에서 5세 아이를 둔 부모의 59퍼센트는 아이들에게 책을 읽어 주지만, 6세에서 8세 아이를 둔 부모는 38퍼센트, 9세에서 11세 아이를 둔 부모는 17퍼센트만이 아이들에게 소리내어 책을 읽어 줍니다.

이미 글을 읽을 수 있는데 왜 책을 읽어 줘야 할까요? 크게 두

가지 이유를 생각해 볼 수 있어요. 첫 번째 이유는 비록 아이가 글자를 읽을 수 있다고 하더라도 아이들이 책의 내용을 다 이해할 수 있는 것은 아니기 때문입니다. 모르는 단어가 많거나, 글 이면에 숨겨진 미묘한 의미가 있거나, 배경 지식이 필요한 경우에는 글자만 읽어서는 책을 다 이해하기 어렵습니다. 혹은 읽기가 능숙하지 않기 때문에 두어 장 읽고 나면 지치기도 합니다. 이때 부모와 함께 책을 읽는 것은 아이가 자신이 혼자서 읽을 수 있는 텍스트의 경계선을 넘어서까지 이해할 수 있도록 이끌고, 결국 아이의 읽기 능력 향상에도 큰 도움이 됩니다. 두 번째 이유는 책 읽는 시간은 애정과 관심의 시간이기 때문입니다. 저희 아이들은 이제 둘 다 혼자서 책을 읽을 수 있는 나이가 되었습니다. 그래도 여전히 부모와 함께 책 읽는 시간을 좋아합니다. 책을 읽어 줄 때에는 대개 소파에 앉아 담요를 나누어 덮고 봅니다. 아이 한 명과 딱 붙어 볼 때도 있고, 양옆에 아이들을 끼고 볼 때도 있지요.

다 함께 읽을 때 아이들이 유독 좋아하는 책은 《마법의 시간여행》 시리즈입니다. 저희 가족처럼 안경을 쓰고 책 읽기를 좋아하는 오빠 잭과 마법의 힘을 믿고 조금 엉뚱한 여동생 애니의 이야기입니다. 지난 해까지는 서하와 엄마가 함께 이 책을 읽으면 유하가 듣고 있었고요. 2023년부터는 유하도 합류했습니다. 서하는 잭, 유하는 애니의 대사를 읽고 엄마는 나머지 내레이션을 맡습니다. 우리끼리 한 편의 연극처럼 책을 읽는 시간이 얼마나 소중한지 모릅니다.

미국의 대형 아동 서적 출판사 스콜라스틱에서 아이들에게 부모가 책 읽어 주는 것을 좋아하는 이유를 물어보았습니다. 6세에서 11세 아이들의 87퍼센트가 부모와 함께 책 읽는 것을 좋아한다고 이야기했어요. 부모의 82퍼센트도 역시 그 시간을 즐긴다고 대답했지요. 아이들은 부모가 책을 읽어 주는 시간이 특별한 시간이며, 재미있다고 응답했고요. 오랫동안 읽어 주세요. 아이들이 부모의 애정을 느낄 수 있는 방법입니다.

언어 능력을 키우는 아빠 독서의 힘

집에서 아이들에게 책을 읽어 주는 사람은 누구인가요? 여러 국가의 통계를 보면 아이들에게 책을 읽어 주는 사람은 주로 엄마입니다. 가정 내 독서에 대한 연구에 따르면 영국 가정에서 어린아이들에게 책을 읽어 주는 엄마는 42퍼센트, 아빠는 29퍼센트로 나타났습니다. 한국도 마찬가지입니다. 한솔교육이 2020년 발표한 자료에 따르면 영유아 자녀를 둔 가정의 87.2퍼센트는 엄마가 책을 읽어 준다고 합니다. 아빠가 책을 읽어 주는 경우가 50퍼센트 이상이라는 응답은 얼마 되지 않는다고 해요. 요즘은 많은 아빠가 육아에 적극 참여하고 관련된 책이나 정보도 많이 있어요. 바람직한 일이죠. 그런데 아빠의 육아는 유독 몸놀이나 운동을 강조하는 것을 볼 수 있습니다. 그럼 책 읽기는 어떨까요?

아빠가 육아에 적극적으로 참여하는 것은 여러 방면에서 아이의 성장에 도움이 됩니다. 그 중에서도 책 읽기는 아빠가 큰 효과를 만들어 낼 수 있는 영역으로 꼽혀요. 호주의 머독 어린이 연구소Murdoch Children's Research Institute, MCRI에서는 아빠의 독서 참여가 아이들의 발달에 미치는 영향을 연구했어요.[8] 호주의 405개 가정을 분석한 결과, 2세 때 아빠가 책을 읽어 준 아이들은 4세에 언어 능력이 더 발달했다는 것을 발견했어요. 언어적 표현 능력과 이해 및 언어적 수용 능력 모두 높았지요. 가정의 수입이나 아빠의 학력, 엄마가 책을 읽어 주는 정도와 관계없이 말이에요. 다만 아이들의 초기 문해력에는 큰 차이를 보이지 않았습니다.

교육학자 엘리자베스 더스마A. Elisabeth Duursma 박사는 아빠의 책 읽기를 좀 더 가까이에서 관찰해 보았습니다. 연구팀은 아빠들은 책을 읽어 줄 때 더 어렵고 추상적인 단어를 많이 사용한다는 것을 발견했지요. 또한 책의 내용에 대해 이야기를 나눌 때 아빠들은 아이의 경험에 관한 대화를 많이 했습니다. 예를 들어 책에 사다리가 나왔다면 실제로 지난번에 사다리를 타고 올라가 지붕을 고쳤던 일에 대해 이야기하는 거예요. 이에 반해 엄마들은 책에 나오는 사실적 묘사나 상세한 부분에 좀 더 집중했습니다. 종종 아이들에게 사다리의 색깔이나 사과의 개수 등을 질문하기도 했고요. 더스마 박사팀의 또다른 연구에서도 MCRI의 연구와 비슷한 결과를 발견했는데요. 아빠가 책을 읽어 주는 아이들은 이야기의 이해력과 책에 대한 지식, 언어적 능력 모두가 더 뛰어났다고 해요.

아빠와 엄마의 책 읽기가 다른지에 대해서는 그리 많은 연구가 있지는 않습니다. 몇몇 연구를 종합해 보면, 아빠들은 정서적 표현을 주로 하는 엄마보다 어려운 단어를 더 많이 사용하고, 열린 질문을 더 자주 하며, 인과관계에 대한 설명을 더 많이 한다는 흥미로운 결과들을 밝혀냈습니다. 영국의 바히쉬타 세스나Vahishta Sethna 박사의 연구팀은 128명의 아빠가 2세 아이들에게 책을 읽어 주는 시간을 녹화하고, 책 읽기를 하며 일어나는 상호작용과 아이들의 인지적 발달을 비교해 보았습니다.[9] 책 읽는 시간 동안 차분하면서 아이에게 민감하게 반응하는 아빠와 상호작용한 아이들은 주의력, 문제 해결 능력, 언어 및 사회적 능력 등의 전반적 인지 발달에서 우수함을 보였어요. 세스나 박사는 한 인터뷰에서 이렇게 이야기했습니다. "아빠가 아이들과 아주 어렸을 때부터 긍정적으로 상호작용할 수 있도록 도와주는 것이 중요해요. 특히 긍정적인 정서를 교감하고, 책을 함께 읽으며 인지 발달을 도와줄 수 있도록 아빠와 아이의 책 읽기에 대한 교육을 해야 합니다."

저는 "엄마는 책을 이렇게 읽고, 아빠는 책을 이렇게 읽어요"라고 결론을 짓고 싶지는 않습니다. 연구 결과들은 경향성을 설명할 뿐 우리 집에 온전히 해당되는 이야기는 아닐 수 있으니까요. 아빠가 책을 읽어 주는 것이 엄마가 읽어 주는 것보다 뇌 발달에 월등히 좋다고 주장하는 것도 아닙니다. 이 연구들에서 우리가 배워야 할 점은 더 간단하고도 분명한 메시지입니다. 바로 여러 사람이 책을 읽어 주면 좋다는 것이죠.

같은 책이라도 사람마다 다르게 읽습니다. 어떤 사람은 대사를 연기하듯 실감나게 읽는 것을 잘하고, 어떤 사람은 내용을 읽고 감상을 나누는 것을 좋아합니다. 부모의 관심사나 배경지식은 모두 다르기 때문에 같은 그림을 보아도 다른 부분에 관심을 기울이며, 아이가 질문했을 때 설명할 수 있는 영역도 다릅니다. 아이가 왜 비가 내리는지 질문했을 때 수증기가 모여 구름이 되는 과정을 설명하는 사람이 있는가 하면, 구름 속에서 수도꼭지를 틀어 비를 내리는 요정 이야기를 하는 사람도 있지요. 엄마와 아빠가 각자 좋아하는 책도 다를 수 있고요.

로버트 배리의 《커다란 크리스마스 트리가 있었는데》라는 그림책을 아시나요? 윌로우 씨 집에 배달 온 크리스마스 트리가 너무 큰 나머지 윗부분을 잘라 내게 되고, 잘라 낸 부분은 이웃 사람들과 동물들이 가져가 크리스마스 트리 장식을 하며 많은 가족들이 행복한 크리스마스를 보낸다는 내용이지요. 제 남편은 이 책을 읽더니 아이에게 "그래서 물건을 살 때에는 항상 치수를 먼저 재야 한다"고 이야기했답니다. 세상에, 집집마다 크리스마스의 행복이 넘치는 아름다운 내용을 읽고 이런 교훈을 얻었다니 놀랍기도 하고요. 엔지니어인 아빠의 관점이 여실히 담겨 있어 재미있기도 했지요. 할아버지와 할머니, 이모와 삼촌 모두 아이와 만났을 때에는 책을 한 권 읽는 시간을 가져 보면 어떨까요? 아이와 나눌 대화도 다채로워지고, 아이의 뇌도 쑥쑥 자라납니다.

아빠가 독서에 좀 더 참여할 수 있는 방법은 무엇일까요? 스튜디오B에서 책 읽기에 적극 참여하고 있거나, 관심을 갖고 있는 아빠 여덟 분을 모시고 인터뷰를 진행해 보았어요. 책 읽기에 아직 적극적으로 참여하지 않는 분들은 집에서의 시간을 대개 가사 혹은 아이와의 몸놀이로 보내고 있었어요. 아이가 가장 원하는 것이 몸놀이기 때문이기도 하고, 아이는 엄마와 책 읽는 것에 더 익숙해서 아빠가 읽어 주는 책은 재미없다고 하기 때문이기도 해요. 평일에 아이와 시간을 많이 보내지 못하는 아빠는 주말에 주로 나들이나 가족 행사 등을 함께하는 것으로 육아에 참여하게 되죠. 부부가 각자 더 잘하는 일이나 더 좋아하는 일, 아이가 원하는 일을 나누어 담당하는 것은 자연스러운 모습입니다. 특히 아이와 책을 읽는 것을 처음 해 보면 조금 어색한 일일 수도 있기 때문에 아빠가 선뜻 나서지 않게 될 수도 있어요. 공주 이야기를 좋아하는 딸에게 공주 책을 재미있게 읽어 주는 것이 어렵다고 하는 분도 계시더라고요.

아이와 책 읽기에 적극 참여하는 아빠들은 어떤 모습일까요? 한 아빠는 아들이 좋아하는 자연 과학에 대한 책은 자신과 많이 읽는다고 이야기했어요. 직업이 과학 선생님이거든요. 아이의 궁금증을 함께 생각해 보고 답을 찾는 것이 아빠인 자신의 관심사와 잘 맞기 때문에 아이와 책 읽는 시간의 즐거움이 배가 되겠지요. 또 다른 아빠는 자신이 책을 좋아하기 때문에 아이들을 서점에 데리고 가는 것이 즐겁습니다. 아이들과 서점을 자주 가고, 아빠가 책을 고르고 읽는 모습을 보이면서 아이들도 자연스럽게 책을 고르는 기회를 자주 갖게 되었다고 합니다.

비슷한 사례로 아빠가 아이가 읽을 책을 직접 골라서 선물해 준다는 이야기도 있었어요. 아빠가 선물해 준 책을 읽어 준다고 하면 아이가 좀 더 기쁘게 이야기를 듣는다고 해요. 그 중에서도 매일 자기 전 아이에게 책을 읽어 준다고 했던 한 아빠의 이야기가 기억에 남아요. 매일 하는 일이다보니, 어떻게 책을 읽어 주면 아이가 더 재미있어 할지 고민하게 된다고 하네요. 결국 뇌 발달도, 아빠의 책 읽기 실력도 이것이 정답인 것 같아요. 계속 하는 거죠.

아빠의 독서 참여는 책을 읽는 시간 동안 아이와 아빠가 누리는 기쁨을 발견하는 데에서 오는 것 같습니다. 아빠와 아이가 함께 보내는 시간이 한정적이라 몸놀이와 책 읽기 중 하나만 골라야 한다면, 무엇을 고르시든 다 좋습니다. 그저 아이가 책을 통한 뇌 발달의 이점을 많이 누리기 위해서는 가급적 아빠도 참여하시는 것이 더 좋다는 이야기지요. 매일 읽어 주시면 가장 좋고요. 기회가 부족하다면 주말에만 읽어 주셔도 좋아요. 엄마는 잘 읽어 주지 않는 게임 책, 아빠가 더 좋아하는 역사 책만 읽어 주셔도 괜찮습니다. 오히려 아이가 아빠와의 독서 시간을 더 기대하게 됩니다.

대부분 가정에서 엄마가 책을 읽어 주는 사회에서, 책을 읽어 주는 아빠는 아마도 좀 더 특별한 아빠일 거예요. 아이와 더 많은 시간을 보내려고 노력하는 아빠일 것이고, 책 읽기의 소중함을 아이와 함께 누리고자 하는 아빠이겠지요. 한 권이라도 아이가 좋아하는 책을 함께 읽으면 우리 아이와 더 가까워질 거예요. 그것이 가장 중요한 것 아니겠어요?

"말은 잘하는데 읽기가 서툴러요"

부모가 들려주던 이야기를 듣던 아이들은 점차 크면서 스스로 글자를 읽기 시작합니다. 읽고 쓰기는 참 신비로운 뇌의 능력입니다. 아이들은 읽기 전에 듣고, 쓰기 전에 말합니다. 읽기와 쓰기는 대개 아이가 말로 의사소통을 할 수 있게 되고도 한참 뒤에 나타납니다. 읽기는 왜 듣기보다 어려울까요?

읽기를 배우는 데에 더 오랜 시간이 걸리는 결정적 이유는 우리가 읽기를 위한 뇌 영역을 갖고 태어나지 않았기 때문입니다. 우리가 하는 여러 행동들은 원래 타고난 능력과 그렇지 않은 능력으로 나누어 볼 수 있습니다. 말은 타고난 능력입니다. 자연스럽게 주변 사람들이 말하는 것을 들으며 자라다 보면 어느 날 말귀를 알아듣고, 말문이 트입니다. 말하기 학원을 다니거나 학습 교재로 공부하지 않아도 비슷한 나이에 비슷한 과정을 거쳐 말을 하게 됩니다. 어느 문화권에 살아도 그렇습니다. 마치 직립보행처럼요. 반면에 글은 인간의 발명품입니다. 원래부터 있던 것이 아니지요. 그렇기 때문에 가만히 놔두어도 저절로 글을 읽게 되진 않습니다. 문자를 학습하고, 읽기를 훈련해야 가능해집니다.

뇌에서 언어를 담당하는 영역들을 살펴보면 이 이야기가 좀더 확실하게 이해됩니다. 음성 언어를 만들어 내고, 이해하는 과정에는 여러 뇌 영역들이 참여하지만 가장 중심적인 역할을 하는 두 영역을 빼놓을 수 없습니다. 바로 브로카 영역 Brocca과 베르니케 영역 Wernicke이에요.

브로카 영역은 전두엽의 일부분으로 주로 좌뇌에 있습니다. 브로카 영역은 말을 만들고 직접 말을 하는 기능을 담당하고 있는 것으로 알려져 있습니다. 최신 연구들에서는 언어 이해에도 참여한다고 하고요. 음성 언어뿐만 아니라 손으로 의미를 나타내는 제스처를 취할 때도 활성화됩니다. 이 영역이 손상되면 언어의 이해보다는 음성 언어 표현에 어려움을 겪게 됩니다. "엄마가 나를 가게에 운전해서 데려다 주었다"라고 말하기 위해 "가게, 엄마, 엄마 운전"이라고 이야기하는 식이지요.

문법에 맞는 문장을 구사하기 힘들고, 간단한 단어만 사용하거나 본래의 단어와 다른 말들을 조합해 의사소통을 하기도 합니다. 브로카 실어증, 혹은 운동성 실어증이라고 부릅니다. 말하는 것이 어려움에도 불구하고 말을 이해하는 데에 큰 문제가 없고, 다른 지적 능력에는 손상을 입지 않은 환자들을 관찰하면서 브로카 영역이 뇌의 핵심적인 언어 생성 영역임이 밝혀졌습니다.

베르니케 영역은 좌뇌의 측두엽에 위치하는 영역으로 언어를 이해하는 역할을 합니다. 청각 정보와 시각 정보를 분석하고 이해하는 기능에 꼭 필요한 영역으로, 의미가 없는 소음을 들으면 일차 청각 영역이 활성화되지만, 의미가 있는 말을 들으면 베르니케 영역이 활성화됩니다. 이 영역에 손상이 생기면 문법적으로는 유창하지만 뜻이 없는 말을 반복하게 됩니다. 제대로 된 문장을 말하는 것 같지만 스스로는 자신이 한 말을 이해하지 못하기도 합니다. 이를 베르니케 실어증, 혹은 감각적 실어증이라고 부릅니다. 발화와 이해를 담당하는 뇌 영역이 존재하는 것은 이 능력들이 우리의 뇌가 원래부터 말할 수 있도록 준비되어 있음을 보여 줍니다.

하지만 읽기는 조금 문제가 다릅니다. 읽기 담당의 뇌가 처음부터 정해져 있지 않거든요. 뇌에 읽기 영역이 따로 없다면, 우리는 어떻게 읽는 것이 가능해졌을까요? 진화생물학자들은 인류가 도구를 사용한 것이 200만 년이 넘는 데에 반해 문자를 사용한 것은 아직 5400년 정도밖에 되지 않았기 때문에 뇌가 문자 사용에 최적화될 만큼 진화되지는 않았다고 합니다. 직립보행할 때 쓰라고 있는 발을 자동차 페달을 밟는 데에 사용하듯, 우리는 원래 가지고 있는 뇌의 영역을 활용해 글자를 읽습니다. 이러한 과정을 '신경 재활용'이라고 부릅니다. 재활용의 대상은 '문자 상자'라고 불리는 시각 단어 형태 영역Visual Word Form Area 입니다.

우리가 읽기를 터득하는 것은 바로 이 시각 단어 형태 영역이 문자라는 특별한 종류의 시각 자극에 더 민감하게 반응하도록 훈련되는 과정에서 시작됩니다. 훈련을 거친 시각 단어 형태 영역은 타이어의 동그라미와 이응의 동그라미가 서로 다르다는 것을 알게 됩니다. 문자와 문자가 아닌 것을 구분하는 심사 위원 역할을 하게 되지요. 처음에는 이 일에 익숙치 않습니다. 기역과 니은을 헷갈릴 수도 있고요. 하지만 열심히 연습을 하다 보면 글씨의 색깔, 크기, 글씨체 등이 바뀌어도 능숙하게 읽어 냅니다.

글자 인식을 담당하는 영역이 생겼다고 해서 아이가 어려운 글을 술술 읽고 이해할 수 있게 되는 것은 아닙니다. 글을 읽고 이해하는 과정은 보다 많은 뇌 영역들이 합심해서 일해야 하거든요. 한 영역이 일하는 것이 아니라 여러 영역이 연결되어 신호를 주고받으며 일하기 때문에 함께 일하는 뇌 영역들을 팀으로 묶어 '읽기 네트워크'라고 부릅니다. 이 네트워크에는 참여하는 뇌 영역들은 크게 둘로 구분할 수 있습니다. 단어를 소리로 읽어 내는 역할을 하는 영역들과 단어의 의미를 파악하는 영역들이에요.

전자는 시각 인지 경로Sight Recognition Pathway로 시각 영역에서 시작하여 언어의 이해를 담당하는 측두엽 쪽으로 신호를 전달합니다. '독수리'라는 글자를 읽으면 뇌가 그것을 독수리라는 '소리'로 변환하는 것이죠. 이 경로의 발달은 비교적 빠르게 진행되어 성인까지 그 수준이 유지됩니다. 또 다른 경로는 판독 경로Decoding Pathway로 전두엽 쪽으로 신호를 전달하며 단어의 의미를 파악하는 역할을 담당합니다. 독수리가 새의 종류이며 맹금류라는 정보를 끄집어내어 글을 이해하도록 하는 것입니다. 독수리라는 말을 처음 듣는다면 뇌에서 사용할 정보가 없어 갸우뚱하게 됩니다. 이 경로는 읽기 능력이 성숙함에 따라 천천히 발달하지요.

능숙하게 읽는 아이가 되는 과정

글자를 읽을 때 아이들의 뇌와 성인들의 뇌를 비교해 보면 시각 인지 경로의 뇌 영역은 초등학생부터 20대 초반 성인까지 비슷한 수준으로 활성화되지만, 의미를 파악하는 판독 경로의 뇌 영역은 성인기로 갈수록 점차 많이 활성화되는 것을 알 수 있어요. 대략 5, 6세 정도가 되면 읽기의 좌반구 편향이 안정화됩니다. 대부분의 사람들은 글자를 읽는 것이 좌뇌에서 주로 이루어지는데, 이 경향성이 자리 잡는 시기라는 의미입니다. 평균적으로 5, 6세 정도가 되어야 글자를 처리하는 것이 수월해진다는 것이죠. 글의 내용을 빠르게 이해하는 것은 더 오랜 시간이 걸리고요. 그래서 일부 국가와 교육 전문가 들은 5세 미만의 아이들에게 문자 교육을 하지 않도록 권장합니다. 뇌가 준비되지 않은 상태의 문자 교육은 아무래도 아이들에게 더 큰 어려움이 되기 때문이에요.

영국이 4세, 미국이 5세부터 공교육을 시작하는 반면 독일, 이란 등은 6세부터 시작합니다. 한국도 정책상으로는 6세부터 교육이 시작되지만, 아이들은 그 이전부터 읽기 교육을 받는 경우가 많지요. 핀란드는 다른 서양 국가들보다 1, 2년 늦은 7세부터 학교 생활이 시작되지만 읽기 능력 검사에서는 뒤지지 않습니다. 핀란드의 유치원은 학업의 측면을 제외하고 놀이로 시간을 채우지만, 15세를 기준으로 영국과 미국보다 읽기 능력 평가에서 좋은 점수를 거두었다고 합니다. 아이의 뇌 발달은 모두 속도가 다르기 때문에 조금 일찍부터 글자를 읽을 수 있는 아이도 있겠지만, 언제가 되었든 아이의 뇌가 준비가 되었을 때 시작하는 것이 글자를 더 쉽고 즐겁게 배울 수 있습니다.

아이가 읽을 준비가 되었다는 것은 어디에서 알 수 있을까요? 아이가 글자를 읽는 것은 세상의 다양한 시각 정보 속에서 글자라는 특별한 정보들을 쏙쏙 뽑아내어 인식하는 데에서 시작됩니다. 우리가 글을 잘 모르는 상태, 혹은 읽어도 어려운 글을 읽을 때 이런 이야기를 하죠? 흰 것은 종이요, 검은 것은 글자로다! 아이의 글자 인식은 딱 이렇게 시작됩니다. 직선과 곡선, 동그라미나 네모 등의 모양을 가진 무언가가 표시되어 있으면 이것은 특별한 것이라는 것을 아는 일에서요. 그것은 가게의 간판이나 아파트의 호수일 수도 있고, 책 표지의 제목일 수도 있어요. 스마트폰에 작은 무언가가 구불구불 표시되어 있으면 다른 사람이 보낸 메시지라는 것을 알게 되고, 새 장난감을 사면 설명서에 잔뜩 적힌 검정색들을 읽어서 조립해야 한다는 것도 알게 되고요.

이 시기의 아이는 어른들이 보는 책을 거꾸로 들고 읽는 흉내를 내기도 하고, 자주 읽어서 내용을 외운 그림책을 넘기며 주인공의 대사를 연기하기도 합니다. 읽는 행위를 알고 있는 것이죠. 혹은 종이에 구불구불 지렁이를 그려서 엄마, 아빠에게 편지라며 건네 주기도 합니다. 문자로 의사소통하려는 시도입니다.

기호의 세계를 알게 되면 아이는 특정 모양이 의미를 담는 것에 익숙해집니다. 초록색 십자 모양은 병원을 의미한다거나, 횡단보 도에서는 초록불에 건너야 한다는 것 등을 알아 가지요. 이렇게 기 호를 통해 의미를 전달하는 이치를 이해하는 것이 글자 학습에 중 요한 시작입니다. 그 다음에는 글자에는 소리와 의미가 연결되어 있다는 것을 깨닫습니다.

우선은 언어의 소리를 구분해 내는 능력, 음운론적 인식이 필요 해요. 예를 들어 가지라는 단어는 '가'와 '지'라는 두 개의 소리가 더해졌다는 것, 가지의 '가'는 가오리의 '가'와 같은 소리가 난다는 것 등을 알게 되는 것이죠. 이 일을 할 수 있어야 '가'라는 글자에 딱 맞는 소리를 짝지어 생각할 수 있게 됩니다. 'ㄱ + ㅏ =가'라는 것 을 알고, 다음은 '가 + 지 = 가지'라는 것을 알게 되면 비로소 '가지' 라는 단어를 읽을 수 있습니다. 대개 아이들은 자신에게 의미 있는 말을 먼저 알아보기 시작합니다. 자주 읽는 책 제목의 첫 글자를 알아보거나, 자기 이름, 엄마, 아빠, 우리 집의 호수 등을 먼저 기억하고 따라 쓰기 시작하는 것이 흔합니다.

다음 관문이 남아 있죠? 읽은 말의 뜻을 알아야 합니다. 가지가 채소의 이름인지, 나뭇가지를 의미하는 것인지 구분할 수도 있어야 하고요. 읽기 네트워크가 소리를 읽는 루트와 의미를 파악하는 루트로 분리되어 있는 것과 일맥상통하지요. 문자의 형태를 보고 소리로 읽어 내고, 그 의미를 파악하는 두 가지 루트를 통해 뇌는 단어를 읽게 됩니다. 단어를 하나씩 읽는 능력만으로 책을 읽기는 아직 좀 부족하지요. 단어가 연결되어 문장이 되고, 문장이 모여 긴 글이 되면 조금 더 깊은 이해를 필요로 합니다. 점점 더 길고 복잡한 글을 이해하기 위해서는 수년간의 연습과 배경 지식이 필요합니다.

초등학생 아이를 한 명 생각해 볼까요? 아이는 이제 친구와 대화를 하거나, 계단을 걸어 올라가거나, 밥을 먹는 것은 아주 자연스럽고 능숙하게, 의식하지 않고 할 수 있습니다. 쉬운 내용의 그림책은 이제 술술 읽습니다. 동시를 외기도 하고, 받아쓰기도 문제없고요. 하지만 교과서는 어떤가요? 교과서는 새로운 개념을 알려 주기 위해 만든 책이기 때문에 늘 모르는 단어가 나옵니다. 과학 교과서에 나오는 용어나 이론을 이해하는 것은 여유롭게 할 수 없는 일입니다. 모르는 어휘의 의미를 배우고, 예시를 읽으며 이해하고, 자신의 삶에 적용되는 부분을 충분히 생각해 본 뒤에야 비로소 편안하게 읽을 수 있게 되지요. 지금까지 배운 지식이 이 과정을 돕습니다. 2, 3학년 교과서를 충실히 이해한 아이는 4학년 교과서를 이해하는 것이 보다 쉽습니다. 아이는 이제 여러 개념을 서로 연결하는 정교한 사고가 가능하고, 글 속의 깊은 의미를 해독하게 됩니다. 기존의 지식을 이용해 책을 읽고 나면 다시 지식 체계가 확장되는 선순환이 시작됩니다.

이 말은 반대로 많은 지식이 없는 상태에서 책을 읽는 것은 그만큼 어려움을 겪을 수 있다는 것을 뜻합니다. 여기서의 지식은 어휘를 뜻할 수도 있고, 책에서 독자가 당연히 알 것이라고 가정하여 일일이 설명해 주지 않는 배경 지식이 될 수도 있고, 책의 내용에 대해 비판적으로 사고하는 데에 필요한 재료와 능력일 수도 있습니다. 매리언 울프는 《다시, 책으로》에서 이렇게 이야기했습니다. 폭넓게 그리고 제대로 독서를 해 온 독자들이라면 새로운 글을 이해하는 데에 적용할 많은 자원을 갖고 있지만, 배경 지식이 없는 독자는 주어진 정보를 추론하고, 분석하는 데에 사용할 자원이 없기 때문에 가짜 뉴스 같은 확인되지 않은 정보의 희생양이 될 수밖에 없다고 말이에요. 충분한 배경 지식이 없다면 새로운 책을 이해하는 데에 걸림돌이 되고, 결국은 자신이 아는 세상에서 벗어나지 못하게 됩니다. 요즘처럼 출처가 확인되지 않은 수많은 정보가 쏟아져 나오는 시대에는 더더욱 그렇습니다. 이 여정을 쉼없이 걸으며 꼬마 독자는 점차 능숙한 독자가 될 것입니다.

"책을 읽으면 공감 능력이 좋아지나요?"

글자를 읽는 것 외에도 책에는 사람이 살아가는 데에 꼭 필요한 능력이 담겨 있습니다. 다른 사람의 생각을 이해하고, 감정을 공감하는 능력입니다. 피아제 Jean Piaget는 어린아이들은 '자기 중심적'이라고 이야기했습니다. 이기적이라는 말이 아니라 다른 사람의 관점을 이해하기 어렵다는 뜻이에요. 책은 이야기 속의 주인공이 겪는 일들을 보여 줍니다. 그것은 한 번도 보지 못한, 앞으로도 볼 수 없을 요정이나 영웅의 이야기이기도 하고, 누구나 비슷하게 경험할 법한 유치원에서의 문제이기도 합니다. 악당과 맞서 싸우며 세상을 구하기도 하고, 친구와 장난감을 놓고 다투고 속상해 하다가 다음 날 화해하기도 하죠. 책은 수많은 상황에서 경험할 수 있는 감정, 생각, 행동 등을 보여 줍니다.

책이 정말 재미있기 위해서는 책의 인물들이 겪는 일을 마치 자신이 겪는 것처럼 느끼는 것이 중요합니다. 이것을 공감이라고 부르죠. 학자마다 공감 능력에 대한 정의는 조금씩 다르고, 시대에 따라서도 조금씩 달라지는데요. 대체적으로 공감은 인지적인 공감과 정서적인 공감으로 나누어 생각합니다. 인지적인 공감은 다른 사람의 생각을 이해하는 것(네 번째 사이클 〈놀이〉에서 이야기한 마음 이론을 생각해 보세요), 정서적인 공감은 다른 사람의 감정과 느낌을 함께 경험하는 것을 말합니다. 학자에 따라 상대의 생각과 감정을 이해하고, 그에 적절한 반응 행동을 하는 것까지 공감 능력에 포함시키기도 합니다. 울고 있는 사람을 보면 왜 울고 있는지, 그리고 어떤 감정을 느끼고 있는지 이해하고 위로를 건네는 행동까지를 공감에 포함시키는 것이죠.

공감은 자신을 상대의 입장에 대입해 생각하는 데에서 시작됩니다. 에모리대학교의 그레고리 번스Gregory Berns 교수의 연구에 따르면 소설을 읽는 동안, 그리고 읽고 난 뒤 며칠 후까지도 독자들의 뇌는 변화를 보입니다.[10] 그 중에 하나는 측두엽, 후두엽, 섬엽 등을 연결하는 중심고랑 주변 좌뇌와 우뇌의 네트워크였습니다. 이 네트워크는 체감각 및 운동에 중요한 역할을 합니다. 연구팀은 독자들이 주인공의 몸에 자신을 대입해 생각하기 때문에 체감각과 운동의 네트워크에 변화를 보였으리라 생각했지요.

번스 교수는 뇌 영상을 촬영하는 동안에는 실제로 책을 읽고 있지 않았는데도 네트워크의 연결성이 증가한 것에 주목했습니다.

책을 읽고 난 다음 날 아침에도, 5일이 지난 뒤에도 이 효과가 지속되었거든요. 물론 이러한 뇌의 변화가 얼마나 오래 영향을 끼치는지는 이 실험만으로는 알기 어렵습니다. 하지만《피터팬》의 주인공들이 하늘을 날고, 앨리스가 나무 굴 아래로 떨어질 때에는 아이의 뇌도 함께 날아가고, 뚝 떨어지며 짜릿할 거예요. 기억에 길이 남을 멋진 책을 만난다면 아마도 아이의 뇌는 더 큰 변화를 겪지 않을까요?

책을 읽으며 주인공의 입장에 이입해 생각해 보고, 줄거리에 따라 정서적 경험을 하는 과정을 반복하다 보면 아이의 공감 능력도 함께 발달합니다. 2013년 하버드대학교 교육대학원의 데이비드 키드David Kidd 교수와 이탈리아 베르가모대학교의 엠마누엘 카스타노Emanuelle Castano 교수의 공동 연구에서는 문학 소설을 읽은 독자들이 비문학 글을 읽은 독자들보다 마음 이론 과제에서 더 좋은 점수를 얻은 것을 발견했습니다.[11] 실험에 참여해 글을 읽었을 뿐인데도 단기적인 효과가 있는 것으로 나타났어요. 정말로 이렇게 짧은 글을 읽는 것만으로도 효과가 있을까요?

3년 뒤 이 연구는 이 같은 결과가 반복되지 않는다는 지적을 받았는데요. 예일대학교 심리학과의 마리아 파네로Maria Panero 박사와 연구진의 연구에서는 단편 소설을 읽은 것으로는 공감 능력이 올라가지 않았고, 독자가 그동안 소설을 많이 읽어 왔는지의 여부가 공감 능력과 관련이 있다고 이야기했어요.[12] 그래서 소설을 읽었기 때문에 공감 능력이 향상된 것이 아니라, 공감 능력이 좋은 사람이 소설에 더 끌리는 것이라는 가능성도 제기합니다. 이후 두 연구진은 서로의 연구를 반박하는 글을 게재하며 관심을 끌기도 했어요. 그 이후의 연구들은 소설의 일부를 잠시 읽고 난 뒤의 효과를 측정하는 것보다는 오랫동안 소설을 읽은 것의 효과를 밝히는 쪽으로 흘러가고 있는 듯해요.

가장 최근 몇년 간의 연구들도 이 부분을 살펴보고 있습니다. 원래 연구를 진행했던 카스타노 교수의 2020년 연구에서는 오랫동안 문학 소설을 많이 읽은 독자들은 사람의 표정에서 감정을 더 정확하게 이해한다는 것을 발견했고요. 2021년에 발표된 위스콘신대학교의 연구에서도 소설을 많이 읽은 사람들은 글에 묘사된 감정을 명확하게 이해하는 능력이 뛰어나고, 전반적인 감정 인식의 능력 또한 좋다는 것을 밝혔습니다. '한 편의 소설이 공감 능력을 높일 수 있다'는 연구 결과보다는 덜 극적으로 보이지만, 그래도 여전히 문학 작품을 접하는 것은 인간의 감정을 이해하는 능력과 연결되어 있는 것 같습니다.

가장 좋아하는 책의 주인공을 떠올려 보세요. 그 책을 읽을 때 느꼈던 것들도요. 서하가 좋아하던 《드래곤 마스터》 시리즈에는 왕이 신하의 의견을 잘 듣지 않고, 무시하는 장면이 나와요. 여덟 살 소년인 주인공은 어른의 의견도 받아들이지 않는 왕에게 자신이 말해 봤자 소용이 없으리라 생각하고 의견을 내지 않습니다. 서하는 이 장면에서 눈물을 글썽일만큼 화를 내었어요. 왕이 "부당하다So Unfair!"고 외쳤지요. 자신은 이런 왕이라면 드래곤 마스터가 된다고 해도 성에 따라가서 살지 않겠다고도 하고요. 주인공과 함께 울고 웃는 경험이야말로 책을 읽는 재미이자, 책을 읽고 얻을 수 있는 선물이기도 합니다.

독일의 베를린프리대학교와 막스프랑크연구소의 공동 연구팀은 에른스트 호프만E.T.A.Hoffmann의 공포 소설《모래 사나이》를 읽는 독자들이 장면별로 느끼는 공포심과 뇌 반응을 비교해 보았습니다.[13] 전두엽, 측두엽 및 전운동피질 등이 공포심과 관련되어 활성화되는 것을 발견했지요. 그 중에서도 측두-두정 접합 부위와 내측전두피질의 활성화는 눈여겨볼 만 합니다. 공감 능력에 필요한 마음 이론 혹은 관점 전환에 중요한 영역이거든요. 특히 측두-두정 접합 부위는 다른 사람의 행동이나 목표를 추론할 때에 참여하기 때문에 줄거리의 이해에 관한 연구에서 자주 등장하는 영역입니다. 공포물의 짜릿함을 느끼려면 이야기 속의 주인공이 겪는 무서운 사건과 이후 주인공의 행동을 예측하고 추론하며 자신의 입장을 이입하는 과정이 필요하다는 뜻으로 해석해 볼 수 있죠. 우리는 인지적 공감과 정서적 공감을 통해 스릴러를 즐길 수 있게 됩니다.

이런 과정을 통해 독서는 생각의 바탕을 바꾸게 됩니다. 책을 읽으면서 간접적으로 겪는 여러 상황들은 나와 다른 상황에 있는 사람들, 혹은 사람이 아닌 존재들의 입장을 이해하는 데에도 도움을 줍니다. 2016년 폴란드의 심리학자와 생물학자들은 한 그룹에는 동물 학대를 모티프로 하는 소설을 읽게 하고, 다른 그룹에는 동물과는 관계 없는 글을 읽게 한 뒤 동물 복지에 대한 태도를 조사했어요.[14] 그러자 동물 학대에 관한 글을 읽은 그룹은 동물 복지 문제에 대해 더 관심을 갖고 염려한다고 응답했지요. 연구자들은 도덕적 신념이나 태도는 논쟁을 통해 변화시키기 어려운 것으로 알려져 있는데 반해, 읽는 이로 하여금 공감하게 하는 소설은 오히려 쉽게 사람들의 태도를 변화시킬 수 있다고 지적했습니다.

《해리 포터》 시리즈를 읽은 청소년과 대학생 독자들 역시 이민자와 난민에 대해 더 공감하는 태도를 보였다고 해요.[15] 연구자들은 독자들이 책에서 마법의 힘이 없는 사람들이 차별을 당하는 것을 읽은 뒤에 어떤 특권을 갖고 있지 않은 사람들이 겪는 일에 대해 더 공감할 수 있게 되었다고 해석했습니다. 그리고 태도의 변화는 공감 행동을 이끌어 낼 수 있지요. 좋은 메시지를 담은 글, 세상에 대해 친절하고 다른 생명을 존중하는 마음을 담은 글을 읽는 것은 우리의 시선을 변화시킬 수 있어요. 하물며 세상에 대해 이제 막 알아 가기 시작하는 단계인 아이들에게는 긍정적인 메시지를 담은 책을 읽는 것이 더 중요하겠지요. 좋은 책을 읽으며 다른 사람의 입장을 이해하는 능력을 키운 아이는 세상을 더 사랑하게 될 거예요.

문해력을 키우는 37가지 열쇠

어떤 능력이든 유전적 요인과 환경적 요인의 상호작용을 통해 자라납니다. 아이들의 문해력도 마찬가지이고요. 가정의 문해 환경은 아이들이 읽고 쓰는 사람으로 자라는 데에 중요한 부분을 차지해요. 문해 환경이라는 말에는 여러 가지가 포함됩니다. 집에서 아이들에게 제공되는 문해력과 관련된 자원, 부모와의 상호작용, 아이들이 경험하는 태도 등 다양한 방식으로 생각해 볼 수 있어요. 아이들이 글자를 읽고 쓰는 활동에 참여하는 것부터 다른 가족들이 읽고 쓰는 모습을 관찰하면서 영향을 받는 것까지 모두 포함됩니다. 책을 읽고 좋아하는 아이로 크도록 도와주는 환경적 요소들을 먼저 점검해 볼까요?

● 책을 쉽고 자주 만나게 해요

당연한 말이지만 책을 읽기 위해서는 책이 필요합니다. 아이의 나이가 어릴수록 집에 보유하고 있는 책, 특히 부모가 골라 준 책을 읽는 비율이 높습니다. 6세에서 17세 학령기 아이들을 대상으로 조사한 결과, 책을 자주 읽는 아이들의 집은 책을 잘 읽지 않는 아이들의 집보다 두 배 가까이 책이 더 많았습니다.

충분한 책이 있어야 한다는 것이 꼭 많은 책을 사야 한다거나, 책이 많을수록 무조건 좋다는 뜻은 아닙니다. 아이가 읽을지도 모를 책을 무작정 많이 살 필요는 없어요. 다만 아이가 여유 시간이 주어졌을 때 책을 읽으려면 곁에 책이 있어야 한다는 것을 의미합니다. 그리고 책이 몇 권 있는가보다 더 중요한 것은 아이가 기꺼이 읽고 싶은 책인가이겠지요.

만약 우리 집에 아이들이 원하면 언제든지 읽을 수 있는 책이 다수 있다면 그것은 어쩌면 특권인지도 모릅니다. 모든 가정에 충분한 책이 있지는 않습니다. 얼마나 많은 책을 갖고 있는지는 가정 소득과도 비례합니다. 미국을 기준으로 1년에 10만 달러 이상의 소득이 있는 가정은 3만 5000달러 이하의 소득이 있는 가정보다 거의 두 배의 책을 소유합니다. 어떤 이유에서든 집 안에 책이 많이 없다면, 책을 접하는 가장 좋은 방법은 주기적으로 도서관을 방문하는 것입니다. 도서관은 아이들에게 다양한 책을 접하고, 스스로 책을 고를 수 있는 기회가 되기 때문에 중요합니다.

많은 설문 조사와 통계 자료에서 아이들은 나이가 들수록 읽기에 흥미를 잃는 것으로 밝혀졌습니다. 중고등학생들은 미취학 아이들만큼 책을 좋아하지 않습니다. 주요 이유 중 하나로 아이들이 클수록 아이도, 부모도 아이가 좋아하는 책을 찾기가 어렵다는 것을 꼽습니다. 아이가 읽기에 좋은 책, 아이가 좋아할 만한 책이 주변에 있나요? 적극적으로 책을 찾을 수 있는 기회가 있나요? 주기적으로 우리 집의 책들을 둘러보고 혹시 아이가 최근에 관심 있는 것을 반영하고 있는지, 재미있게 읽을 만한 책들이 마련되어 있는지 점검해 보세요.

◉ 책 읽는 시간이 필요해요

책이 주어졌다면 그 다음으로 필요한 것은 책 읽는 시간입니다. 이 책에서 강조하듯 시간은 곧 경험이고 경험이 곧 발달이니까요. 다른 활동들로 하루를 다 채우게 되면 책 읽기의 몫이 남지 않는 것이 당연합니다. 2021년 문화체육관광부의 국민독서실태조사 보고서에 따르면 학생들의 책 읽기에 가장 큰 걸림돌은 스마트폰, 텔레비전, 인터넷, 게임이라고 합니다. 그 뒤를 따르는 요인은 교과 공부이고요.

아이들의 두뇌 발달을 위한 24시간 컨설팅을 하면서 여유 시간만 있으면 영상을 보거나 게임만 하려고 하고, 자발적으로 책을 읽거나 놀이는 하지 않는다는 아이들을 종종 만납니다. 그런 아이들에게서 공통적으로 발견할 수 있는 것은 여유가 없는 일과표입니다. 글을 읽는 것, 줄거리를 이해하고 자신의 상황에 대입해 생각해 보는 것은 뇌가 분주하게 일해야 하는 활동입니다. 바쁘고 지친 아이는 그것이 쉽지 않습니다. 하루 종일 가사, 육아, 회사 일 등에 치이다가 밤늦게 아이를 재우고 시간이 남았을 때를 생각해 보세요. 뇌과학 육아서는 읽을 수 없을 거예요. 소파에 누워 밀린 드라마를 보거나, 침대에 누웠지만 잠들기 아까워 스마트폰을 스크롤하다가 잠들지 않나요? 아이들도 마찬가지입니다. 머리가 맑고 몸이 피로하지 않은 시간이 많이 주어져야 비로소 책을 선택합니다. 아이들이 어릴 때에는 아마도 좀 더 자유로울 수 있을 거예요. 아직 스마트폰이나 학원 등에 쏟는 시간이 많지 않을 테니까요.

하지만 여기에는 또 다른 걸림돌이 있습니다. 아직 글을 읽지 못하는 아이들의 책 읽기는 아이의 시간보다는 부모의 시간이 있는지가 더 중요하다는 것이죠. 책 읽기를 최우선순위에 두지 않는다면 다른 일로 바쁠 때에는 잊어버리기 십상입니다. 누군가는 하루에 다섯 권씩 읽으라고 하고, 누군가는 적어도 30분은 읽어야 한다고 이야기합니다. 하지만 그것이 언제나 쉽지는 않습니다. 다만 짧은 시간이라도 내는 것이 중요합니다. 하루에 한 권을 읽는다면 3년이면 1000권 넘게 읽게 됩니다. 아이가 하루에 10분만 읽어도 1년이면 60시간이죠? 매일 읽으면 좋겠지만 일주일에 다섯 번, 세 번만 읽어도 어쨌거나 독서 경험은 쌓입니다. 작은 시간을 도려내어 책 읽어 주기에 사용하세요.

◉ 부모의 문해력도 중요해요

아주 간단한 원리입니다. 읽는 부모는 읽는 아이를 만듭니다. 스콜라스틱 에듀케이션Scholastic Education의 학장이자 전직 교사인 마이클 해건Michael Haggen은 "아이가 자신의 주변 사람들이 책 읽기를 중요하게 생각한다는 것을 깨닫는 것"이 위대한 문해 환경을 만드는 데에 중요한 요소라고 이야기했습니다. 부모가 재미로 책을 읽는 사람인 경우 아이들에게 더 많은 책을 읽어 주고, 아이들 역시 재미로 책을 읽게 될 확률이 높다고 합니다.

한 연구에서는 엄마가 얼마나 자주 책을 읽어 주는지와 함께 엄마가 아이들의 책에 대해 얼마나 잘 알고 있는지, 엄마의 그림책에 대한 지식을 함께 조사해 보았는데요. 책을 자주 읽어 줄수록 아이들의 언어 능력에 도움을 주고, 엄마가 그림책에 대한 지식이 많을수록 아이의 공감 능력과 사회정서적 발달에 긍정적인 영향을 미친다는 것을 발견했어요. 책에 대해 잘 알고 있는 엄마는 아이들에게 주인공의 성격이나 인물들의 관계, 담고 있는 메시지 등이 훌륭한 책을 고르고, 이 책들은 아이들에게 정서적으로 좋은 자극을 주고, 사회에 대한 좋은 가르침을 남길 것이라고 해석했습니다. 아쉽게도 아빠는 이 연구에 포함되지 않았네요.

이 연구에서는 아동문학 전문가 10명의 책 고르는 기준과 엄마들의 기준을 비교했는데요. 전문가들과 '책을 잘 아는 엄마'들 모두 아이들의 선호와 흥미를 중요한 기준으로 삼았습니다. 즉 부모가 책에 대한 지식을 바탕으로 아이들이 흥미 있는 책들을 마련하여 자연스럽게 독서가가 될 수 있는 환경을 조성할 수 있는 것이죠. 한국의 국민독서실태조사에 따르면 성인의 절반 이상이 1년에 한 권도 읽지 않습니다. 아이들은 주변 어른들, 특히 나를 사랑해 주고 돌보아 주는 어른들의 모습을 보며 세상을 배웁니다. 부모의 책 읽는 모습을 보는 것부터 독서 교육이 시작됩니다.

책 좋아하는 아이로 키우는 5가지 원리

    책 읽는 아이를 위해 필요한 독서 환경 요인들을 점검해 보았습니다. 이렇게 기본적인 요소들이 갖추어졌다면 그 다음엔 무엇을 하면 될까요? 이 다음부터는 사실 개인의 영역이 아닐까 합니다. 엄마나 아빠가 매일 읽어 주는 책도 좋고, 도서관이나 학교의 독서 프로그램도 좋습니다. 아이가 또래와 함께 읽고 이야기할 수 있는 북클럽도 좋고요. 아이마다 좋아하는 책이나 읽을 수 있는 책의 수준도 다르기 때문에 '네 살에는 이렇게 독서를 해야 한다'고 결론을 짓는 것은 어렵습니다. 여기서 내릴 수 있는 결론이라면 아이가 좋아하는 책을 즐겁게 읽으면 된다는 정도이지요.

    하지만 이론적인 이야기만 하고 마치면 아쉬우니, 아이들과 시도해 볼 수 있는 책 읽기 방법을 몇 가지 이야기해 볼까 합니다. 저희 집에는 두 명의 작은 독서가들이 살고 있습니다. 서하는 아침에 눈을 뜨자마자 책을 읽고, 밤에 자기 직전까지 책을 놓지 않습니다. 시간과 공간을 넘나드는 모험 이야기와 과학 정보를 담은 지식책을 좋아하고, 만화책도 즐겨 읽습니다. 유하는 마법의 동물이나 요정, 유령과 마녀, 뱀파이어 등이 등장하는 판타지 소설을 좋아합니다. 장래 희망 중 하나가 수의사이기 때문에 고양이나 강아지가 주인공인 그림책은 물론 동물의 특성이나 동물을 돌보는 방법에 대해 배울 수 있는 책들도 좋아합니다.

다음의 방법들은 저희 아이들이 태어나서 지금까지 책과 친해지고 작은 독서가로 자라는 동안의 과정을 정리한 것입니다. 사적이고 평범한 방법이지만 그래서 많은 가정과 닮아 있으리라 생각합니다. 한 가족이 책을 가까이 하며 사는 모습을 엿보며 아이들과 어떻게 책을 읽으면 좋을지 아이디어를 얻으시길 바랍니다.

◉ 0세부터 시작할 수 있을까?

서하에게는 생후 2개월부터 책을 읽어 주었어요. 엄마가 되기 전에는 그림책에 큰 관심이 없었기에 온라인 서점 사이트에서 베스트셀러로 꼽히는 책을 무작위로 샀습니다. 그렇게 고른 아이의 첫 책은 다다 히로시의 《사과가 쿵》과 백희나의 《장수탕 선녀님》이었습니다. 친구에게 선물받은 헝겊책도 있었고요. 아이가 태어나고 첫 한 달은 거의 자고 있기 때문에 다른 무언가를 함께할 시간이 없었지만 2개월쯤 되고 나니 아이가 눈을 뜨고 있는 시간이 점점 늘어나더라고요.

어려서부터 눈을 맞추고 말을 걸어 주면 좋다는 것은 알고 있었지만, 누워만 있는 아이랑 무슨 말을 하라는 건지 알 수가 없었죠. 그래서 아이와 나란히 누워 미리 사 두었던 책을 펴 보았어요. 《사과가 쿵》은 한 페이지에 한 줄 정도의 글만 있기 때문에 그것을 읽는 것조차 매우 어색했어요. 한 줄씩 읽고 넘기면 1분 만에 책이 끝나 버리니까요. 그래서 나비가 나오면 〈나비야〉 노래를 부르고, 악어가 나오면 〈악어 떼〉 노래를 불렀습니다. '냠냠'이라는 글자가 나오는 장면에서는 아이의 배를 간질여 주기도 하고요.

아이의 뇌 발달을 위해 필요한 자극을 쏙쏙 골라 주었다는 이야기는 아닙니다. 그저 둘이 시간은 보내야 하는데, 갓난아기에게 딱히 할 말이 없어서 그랬습니다. 아이는 처음부터 끝까지 그림과 엄마의 쇼를 구경하는 날도 있고, 한두 장을 보다가 칭얼대는 날도 있었지만 그런대로 즐거워했습니다. 여러 번 책을 반복해서 보자 이제는 책을 꺼내어 가져오면 팔다리를 버둥대며 반겼습니다. 《장수탕 선녀님》의 할머니 얼굴을 보면 "어어, 쿠어어" 하며 옹알이를 하기도 했죠. 두 권만 계속 반복하자니 제가 지겨워졌습니다. 책을 몇 권 더 주문해 열 권 이하의 책들을 계속 돌아가며 읽었습니다.

아이가 기어다니기 시작하자 "책 읽어 줄까?"라는 말을 알아듣기 시작했습니다. 책을 뽑아 들고 "이거 읽어 줄까?" 하면 아이가 방긋 웃으며 기어 왔지요. 돌이 되기 전부터는 자신이 좋아하는 책을 골라 읽어 달라고 요구하게 되었습니다. 바닥에 놓여 있는 책을 손바닥을 두드리거나 책꽂이에서 책을 빼서 바닥에 던지며 "웅! 웅!"하고 엄마를 부릅니다. 다가가서 책을 들고 다시 "읽어 줄까?" 물어보면 무릎 위에 냉큼 앉습니다. 작은 독서가가 탄생했습니다.

◐ 책과 특별한 관계를 맺어요

어려서부터 책을 읽어 주면 언어 능력, 인지 능력 발달에 도움이 되고, 이후의 학업 성취로도 연결되는 것은 사실입니다. 하지만 말을 빨리 하기 위해, 공부를 잘하기 위해 책을 읽어야 하는 것은 아닙니다. 아이와 즐겁게 시간을 보내기 위해 책을 읽어 주는 것이고, 자신의 삶을 풍요롭게 가꾸기 위해 책을 읽는 것입니다. 그렇게 바라본다면 아이가 한 권의 책을 반복해서 읽거나 부모가 보기에 글자 수가 적거나 내용이 짧아 너무 쉬워 보이는 책을 읽는 것을 만류해야 할 필요가 없습니다.

아이의 독서 능력은 대개 자신의 정신을 홀딱 빼앗는 운명 같은 책을 만났을 때 저절로 상승합니다. 서하에게는 《드래곤 마스터》 시리즈와 《누가 이길까?》 시리즈가 그러했고, 유하에게는 《복면 공주》와 《마법의 시간여행》 시리즈가 그 역할을 했습니다. 그림책만 읽던 아이들이 좀 더 글자가 많은 책으로 도약하는 계기가 되었지요.

둘째 유하는 자신만의 책을 가져 본 적이 별로 없습니다. 첫째를 키우며 모아 온 어린아이들을 위한 책이 이미 집에 많았으니까요. 그러던 어느 해 생일 선물로 《복면 공주》 시리즈를 선물받게 됩니다. 너무도 소중한 나머지 이 책들은 책꽂이에 꽂지 않고 자신만의 공간인 장난감 부엌의 찬장에 꼭꼭 숨겨 두었답니다. 한동안 오빠는 못 읽게 하고 말이에요. 평소 읽던 책들보다 긴 글이었는데도 읽고 또 읽었습니다. 공주 드레스를 입었다가 복면을 쓰고 변신하는 놀이도 무한 반복했습니다.

아이가 인형이나 로봇 장난감을 좋아하듯, 책과도 특별한 관계를 맺을 수 있도록 해 주세요. 책이 소중한 존재가 될 수 있도록 특별한 날에는 책을 선물합니다. 생일과 크리스마스에는 꼭 책을 선물하고, 방학식 날에는 아이가 좋아하는 책을 선물해 방학을 축하해 줍니다. 여유 시간이 늘어났으니 책을 더 많이 읽을 수 있으니까요.

● 책과 삶을 연결해요

크리스마스가 다가오면 《북극으로 가는 기차The Train Rolls On To The North Pole》나 《산타클로스 생쥐Santa Mouse》 같은 책을 읽어요. 아이들이 학교에 입학할 때에는 《유치원의 왕The King of Kindergarten》을 읽으며 낯선 세상에 나아가는 것을 응원하고, 설날에는 《연이네

설맞이》를 읽으며 아이들이 체험해 보지 못한 한국의 명절 풍속에 대해 알려 줍니다. 세배도 가르쳐 주고, 떡국도 함께 먹으면서 말이에요. 한국에서 고수동굴에 다녀온 뒤에는 동굴의 종류에 대한 책을 읽고, 요세미티 국립공원을 여행할 때에는 미국의 국립공원에 대한 책을 읽습니다.

아이들이 책과 삶이 가까이 연결되어 있다고 느낀다면 저절로 책에 대한 재미와 효용을 깨달을 수 있다고 생각해요. 아이들이 경험한 것은 다시 책을 읽으며 상상하는 재료로 쓰일 수도 있고요. 눈이 오지 않는 지역에 사는 아이들에게 아무리 눈사람이나 눈이 쌓인 산에 대한 책을 읽어 준들 직접 눈을 보는 것만 못하지 않겠어요? 함박눈이 쏟아지는 것을 본 다음에 다시 책을 읽는다면 볼에 와서 닿던 차갑고 사뿐한 감촉이 떠오를 거예요. 책과 삶을 연결하는 것은 아주 어려서부터 할 수 있어요. 아이에게 처음 사과를 갈아 먹이는 날에는 꼭 사과가 등장하는 그림책을 읽어 줘 보세요. 두고두고 이야깃거리가 될 거예요.

◉ 아이의 속도를 기다려요

오랫동안 많은 사람들이 읽는 책들이 있습니다. 작가를 알 수조차 없는 전래 동화도 있고, 세기를 넘어 사랑받는 명작들도 있고요. 출간되자마자 전 세계 아이들이 열광하는 책들도 있지요. 이런 책들은 많은 사람들에게 검증을 받았으니 아마 우리 아이들도 좋아할 가능성이 높을 거예요. 하지만 언제나 개인의 취향이 존재하는 법입니다. 서하가 초등학교 2학년을 마칠 무렵 로알드 달의 책 세트를 구입했습니다. 또래 아이들이 재미있어 한다고도 하고, 제가 어렸을 때 재미있게 읽은 책도 몇 권 들어 있어서 기대를 품었지요. 하지만 서하는 오래되어 보이는 글자체와 그림을 보고는 마음에 들지 않는다며 읽지 않았습니다.

몇 달이 지난 뒤에 가장 얇은 책으로 하나 골라 엄마가 읽어 주었습니다. 하루에 두 챕터씩, 이야기도 주고 받으며 약 10분 정도만 읽습니다. 이틀쯤 읽고 나니 재미있다며 다음이 궁금해서 마저 후루룩 읽어 버렸습니다. 그러고도 엄마와 계속 같이 읽겠다고 해서 끝까지 읽어 주었지요. 하지만 또 다른 책을 꺼내어 읽지는 않더라고요. 어느 날 저녁에는 간만에 로알드 달의 《요술 손가락》을 읽었습니다. 3분의 1쯤 지나자 자신도 읽고 싶다며 한 문단씩 번갈아 읽자고 하고요. 반을 읽고 책을 덮었더니 "먼저 다 읽어도 돼요?" 하고는 자기 전까지 다 읽어 버립니다. "엄마! 로알드 달 재미있어. 내일 또 다른 책 읽을까?" 하면서요.

다음 날은 세트의 책들 중에 가장 두꺼운 《마틸다》를 읽기로 했습니다. 책 읽기에 대한 강의를 하면 소위 '글밥'이 많은 책을 읽는 법이나 아이가 원치 않는 분야의 책을 읽히는 법에 대한 질문을 항상 받게 됩니다. 그럴 때는 항상 누구나 원하는 책을 택할 권리가 있다는 것, 그리고 누구나 모든 종류의 책을 다 좋아하지 않는다는 점을 말씀드립니다. 하지만 가끔은 아이가 한발짝 내딛는 것을 주저할 때가 있기도 하죠. 손을 잡고 같이 건너 주세요. 먼저 읽어 보고 재미있는 부분에 대해 일러 주거나, 옆에 앉아 읽어 주어도 됩니다. 흥미가 생긴다면 아마 그 다음 발자국은 스스로 뗄 수 있을 거예요. 그래도 소용이 없다면, 두어 달쯤 기다려 볼까요? 그것도 소용이 없다면 이 책은 인연이 아닌지도 모르지요. 그래도 괜찮습니다.

◉ 마음껏 실패하세요

아이에게 정해진 순서대로 책을 읽히려는 분들도 가끔 만납니다. 나이대별로 꼭 읽어야 할 책들, 혹은 이 시기에 읽지 않으면 안 된다고 하는 책들을 고르려고 하지요. 픽션과 논픽션의 적절한 비율 같은 것을 묻거나, 뇌 발달을 위한 최소한의 독서 시간이 얼마인지, 하루에 몇 권을 읽으면 충분한지를 묻는 분들도 계십니다. 더 어린 나이에 보다 어려운 책을 읽는 것을 목표로 하기도 하고, 학원이나 부모가 정해 주는 책을 읽고 그에 대한 문제를 푸는 숙제를 하는 경우도 많지요.

이런 생각들의 아래에는 뇌 발달에서 '효율'을 추구하는 마음이 있는 것 같아요. 실패하지 않고 딱 맞는 정답만 주어서 아이의 뇌를 빠르게 키우겠다는 마음이요. 아쉽지만 뇌는 그렇게 발달하지 않습니다. 시를 읽는 아이와 공룡이 나오는 과학책을 읽는 아이의 뇌가 다르게 발달하고, 각각의 뇌가 다음 책을 더 잘 즐길 수 있도록 이끌어 줍니다.

유하는 요즘 도서관에서 스스로 책을 찾는 방법을 배우고 있어요. 어느 날 도서관에서 '마법 동물' 책을 찾겠다며 20분 가까이 이런저런 검색어를 입력하다 집에 가야 할 시간이 다가와 결국 포기했어요. 책을 둘러볼 시간이 부족하니, 대충 앞에 놓인 책들 중에 몇 권을 골라 빌려 오게 되었죠. 그 책들 중에 재미난 것을 발견할 수도 있고, 읽었는데 영 재미 없었다면 그 또한 자신의 취향을 더 잘 알 수 있게 되는 좋은 발견입니다. 30분간 재미있는 책을 읽는 것도 좋지만 자신이 원하는 책을 찾지 못하는 괴로움을 견디는 것도 뇌 발달의 양분이 됩니다. 조용히 세 권을 읽을 수도 있고, 언니와 동생이 웃긴 장면을 두고 낄낄대며 책을 절반씩 읽을 수도 있습니다. 앉아서 읽을 수도 있고, 누워서 뒹굴며 읽을 수도 있지요. 아이들은 자유로울 때 책을 더 즐길 수 있답니다. 여유롭게 실패하세요.

Q. 아이가 어려서 책을 끝까지 보지 않는데 괜찮을까요?

A. 네, 괜찮습니다. 아이들은 책이라는 물건 자체를 배우는 중입니다. 무엇에 쓰는 물건인지, 그리고 어떻게 쓰는 물건인지 탐색하는 시간이 필요하지요. 책을 휙휙 넘기는 것이 재미있을 수도 있고, 특정 페이지의 그림만을 좋아해 그것만 보려고 할 수도 있습니다. 돌 전의 아이들이라면 책을 맛보는 것부터 시작할지도 몰라요. 아이들은 표지의 제목부터 시작해 마지막 페이지까지 읽고 책을 덮는다는 것을 이해하는 데에는 어느 정도 시간이 걸립니다. 그래도 끝까지 책을 읽어 주고 싶다면, 아이의 흥미가 지속되는 동안에 끝나는 짧은 책에서 시작하세요. 적혀 있는 글자를 반드시 다 읽겠다는 생각보다는 아이가 어디를 바라보는지 관찰하며 그림에 대해 이야기해 주는 것부터 하시면 됩니다. 노래로 부를 수 있는 책

이나, 의성어, 의태어로 표현되어 있는 책이라면 아이들이 좀 더 관심을 가질 수도 있습니다. 그런데 말이죠. 솔직히 말하면 저도 끝까지 읽지 않는 책이 수두룩합니다.

Q. 글을 읽으면 창의력이 떨어지지 않나요?

A. 간혹 "글 읽기가 아이들의 창의력이나 다른 능력을 제한하게 될까요?" 라는 질문을 받습니다. 글을 빨리 읽으면 그림책의 그림은 보지 않고, 글자만 읽을 것 같다는 걱정을 듣기도 하고요. 이런 우려가 어디에서 나오는지는 조금 알 것 같아요. 만약 네 살 아이에게 '가나다'를 가르치기 위해 억지로 앉혀 두고 학습지를 풀게 한다면 그 아이가 누려야 할 다른 것을 잃는 역효과가 있을 수 있습니다. 읽기를 배울 준비가 되지 않은 아이에게 억지로 시킨다면 말이죠. 그렇다고 해서 글 읽기를 일부러 미루라는 의미는 아니에요. 저는 읽기 능력의 발달이 다른 능력을 저하시킨다는 주장에는 그다지 동의하지 않거든요.

막스프랑크연구소의 연구원이자 언어심리학자인 포크 휴에티그Falk Huettig 교수의 2019년 연구는 읽는 능력을 배우는 것이 오히려 시각적 뇌 영역의 기능을 더 잘 활용할 수 있도록 도와준다는 것을 시사했습니다.[16] 뇌는 얼굴, 집, 도구 등 시각 자극의 주요 카테고리별로 다른 영역에서 담당하도록 구분하는데요. 글을 읽는다고 해서 이 정보들을 처리하는 영역이 줄어들거나 방해받지는 않는다고 해요. 오히려 읽기는 정보 처리 능력을 향상시키고, 다양한 정보에 시각 단어 형태 영역이 함께 참여하여 전반적인 시각 시스템에 긍정적 효과를 줄 수 있다고 보았습니다.

스탠포드대학교의 브라이언 완델Brian Wandell 교수의 연구에서도 아이들의 읽기 능력이 높을수록 이후 좌뇌 백질의 연결성 발달에 긍정적 효과를 보인다고 이야기했습니다.[17] 글 읽기는 복잡한 뇌의 활동이기 때문에 읽기 능력이 좋은 것은 그만큼 뇌가 신호를 잘 주고받는다는 것을 의미합니다. 문자는 정보를 효율적으로 전달하는 수단입니다. 아이가 읽기에 관심을 보인다면 받아들일 수 있는 만큼 배우면 됩니다. 아마도 어렸을 때 배우기 시작하면 이후에 배우기 시작하는 아이들보다 진도가 조금 느릴 수 있습니다. 이 점을 감안하고 아이의 흥미가 닿는 곳 먼저 알려 주세요. 읽고 쓰기가 다른 지적 능력을 방해할까 봐 걱정하는 것보다는 아이들이 새로운 세상을 탐색하고 생각을 확대하는 데에 유용한 도구로 사용하시길 바랍니다.

두뇌 쑥쑥 체크 포인트

인류는 아주 오랜 옛날부터 이야기를 들으며 자라 왔습니다. 이야기를 들으며 아이의 눈에 닿지 않는 세상을 보는 경험을 선물해 주세요. 어릴 때 부모가 책을 읽어 주는 것은 이후 아이의 학습 능력의 기반을 만들어 줄 뿐만 아니라 다른 사람을 이해하고, 더 나은 선택을 하는 힘을 길러 줍니다.

1. 우리 아이가 원할 때 언제든지 책을 접할 수 있나요? 그렇지 않다면 어디에서 책을 구할 수 있는지 생각해 보세요.

    *

    *

2. 우리 아이에게 매일 책을 읽어 주고 있나요?

    *

    *

3. 우리 아이는 자신이 좋아하는 책을 직접 골라서 보고 있나요?

    *

    *

4. 우리 아이는 도서관이나 서점 등을 자주 방문하여 새로운 책을 접할 기회가 있나요?

    *

    *

Cycle 6

디지털 미디어

미디어 습관, 처음부터 똑똑하고 건강하게

우리 아이들은 이제 디지털 미디어와 떨어져 살 수 없습니다. 디지털 미디어는 우리의 삶을 편하게 해 주는 동시에 아이들 스스로 조절하며 사용하기엔 너무 매력적인 물건이기도 하지요. 디지털 미디어가 뇌에 미치는 영향과 적절한 사용 기준, 그리고 아이들에게 꼭 필요한 미디어 조절 습관으로 미래 인재로서의 뇌를 가꾸어 주세요.

디지털 네이티브
부모는 모르는 알파세대 아이의 뇌

현재 어린 아이들을 키우고 있는 부모들은 디지털 네이티브 Digital Native라 불리는 첫 세대입니다. 1980년대 이전에 출생한 세대와 달리 어린 나이부터 인터넷을 사용하기 시작했고, 스마트폰과 함께 젊은 시절을 보냈기 때문에 디지털 미디어를 누구보다 익숙하게 사용하는 세대이죠. 스마트폰은 자연스럽게 육아의 동반자가 되었습니다. 아무 때나 아이에게 영상을 틀어 주고 잠깐의 시간을 벌 수 있죠. 알파세대라 불리는 2010년대 초반 출생 아이들은 태어나면서부터 스마트폰이 있었고, 언제 어디서든 디지털 미디어가 시선이 닿는 곳에 있습니다. 우리의 부모님 세대는 날씨를 확인하기 위해 아침마다 신문과 뉴스에서 일기예보를 확인하셨죠. 저도 어린 시절에 아침마다 뉴스가 틀어져 있던 것이 기억나요.

스마트폰과 함께 살면서 우리는 신문이나 뉴스를 볼 필요가 없어졌습니다. "오늘 날씨는 어때?" 하고 물어보면 기계가 답을 해 주는 세상에서 살고 있기 때문입니다. 카세트 테이프를 틀어 놓고 좋아하는 노래가 나올 차례를 기다리는 두근거림은 이제 "시리, 〈아기 상어〉 틀어 줘!" 하고 외치는 것으로 바뀌었지요. 이 책이 나온 2023년은 챗GPT의 이야기로 세상이 떠들썩했고요. 이제 아이를 기르는 일에는 디지털 시대의 뇌에 대한 이해가 필요합니다.

팬데믹 이후 미디어 이용 시간과 패턴은 급격하게 변화했어요. 아이들의 학교와 성인들의 직장이 모두 온라인 세상으로 들어오게 되었지요. 2020년 3월, 제가 살고 있는 캘리포니아에도 처음으로 재택 명령Shelter-in-Place Order이 내려졌어요. 당시 유치원kindergarten에 다니고 있던 첫째는 학교에 나가지 않게 되었고, 학교에서는 집집마다 태블릿 PC를 보급했습니다. 교육청은 통신사와 협업하여 인터넷 연결이 잘 되지 않는 가정도 수업에 참여할 수 있도록 인터넷 서비스를 지원해 주었고요. 학교에서는 온라인 수업을 시작하고 처음에는 아침에 선생님과 줌Zoom을 통해 조회를 하고, 아이들에게 각자 숙제를 하도록 안내해 주었어요. 책을 읽어 주는 콘텐츠가 있는 유튜브 링크를 알려 주거나, 아이가 과제 종이에 답이나 질문 등을 쓰면 부모가 사진을 찍어 선생님에게 보내도록 했어요. 온라인 수업이라기보다는 집에서 누군가가 선생님을 대신해 아이를 돌보는 형태에 가까웠죠.

재택 명령이 길어질수록 온라인 수업도 진화하기 시작했습니다. 선생님은 여러 대의 카메라를 사용해 자신의 얼굴과 책을 동시에 화면에 보여 주며 아이들과 책 읽기 시간을 마련하기도 하고, 소그룹으로 화상 미팅을 하며 수준별 수학 수업과 읽기 수업을 진행했어요. 아이들은 점점 새로운 수업의 형태에 익숙해져 나중에는 선생님이 없이도 아이들끼리 소그룹 토론을 할 수 있게 되더라고요. 이런 모습을 지켜보면서 아이들의 능력에 놀라움을 금치 못했습니다. 어릴 때 미술 시간에 공상 과학 숙제로 내던 '미래의 모습'이 현실이 되었더군요. 어쩌면 이제는 이런 말조차도 오래전 이야기가 되어 버렸을지도 모르겠네요.

이제 온라인 수업 시기는 지나갔고, 아이들은 다시 학교로 돌아갔습니다. 하지만 한번 시작된 온라인 세상의 경험은 이전으로 돌아가지 않을 것 같아요. 저만 해도 그렇습니다. 스튜디오B를 인스타그램으로 운영하면서 새로운 분들을 계속 만나고, 뇌과학 콘텐츠를 전달하고 있죠. 강의와 컨설팅도 모두 온라인으로 진행하고 있고요. 저는 미국에 있지만 한국 혹은 다른 국가에 있는 사람들과 언제든지 만나 이야기를 나눕니다. "지금 거긴 몇 시에요?"라는 질문으로 대화가 시작되는 것이 익숙합니다. 그러다 보니 노트북과 스마트폰에서 떨어져 살 수가 없게 되었죠.

아이들 역시 온라인 수업을 듣거나 친구와 직접 만나지 않더라도 함께 온라인 게임을 하며 노는 것에 익숙해졌고요. 뇌의 발달은 환경과의 상호작용을 통해 이루어지기 때문에 디지털 미디어는 이것들과 늘 함께 살아가는 우리 아이들의 행동과 발달에 많은 영

향을 미칠 수밖에 없을 거예요. 그런 만큼 부모님들에게도 큰 관심
사이자 고민거리이기도 합니다. 디지털 미디어와 아이의 뇌 발달
은 어떤 관계가 있을까요?

스마트폰, 언제부터 보여 줘야 할까?

우선 아이들이 디지털 미디어를 얼마나 많이 접하고 있는지 짚으면서 시작해 보려고 합니다. 미국의 경우 2세 미만의 아이들은 평균 약 1시간 정도 디지털 미디어를 이용하고, 2세에서 8세 아이들은 하루 2시간 정도 이용한다고 해요. 독일에서도 생후 12개월 이전에 디지털 미디어에 노출되기 시작한 아이들이 45퍼센트로 거의 절반에 가깝다고 보고 되었고요.

한국도 마찬가지예요. 아주대병원의 보고에 따르면, 2세 미만일 때부터 디지털 미디어에 노출되는 경우가 절반이 넘는다고 해요. 2세에서 5세 아이들은 거의 매일 디지털 미디어를 가지고 놀고, 이들의 절반 이상이 하루 1시간 넘게 디지털 미디어를 이용하고 있다고 합니다. 2019년에 발표된 〈한국의 유아 미디어 이용 실태와 행동에 대한 연구〉에서는 5, 6세 유치원 아동의 평균 미디어 이용 시간이 3시간 53분, 주변인의 이용으로 인한 디지털 미디어 노출 시간은 5시간 55분으로 보고된 적도 있습니다.

잠을 자는 시간과 유치원 같은 기관에서 생활하는 시간을 제외하면 하루의 절반 이상을 디지털 미디어와 보내는 셈이죠. 아이들의 디지털 미디어 이용 시간은 해마다 늘어 가고, 처음 디지털 미디어를 접하는 나이도 점점 어려지고 있어요. 아이들의 적당한 디지털 미디어 이용 수준은 어느 정도인지 알고 계시나요?

영유아를 위한 디지털 미디어 이용 가이드라인

- 18개월 미만의 아이에게는 영상 통화 이외의 디지털 미디어 노출을 제한합니다.
- 18개월에서 24개월 이하 아이의 부모가 아이에게 디지털 미디어를 보여 주길 원한다면, 양질의 콘텐츠를 선별하고 아이와 함께 보며 이해할 수 있도록 도와줍니다.
- 2세에서 5세 이하 아이는 하루 1시간 미만으로 양질의 콘텐츠를 보여 줍니다. 역시 부모가 아이와 함께 보며 내용을 이해하고, 실제 생활과 연결하여 생각하도록 도와줍니다.
- 6세 이상의 아이는 이용 시간과 디지털 미디어 종류 등 일관된 디지털 미디어 이용 규칙을 정합니다.

영유아를 위한 디지털 미디어 이용은 명확한 권장 시간이 있습니다. 여러 기관에서 발표한 가이드라인들이 대개 유사한 내용을 담고 있습니다. 널리 사용되는 미국 소아과협회의 가이드라인은 위와 같습니다.

참고로 세계보건기구의 가이드라인에서는 2세 미만 아이들에게 디지털 미디어 이용을 권하지 않고, 2세에서 5세 미만 아이들까지는 1시간 내로 디지털 미디어 시간을 갖도록 권장하고 있습니다. 몇 년 전까지만 해도 미국 소아과협회의 가이드라인도 세계보건기구의 가이드라인과 같이 24개월 미만의 아이들에게는 디지털 미디어를 이용하지 않도록 권장했습니다. 하지만 시대의 흐름을 반영한 것인지 18개월 이상 아이들에 대한 가이드라인을 수정했네요.

저희 아이들을 담당하는 소아과 선생님께서는 계속 기존 가이드라인을 따르도록 권하고 계세요. 저도 이용 시간에 대해 질문을 받으면 2세 이하 아이들에게는 가급적 디지털 미디어를 보여 주지 않는 것을 권하고요. 다만 꼭 필요한 경우에는 예외적으로 사용해도 괜찮다고 합니다. 예를 들면 비행기 이착륙시 아이들이 자리에 앉아 있어야 하는 경우, 치과 진료를 하는 동안 아이가 가만히 누워 있어야 하는 경우 등이요. 저도 치과 진료를 하거나 머리를 자르는 동안에는 아이에게 영상을 보여 주었어요. 아이가 움직여서 귀를 자르는 경우는 피해야 하니까요.

절반이 넘는 아이들이 1세, 혹은 0세부터 디지털 미디어를 본다고 하는데 이 가이드라인은 너무 시대에 뒤쳐진 것은 아닐까 싶은 분들도 계실 거예요. 어린아이들을 위해 만들어진 교육적인 콘텐츠도 많은데, 왜 굳이 제한해야 하는지 의아하실 수도 있고요. 연령별 디지털 미디어 이용 권장 시간은 아이들의 뇌 발달의 특성과 관련되어 있습니다. 비록 세상은 디지털화되었지만, 뇌가 발달하는 과정은 그 이전의 세대와 달라지지 않았거든요. 지금까지 연구된 자료들을 따르면 어린아이들에게는 디지털 미디어를 많이 사용하는 것이 발달에 도움이 되지 않는다고 볼 수 있습니다. 물론 앞으로 아이들의 뇌 발달 과정을 이해해서 만들어진 콘텐츠와 디지털 미디어가 생긴다면 가이드라인도 달라질 수 있겠지만, 현재까지는 그렇습니다.

우리 아이의 말문이 늦은 원인

　연령별 뇌 발달 특징과 함께 미디어 이용 가이드라인을 이해하면 실천에도 도움이 됩니다. 전문가들의 가이드라인은 2세 미만의 아이들의 경우 사실상 디지털 미디어를 이용하지 말라는 것이나 다름 없지요. 이 시기에 디지털 미디어에 노출되는 것은 아이들의 뇌 발달에 부정적인 영향이 크다는 연구 결과가 대부분이기 때문입니다. 가장 많이 언급되는 부분은 바로 언어 발달이에요.

　디지털 미디어에 노출되는 시간이 늘어날수록 아이들의 언어 발달이 지연된다는 연구를 다수 찾아볼 수 있습니다. 스웨덴의 린셰핑대학교의 연구에서는 두 돌이 지난 아이들이 있는 가정을 대상으로 집 안에서 일어나는 일상적인 언어를 녹음하도록 요청했어요.[1] 아이의 말과 어른 들의 말이 모두 녹음되었지요. 그리고 실제 대화를 분석하여 가정 내의 디지털 미디어 이용과 아이들의 언어 발달 사이의 관계를 살펴보았습니다. 아이들의 디지털 미디어 이용 시간이 늘어나면 아이들의 언어 능력은 그만큼 줄었습니다. 문법과 어휘력의 발달, 일상 생활에서 언어 능력에 부정적 영향을 미치는 것으로 밝혀졌지요.

이 연구는 다른 연구들과 비슷한 결과를 보여 주고 있지만 두 가지 특징이 있는데요. 하나는 이 연구에 참여한 아이들이 그렇게 오랜 시간 동안 디지털 미디어를 이용하지 않았다는 점입니다. 절반 이상의 아이들이 1시간 미만으로 이용하고 있었지요. 그럼에도 불구하고 디지털 미디어는 아이들의 언어 발달에 부정적 영향을 미칩니다. 다른 하나는 아이의 디지털 미디어 이용뿐 아니라 부모의 디지털 미디어 이용을 함께 분석했다는 점이에요. 아이와 함께 생활하는 동안에 부모가 디지털 미디어를 많이 이용하면 역시 언어 발달에 부정적 영향을 미쳤어요. 이것이 무엇을 의미할까요?

이 결과들은 디지털 미디어 이용으로 인해 아이들이 잃어버린 경험의 기회를 보여 줍니다. 이 시기 아이들은 주변 환경과의 상호작용을 통해 언어의 뿌리가 생겨납니다. 아이들이 영상을 보고 있는 동안에도 노래나 대사가 끊임없이 나오지만 이는 아이와 '주고받는' 상호작용이 아니죠. 디지털 미디어 이용 가이드라인이 이용 시간을 기준으로 하고 있는 이유가 여기에 있습니다. 영유아기의 '시간'은 곧 발달을 위한 경험의 기회를 의미하기 때문이에요.

아이들이 혼자서 텔레비전 앞에 앉아 있다면 그만큼 부모와 함께 놀고, 마주 보며 눈짓하고, 대화할 기회를 잃어버립니다. 아이가 아닌 부모가 디지털 미디어를 이용하는 것도 마찬가지의 결과를 초래합니다. 부모가 아이를 보지 않고 화면을 들여다 보는 동안 아이는 부모와의 상호작용 기회를 잃어버리게 되지요. 이것들은 이 시기의 언어 발달에 꼭 필요한 경험들입니다.

다른 연구에서도 아이들에게 직접 이야기하는 것이 아닌 언어 자극(부모가 다른 사람과 전화 통화하는 소리, 텔레비전 소리 등)은 언어 발달에 도움이 되지 않는다는 것을 발견했습니다. 18개월에서 24개월 아이들이 디지털 미디어를 이용하는 경우 부모가 옆에서 함께 상호작용하도록 권장하는 것은 이런 이유 때문입니다. 디지털 미디어의 종류를 고를 때 아이 혼자서 하는 게임이나 영상보다는 전자책이나 온라인 사진첩 등을 보며 부모가 읽어 주고 설명해 주면 부족한 상호작용이 채워질 수 있겠죠.

혹시 영상을 보더라도 아이가 혼자 가만히 앉아 있도록 하지 않고, 마치 책을 읽어 줄 때처럼 부모가 옆에서 내용을 잘 이해하도록 설명해 주거나 영상 속 사건에 대해 아이와 같이 맞장구를 치면서 보면 상호작용이 부족해서 오는 부정적 영향을 줄일 수 있을 거라는 예측입니다. 실제로 연구에서도 아이들이 디지털 미디어를 이용할 때 부모가 함께 앉아 이야기하면서 보면 아이의 언어 발달에 부정적 영향을 미치지 않는다고 하고요.

두 돌 미만의 아이를 키우는 부모님께는 이렇게 전하고 싶습니다. 첫째, 가능하면 디지털 미디어 이용은 아이가 좀 더 큰 다음으로 미루어 주세요. 특히 18개월 미만이라면요. 둘째, 아이를 돌보면서 부모님이 무심결에 스마트폰을 보는 것을 멈추세요. 꼭 필요한 것이 아닌데도 습관적으로 스마트폰을 보다 보면 아이와의 상호작용이 중간 중간 끊어지게 됩니다. 스마트폰을 바라보며 아이에게 반응하지 않는 것이 아이에게 영상을 틀어 주는 것과 비슷하게 부정적 영향을 미친다는 것을 염두해 두세요. 셋째, 18개월 이상이고 디지털 미디어 없이는 한시도 쉬지를 않아 부모님의 삶이 힘들다면 이용을 의식적으로 관리하세요. 힘들 때마다 잠깐씩 쥐어 주지 마시고, 계획한 시간에 아이와 함께 앉아 영상을 보도록 합니다. 디지털 미디어에 끌려가지 않고 부모님이 통제하는 것이 중요해요. 넷째, 교육적 효과를 주장하는 프로그램이라도 이 시기에는 이릅니다. 그 프로그램의 효과가 없기 때문이라기보다는 디지털 미디어 밖에서 더 많은 것을 배워야 할 시기이기 때문이에요. 아이가 스마트폰을 들여다볼수록 앞에서 이야기했던 바깥놀이, 자유로운 놀이, 독서 등의 시간이 그만큼 줄어듭니다. 경험의 기회비용을 꼭 생각하세요.

저도 첫째가 한 살일 때 둘째를 임신하여, 온종일 쉬지 않고 돌아다니는 아이를 따라다니는 것이 극기 훈련 같을 때를 거쳤기에 부모님이 디지털 미디어에 잠시 기대는 심정을 이해하고도 남아요. 솔직히 말하면 아이가 두 돌이 되기 조금 전부터 가끔 동요 영상을 20분씩 틀어 줬습니다. 아이가 노래를 흥얼흥얼하며 화면을 보는 그 시간이나마 다음 저녁 식사를 준비하고, 아이를 먹이고 씻

기고 재우는 과정을 버틸 수 있었거든요. 그래서 너무 힘든 날에는 오후 간식을 먹고 나면 잠시 영상을 틀고 아이는 소파에 앉고, 저는 소파에 기대 누워 함께 텔레비전을 보았어요. 엄마도 목청껏 노래를 부르면서 보았느냐 하면 그것은 아니고요. 노래 제목을 읽어 주거나, 아이가 특히 좋아하는 노래가 나오면 함께 좋아하는 정도로 맞장구를 쳐 주었습니다. 물론 그러다 까무룩 잠들어 버린 날도 있긴 하지요.

이 나이대의 아이들은 혼자 노는 시간이 짧고, 어른의 눈을 벗어나면 위험할 수 있기 때문에 디지털 미디어의 힘을 빌려 가만히 앉혀 두고 싶을 때가 있죠. 다만 '가만히 앉아 있지 않는' 것이 이 시기 아이들이 꼭 해야 하는 일임을 기억하는 것이 중요합니다. 많이 기어다녀야 걸어 다닐 힘이 생기고, 많이 걸어 다니며 저지레를 벌여야 세상의 이치를 이해하게 되지요. 엄마 눈이 닿지 않을 때 서랍장에 물건도 꺼내고, 로션통도 열어 온몸에 발라 보면서 말이죠. 그리고 온몸에 바른 로션을 가리키며 이러면 안 된다는 것도 알려 주고, 그럼에도 이 상황이 귀여워 깔깔 웃기도 하고, 기왕 바른 것 문질문질 장난치며 한껏 만져 주는 부모와의 상호작용이 우리 아이의 뇌를 가장 많이 키워 준답니다.

학습용 앱으로 공부한다는 착각

자, 이제 디지털 미디어를 이용해도 '된다!'는 나이대에 대해 이야기해 볼까요? 통계상 절반 정도의 아이들이 2세 미만부터 디지털 미디어를 이용하고 있지만, 이는 나머지 절반의 아이들은 2세 이후부터 시작한다는 뜻이기도 합니다. 부모들도 '이제는 보여 줘도 되겠지' 하는 마음으로 접근하고, 아이들도 서서히 자기 주장이 생기면서 보고 싶은 영상을 요구하기도 하죠. 요즘은 외국어 공부의 수단으로 디지털 미디어를 적극 활용하는 분위기이더라고요.

여는 말과 같이 이제 디지털 미디어에 노출되는 것은 어느 정도 피할 수 없는지도 모릅니다. 저희 첫째가 다니던 유치원(공교육 이전 프리스쿨Preschool)에서도 음악 수업에서 다양한 악기를 연주하는 모습을 디지털 미디어로 보여 주며 악기마다 다른 특징들을 비교하기도 했고요. 저희 딸이 다섯 살일 때는 유치원 과학 수업 시간에 다양한 벌레의 알들이 어떻게 모양과 색깔이 다른지 영상으로 보았다며 집에 와서 조잘조잘 떠들기도 했습니다. 이제 본격적으로 디지털 미디어 이용에 대해 바로 알고, 좋은 습관을 만들어 갈 때가 되었습니다.

저는 아이들이 두 살 이후에도 앞에서 제시한 디지털 미디어 이용 가이드라인에서 벗어나지 않을 것을 권합니다. 2세에서 5세 아이들의 가이드라인은 두 가지 조건으로 요약할 수 있어요. 첫째, 하루 1시간 미만이라는 '시간'의 제한, 둘째, 연령에 맞는 질 높은 콘텐츠의 시청이라는 '내용'의 제한입니다. 6세 이후에는 정확한 시간을 제한하고 있지는 않지만 디지털 미디어 이용 시간에 한계를 두어야 한다는 점은 같습니다. 여러 통계치들은 우리 아이들의 디지털 미디어 이용 시간이 점점 늘어나고 있다고 이야기하지만, 이용 시간은 여전히 중요한 기준입니다. 디지털 미디어를 오래 이용할수록 아이의 뇌에 직접적으로 영향을 미치거든요. 혼자서 가만히 누워 있는 게 어려운 어린아이들은 뇌 영상 촬영 연구를 하기에 장애가 많기 때문에 뇌 발달 연구가 아직 많지 않아요. 유치원에 다니는 정도의 아이들부터는 잠시나마 뇌 영상 실험을 할 수 있어 서서히 연구 결과가 늘어나고 있습니다.

지금까지의 연구 결과가 가리키는 방향은 결국 디지털 미디어를 '너무 많이 보면 좋지 않다'라고 말할 수 있을 것 같아요. 이 분야에서는 신시내티 아동 병원Cincinnati Children's Hospital의 휴턴 박사

(다섯 번째 사이클 〈독서〉에서 뇌 연구를 소개했던 그 휴턴 박사님입니다)와 그 연구팀이 활발한 연구를 하고 있습니다. 그 중 주목할 만한 것은 3세에서 5세 미취학 아이들의 디지털 미디어 이용 시간과 뇌의 발달 수준을 직접 비교한 2020년 연구예요.[2] 이 연구에서는 아이들의 하루 스크린 사용 행동과 인지 발달을 측정하고, DTI 촬영 기법을 통해 신경 세포 간의 연결 수준을 살펴보았습니다. 디지털 미디어 이용이 뇌에 미치는 직접적 영향을 살펴본 것이죠.

먼저 아이들의 행동 측면을 볼까요? 아이들이 디지털 미디어를 많이 볼수록 어휘, 음소 처리, 초기 문해력 등의 능력이 저하된 것을 발견했어요. 아이들의 뇌 구조 역시 이러한 점을 반영합니다. 디지털 미디어를 하루 평균 2시간 이용하는 아이들의 뇌는 백질의 발달이 저하되고, 구조의 혼란Disorganization이 생기는 것으로 나타났습니다. 특히 언어, 시각적 정보 처리, 집행 기능 등을 담당하는 뇌 영역들에서 뉴런 사이의 연결 수준이 떨어진다는 것을 발견했지요. 이 경향성은 특히 좌뇌에서 두드러지는데요. 좌뇌가 언어 기능에 중요하다는 것과 디지털 미디어를 많이 이용하는 아이들의 언어 능력이 저하된 것이 서로 맞닿아 있음을 확인할 수 있는 결과입니다. 이 결과는 어린 시절의 디지털 미디어 이용이 이후 읽기를 담당하는 뇌 회로 구조 발달에 안 좋은 영향을 미칠 수 있음을 시사합니다.

이 연구 결과를 다섯 번째 사이클 〈독서〉에서 이야기했던 2019년 휴턴 박사의 문해 환경과 뇌 발달 연구와 비교해 보면 흥미롭습니다. 연구에 참여한 아이들은 아직 스스로 글을 읽을 수 없지만, 책을 쉽게 접할 수 있는지, 어른이 얼마나 자주 책을 읽어 주는지 등 가정 내 문해 환경은 인지 발달 및 언어 발달, 초기 문해력 발달에 긍정적 영향을 미쳤고, 좌뇌의 뇌 백질의 통합성을 높이는 것으로 나타났습니다. 그리고 백질의 발달이 아이들의 언어 및 문해력 발달과도 관계 있는 것을 발견했고요. 디지털 미디어 이용 연구와 정반대의 결과를 보여 주었지요.

두 연구 결과는 아이들에게 무엇이 필요한지를 분명하게 말해 줍니다. 뇌의 발달에서 신경 세포 간의 연결성이 얼마나 중요한가는 아무리 강조해도 지나치지 않습니다. 서로 잘 연결된 의사소통 시스템을 갖추는 과정이니까요. 의사소통 시스템이 갖추어져야 뇌 영역 각각의 기능을 잘할 수 있고, 정보 처리의 속도도 빨라집니다. 다섯 번째 사이클 〈독서〉에서 이야기했듯이 어린 시절 부모가 책을 많이 읽어 준 아이들은 읽기 회로가 미리 발달하여 이후 문해력의 기반이 됩니다. 반면에 디지털 미디어를 많이 이용한 아이들은 이 회로의 발달이 더디고 언어 발달이 느리기 때문에 이후에도 읽기 및 이에 기반한 학습 능력이 뒤쳐질 수 있음을 예상할 수 있습니다.

아직 확실하게 밝혀지진 않았지만, 디지털 미디어 이용과 읽기 능력 사이의 관계는 두 가지로 나누어 생각해 볼 수 있어요. 하나는 스크린을 기반으로 한 디지털 미디어의 특성이 뇌에 미치는 영향이고요. 다른 하나는 디지털 미디어를 오래 이용함으로써 읽기에 연관된 다른 활동을 할 기회가 줄어드는 것입니다. 그리고 아마도 이 두 가지가 모두 영향을 미치지 않을까 해요.

휴턴 박사의 또 다른 연구에서 첫 번째 메커니즘을 확인할 수 있습니다. 미취학 연령의 아이들이 이야기를 들을 때, 그림이 그려진 장면의 책을 볼 때, 그리고 움직임이 가미된 만화 영상을 볼 때 어떤 뇌 회로들이 각각의 활동에 참여하는지 살펴보았어요.[3] 아이들이 이야기를 들을 때를 기준으로 비교해 보면, 그림책을 보는 것은 시각 정보의 처리와 시각적 상상의 신경 회로가 더 많이 참여하고 상대적으로 언어 회로의 사용은 줄어들었어요. 그림책의 그림 정보를 이해하고 머릿속으로 이미지를 상상하는 과정을 통해 언어적 이해를 보완하고 있다고 볼 수 있겠지요. 아이는 이야기를 이해하기 위해 더 다양한 뇌 영역들을 사용합니다. 움직이는 영상을 볼 때에는 어떨까요? 시각 정보를 처리하는 신경 회로와 다른 신경 회로 사이의 의사소통이 모두 줄어들었습니다. 움직이고, 화면이 바뀌는 등 복잡하고 빠른 시각 자극을 처리하는 데에 집중하면서 다른 신경 회로의 참여가 줄어들게 된 것이지요.

아이들이 가장 많이 이용하는 콘텐츠는 영상이라고 합니다. 유아정책연구소의 발표에 따르면 아이들이 이용하는 콘텐츠의 90퍼센트가 영상 플랫폼이나 교육 어플리케이션이라고 해요. 영상 시청을 하는 동안에는 뇌가 시각 정보 처리에만 집중하게 되기 때문에 디지털 미디어 이용이 아닌 다른 활동을 하며 신경 회로가 탄탄하게 연결될 수 있는 기회가 부족해질 수 있겠지요. 아이의 하루는 한정적이므로 디지털 미디어를 이용하는 시간이 길어지면 '읽는' 시간은 자연히 줄어들기 마련입니다. 디지털 미디어 앞에서 보내는 시간이 길어질수록 읽기뿐만 아니라 다른 활동, 예를 들면 밖에서 뛰어놀고 친구를 만나거나 장난감을 갖고 노는 시간이 줄어들게 됩니다. 각각의 활동은 각자 다른 영역의 뇌 발달의 역할을 담당하지요. 따라서 '시간'의 기준을 따르는 것이 중요하다고 볼 수 있습니다.

뇌를 키우는 콘텐츠를
고르는 57가지 기준

이용 시간을 얼마나 제한할지 이해했다면, 이제부터는 디지털 미디어 이용을 어떻게 하는 것이 좋을지를 생각할 차례입니다. 아이들이 무엇을 볼 것인지 부모님이 함께 결정하세요. 디지털 미디어 이용 가이드라인에도 교육적인 내용 혹은 질 높은 콘텐츠를 보도록 안내하고 있죠. 아이가 디지털 미디어를 이용하기 시작할 때, 무엇이 교육적이고 질 높은 콘텐츠인지를 판단하는 것은 어른의 몫입니다. 가정에서는 부모, 유치원이나 학교에서는 교사의 몫이 되겠지요. 지금부터 콘텐츠를 어떻게 골라야 하는지 말해 보겠습니다.

부모님이 참여해야 앞으로 아이들도 좋은 콘텐츠를 고르는 방법을 익힐 수 있습니다. 우선은 이용 가능 연령대를 확인하는 것이 첫 번째이겠지요. 하지만 '전체 이용가'로 분류된 경우에도 4세 아이에게 적합한 것과 7세 아이에게 적합한 것은 차이가 있을 수 있습니다. 아이가 처음 보는 영상 시리즈라면 적어도 몇 편은 부모님이 먼저, 혹은 함께 보면서 우리 아이에게 적합한지 판단하시길 당부드립니다. 아이들을 위해 만들었다, 혹은 교육에 도움이 된다고 홍보한다고 해서 모두 그 말에 맞다는 보장은 없더라고요.

제가 아이들의 콘텐츠를 고르는 기준은 다음과 같아요.

콘텐츠를 고르는 5가지 기준

장면과 색깔	아이가 어릴수록 화면 전환 속도가 빠르거나 색채와 효과가 현란하지 않은 것을 고릅니다. 시각 자극이 강렬할수록 다른 뇌 영역이 함께 소통할 여지가 줄어듭니다. 아이가 특별히 빛에 민감한 경우 계속 잔상이 남거나, 밤에 악몽을 꾸는 경우도 있습니다.
메시지	영상 콘텐츠가 담고 있는 메시지가 긍정적인지 살펴보세요. 주인공의 성장, 위기의 극복, 등장 인물끼리의 갈등 해결 등을 통해 아이들이 자신에 대해 더 긍정적인 생각을 가질 수 있도록 돕는 영상인지 생각해 보세요.
폭력성	폭력적이거나 무서운 장면이 있는 영상은 아이들이 좀 더 크면 보도록 합니다. 이 부분은 심사 기준에서 많이 반영하기 때문에 시청 가능 연령을 지키면 어느 정도 해결될 거예요. 무서움에 대한 기준은 아이마다 다를 수 있기 때문에 유행하는 것이라고 해도, 또래 친구들이 다 본다고 해도 우리 아이가 무서워한다면 나중으로 미루시면 됩니다.

유머	건강한 웃음을 주는 영상을 고릅니다. 약자를 배척하거나 놀리는 것을 재밋거리로 삼는 영상은 피하고, 사회 전반의 어우러짐에 높은 가치를 두는 영상이면 좋겠습니다.
다양성	등장하는 주인공들의 성별과 인종의 구성을 살펴보세요. 저는 특히 여성 캐릭터의 역할을 유심히 봅니다. 남성은 대부분의 문제를 해결하고 여성은 보조적인 역할을 한다거나, 남성이 늘 여성을 구출하는 구조는 선호하지 않습니다. 인종의 묘사도 마찬가지입니다.

아무리 부모가 관심을 갖고 지켜본다 해도 아이들이 보는 영상을 모두 다 확인하기란 어렵지요. 만약 미리 영상을 보고 선정하거나, 함께 시청하는 것이 힘들다면 어린이를 위한 영상 리뷰를 둘러보시길 추천드려요. 미국의 비영리 단체 커먼 센스Common Sense에서 운영하는 커먼 센스 미디어Common Sense Media는 교육적 내용, 긍정적 메시지, 폭력성 등 주요 항목별로 콘텐츠를 심사하고, 점수를 제공합니다(www.commonsensemedia.org). 영상 뿐만 아니라 어린이용 교육 어플리케이션, 책의 리뷰도 찾아볼 수 있어요.

또 부모들이 직접 남긴 리뷰를 통해 다른 가정에서는 해당 영상에 대해 어떻게 생각하는지를 직접 들어 볼 수 있어 도움이 많이 돼요. 영어와 스페인어로만 제공되는 점이 아쉽지만, 항목별 별점을 체크해 보는 것만으로도 도움이 될 거예요. 해외 제작 콘텐츠의 평가를 찾아보고 싶으신 분들께 추천드립니다.

영상이 아니라 게임 역시 이용 가능 연령을 주의해야 합니다. 일인칭 시점에서 사격을 하는 게임은 성인의 뇌에도 좋지 않은 영향을 미친다는 보고들이 있습니다. 단순한 게임 맵Map을 외워 가며 총을 쏘는 방식의 게임은 공간 지각과 기억을 담당하는 해마를 줄어들게 만듭니다. 이러한 게임은 보통 미성년자는 하지 않도록 명시되어 있습니다만 언제나 지켜지지는 않죠. 게임과 공간 지각에 관한 연구를 진행한 몬트리올대학교의 그레고리 웨스트Gregory West 박사는 게임이 아이들의 뇌와 학습 능력이 발달하는 과정에 어떻게 영향을 미칠지 알 수 없으므로 더욱 주의하라고 경고했습니다.

2009년에 발표된 폭력적 게임이 뇌에 미치는 영향에 대한 연구는 우리에게 또 다른 메시지를 전합니다.[4] 비슷한 종류의 게임이라도 폭력성이 더 높은 게임을 한 청소년들의 뇌는 정서적 각성을 담당하는 편도체에서 높은 활성화를 보였고, 통제 기능을 담당하는 전전두엽은 낮은 활성화를 보였습니다.

이 연구 결과에는 두 가지 주목할 점이 있어요. 하나는 폭력성이 없는 게임을 할 때와 비교해서 다른 뇌 활성화를 발견했다는 것입니다. 단순히 게임이 재미있고 신나서 각성된 것이 아니라는 뜻입니다. 다른 하나는 이 경향성이 게임이 끝난 뒤에도 지속되었다는 것이에요. 게임을 다 마친 뒤에 집중력을 요하는 인지 과제를 풀도록 요구하자, 폭력적 게임을 한 아이들은 여전히 정서적 각성 효과에서 벗어나지 못했습니다. 이 연구에서 정서적으로 각성

되었다는 것은 혹시 모를 위협에 대비해 싸우거나 도망치는 반응 Fight-or-Flight Response 을 하도록 교감신경계의 흥분(심박수 증가, 혈압 상승, 소화 억제 등)을 통해 몸을 준비시키는 것을 의미합니다. 흥분과 긴장의 상태에서 빠져나오지 못한 아이들이 인지 과제에 잘 집중하지 못한 것이지요.

연구자 빈센트 매튜 Vincent Mathews 박사는 한 인터뷰에서 부모들에게 아이들이 폭력적인 게임을 하는 것을 주의하라고 당부했습니다. 실험에서는 30분이라는 짧은 시간만 게임을 했지만, 이 상황이 반복되면 뇌에도 장기적인 영향을 미칠 수 있을 테니까요. 물론 게임이 모두 나쁜 것은 아닙니다. 비디오 게임을 한 청소년들은 시각 정보를 처리하는 뇌 영역이 더 성숙하다는 연구 결과도 있고요. 최근 많이 개발되고 있는 교육용 어플리케이션의 효과를 보면 아이들이 게임을 하듯 즐겁게 무언가를 배우는 데에 도움이 되기도 합니다. 성인 대상의 연구에서도 집중, 통제, 기억력 등을 사용하는 게임을 하는 것이 뇌의 전반적 조절 능력을 향상시켜 약물 중독 치료에 도움이 되었다는 보고도 있습니다. 그러니 더더욱 어떤 콘텐츠를 이용할지 현명하게 고르는 것이 중요하지요.

마지막으로 당부드리고 싶은 점이 있어요. 어떤 콘텐츠를 소비하는가는 우리 아이의 뇌뿐만 아니라 콘텐츠의 미래를 만드는 일과 연결되어 있다는 것입니다. 오늘 본 영상에서 불편한 장면, 무서운 장면이 나왔다면 그 부분에 대해 대화를 나누고, 더이상 그 콘텐츠를 이용하지 않기로 결정했다면 그 이유를 설명해 주세요.

아이들은 특정 부분에 동의하지 않더라도 재미있으면 계속 볼 수 있다고 생각할지도 몰라요. 텔레비전 방영물이나 영화는 심사를 거치고 그 기준 역시 계속 조정되고 있지만, 영상 플랫폼의 영상들은 일일이 심의를 거치기 어렵습니다.

방송법으로 제한하는 내용도 영상 플랫폼에서는 제작과 방송이 가능합니다. 대표적인 예는 어린이를 주인공으로 한 광고 영상이에요. 텔레비전 방송에서는 어린이 대상 프로그램에서 주인공 어린이가 프로그램 내에서 직접 제품을 홍보하거나 간접 광고를 하는 것을 규제합니다. 하지만 영상 플랫폼에서는 쉽게 찾을 수 있는 모습이지요. 아이들이 이러한 광고를 실제와 구분하기는 어렵기 마련입니다.

2021년, 유튜브 키즈에서는 아이들에게 광고 효과를 내는 상업적 영상을 규제한다고 발표했으니 앞으로 변화가 있기를 기대해 봅니다. 그 외에도 게임을 해서 벌칙으로 아이들이 매운 음식을 먹거나, 눈알 모양의 간식을 몰래 그릇에 넣어 아이를 놀래키는 등의 내용은 아마도 텔레비전 방송용으로는 적합하지 않다는 판정을 받을 가능성이 큽니다. 이런 심사 기준들이 생긴 이유와 논리를 한 번쯤 곱씹어 보는 것은 의미가 있다고 생각해요.

콘텐츠를 '소비'하는 것은 그 콘텐츠를 응원하는 행동이고, 이득을 가져다주는 행동입니다. 결과적으로 비슷한 콘텐츠가 더 많이 나오게 되죠. 아이들에게 좋은 영향을 미치는 콘텐츠, 제작에 참여하는 아이들을 보호하는 콘텐츠를 소비하는 것이 곧 우리 아이들이 양질의 콘텐츠를 많이 볼 수 있도록 돕는 길입니다. 아이와 무엇을 볼지를 두고 실랑이를 하다 보면 조금 귀찮을 때도, 이렇게까지 해야 하나 싶을 때도 있을 거예요. 우리 아이뿐만 아니라 모든 아이들이 누릴 세상을 결정하는 것이라고 생각해 보면, 오늘의 실랑이에 큰 가치가 있다는 것을 느낄 수 있지 않을까요?

슬기로운 미디어 습관을
만드는 3가지 지혜

이제 디지털 미디어 이용 시간과 내용을 정했다면, 이용 습관을 만들 차례입니다. 아이들에게 디지털 미디어는 참 재미난 물건입니다. 노래도 불러 주고, 이야기도 들려 주고, 만화도 보여 주고요. 자신의 사진이나 영상을 찍을 수도 있고, 모르는 것을 물어보면 바로 답을 내어줍니다. 계속 하고 싶은 것이 당연해요. 달콤한 간식을 계속 먹고 싶은 마음이나 학습지 숙제보다는 변신 로봇이 좋은 마음, 영상은 한 편만 보려고 했지만 두 편 보고 싶어지는 마음은 잘못된 것이 아니에요. 당연한 것이죠. 아이들이 이 재미를 포기하기 쉽지 않습니다. 부모님의 적극적인 도움이 필요해요.

디지털 미디어 이용 습관에 대해 꼭 필요한 한 가지를 말씀드린다면 이 점입니다. 아직 우리 아이들의 디지털 미디어 이용은 부모가 책임지는 영역이라는 것이에요. 스마트폰을 사준 것도 부모이고, 와이파이 비밀 번호를 풀어 주는 것도 부모입니다. 아이들이 식사 시간에 스마트폰을 보면서 밥을 먹거나, 게임을 하느라 할 일을 하지 못하고 있다면 그것은 부모가 나서서 관리해야 하는 영역입니다. 아이들이 처음 디지털 미디어를 접하는 통로는 '부모'인 경우가 가장 많고요. 현재로서는 부모 중에도 엄마의 지도가 영향을 많이 미친다고 알려져 있습니다. 이것은 이론이라기보다는 현실이라고 생각합니다. 아빠가 육아에 많이 참여하는 가정일수록 아빠의 지도 역시 영향력이 커지겠지요.

디지털 미디어에 대한 많은 고민들은 몇 시간을 볼 것인지, 어떤 콘텐츠를 고를 것인지보다는 '아이와의 실랑이'에서 비롯되는 경우가 많습니다. 만화영화 한 편만 보고 텔레비전을 끄기로 했지만 한 편만 더 보겠다고 우기는 아이, 엄마, 아빠가 바쁜 틈에는 항상 태블릿 PC를 요구하는 아이, 집에서는 조절이 어느 정도 되지만 할머니 댁에만 가면 무장 해제되어 온종일 스마트폰 게임을 하는 아이 등 부모는 디지털 미디어 이용을 조절하는 상황에서 자주 어려움을 겪습니다.

많은 부모들은 디지털 미디어에 대해 양가적인 감정을 가지고 있습니다. 우리 아이가 디지털 시대에 뒤쳐지지 않고 신기술과 신문물을 받아들였으면 하는 마음, 그리고 디지털 미디어를 이용하면서 받는 부정적 영향을 막고 싶은 마음을 모두 갖고 있죠. 부모의 마음이 혼란스럽다면 부모의 행동 역시 혼란스럽습니다. 어떨

때는 디지털 미디어를 적극적으로 권했다가, 또 어떨 때에는 많이 한다고 혼을 낸다면 아이 역시 어떤 행동을 해야 할지 판단하기 어렵고, 따라서 좋은 습관을 기르기 어렵겠지요. 그래서 부모가 먼저 공부하고, 고민하고, 중심을 잡은 다음 아이들이 디지털 미디어를 이용하도록 하면 좋겠습니다. 건강한 디지털 미디어 이용 습관을 만드는 방법을 세 가지로 정리해 보겠습니다.

◉ 시작과 끝을 분명하게 정해요

우선 '언제' 디지털 미디어를 이용할지 시간에 대한 규칙을 정해 보세요. 아이도 부모도 언제부터 언제까지 디지털 미디어를 이용할 수 있는지 분명하게 알고, 이를 지키도록 합니다. 디지털 미디어 이용 시간이 정해져 있다면 아이와 부모가 모두 시작과 끝을 예측할 수 있기 때문에 이용 시간을 지키기도 쉽고, 얼마나 이용하고 있는지를 가늠하기 좋습니다.

아이가 어리면 어릴수록 정확한 시간을 알기 어렵기 때문에 생활 리듬 속에서 기억할 수 있도록 해 주세요. '오후 2시'보다는 '점심 먹고 식탁 정리 끝나면'이 더 기억하기 쉽습니다. 시간대를 정해 두면 아이는 그 시간만 목 빠지게 기다리며 "지금 봐도 돼?"를 반복할지도 몰라요. 하지만 정해진 답이 있는 편이 아이가 받아들이기 쉬울 거예요. "아까도 봤잖아. 하루 종일 보면 어떡해!" 하고 아이와 싸움을 시작하기 보다는 "점심 먹으면 볼 수 있어!" 혹은 "내일이 되면 또 보자"라고 아이가 볼 수 있는 시간을 알려 주세요. 시작보다 어려운 것은 '끝'이죠. 아이들은 '20분'보다는 만화영화 '한 편'이 더 기억하기 쉽습니다. 분명하게 끝나는 지점을 알려 주세요. 다음 추천 영상이 자동으로 재생되는 기능은 꺼 두시는 게 좋겠지요.

디지털 미디어 이용을 '시간'으로 정해야 한다면 아이에게 잘 맞는 종류의 타이머를 설정하세요. 2세, 3세 정도에는 타이머보다는 부모가 직접 알려 주는 편이 좋습니다. 디지털 미디어 이용 시간이 끝나기 10분 전, 5분 전부터 아이를 쓰다듬거나 어깨를 감싸며 "이제 10분만 더 보자"라고 말합니다. 시각 정보에 집중하고 있는 아이의 다른 감각들을 살려 주어 디지털 미디어에서 빠져나오는 것을 도와주는 거예요. 만화영화를 본다면 마지막 주제곡이 시작될 때에는 자리에서 일어나 춤을 추어도 좋습니다. 제가 아이들과 자주 사용하던 방법이에요. 주제곡이 '빠밤!'하고 끝나면 다같이 멋진 동작으로 미디어 시간을 마치는 거죠.

좀 더 크면 시계를 이용할 수 있어요. 숫자가 있는 시계가 어렵다면 시간이 줄어드는 것을 시각적으로 보여 주는 타임 타이머나 모래시계를 이용할 수도 있습니다. '30분'이라는 시간의 토막이 처음에는 가늠하기 어렵지만 반복하면 할수록 30분 동안 자신이 할 수 있는 게임이 얼마만큼인지 알아 가게 됩니다.

● 디지털 미디어로 새로운 것을 배워요

아이가 자신이 좋아하는 만화영화 시리즈를 매일 한 편씩 보는 것도 좋지만, 가끔은 새로운 내용이 궁금할 때도 있습니다. 제가 어렸을 때에는 궁금한 것을 백과사전에서 찾아보았듯, 요즘 아이들은 웹 서치를 해서 정보를 찾아 냅니다. 그리고 좋은 정보를 잘 찾는 것 역시 앞으로 무엇보다 중요한 능력일 것입니다. 여름방학을 맞아 아이들과 캘리포니아 과학관California Academy of Science에 다녀왔습니다. 이 과학관은 세계 10대 과학관 중 하나로 전시도 아름답지만 훌륭한 연구소이기도 합니다. 전시와 연구에 관련한 내용이 웹사이트(calacademy.org)에도 잘 정리되어 있습니다.

과학관 방문 전에는 아이들과 웹사이트를 훑어보며 새로 공개된 전시가 무엇인지 파악하고 방문 계획을 세우는 데에 활용했고요. 다녀와서는 우리가 보고 온 전시와 관련된 과학자의 인터뷰와 동물에 대한 자세한 정보를 확인했습니다. 특히 이곳에 살고 있는 알비노 악어인 클라우드의 이야기가 아이들의 관심을 사로잡았습니다.

다시 검색해 보니 클라우드가 어떻게 샌프란시스코로 오게 되었는지에 대한 일화가 담긴 뉴스 기사를 찾아냈습니다. 좀 더 궁금한 것은 도서관에 가서 책을 검색합니다. 파충류에 대한 자연도감 책을 보면서 클라우드를 좀 더 알아 가기도 하고, 과학관의 대형 수조에서 본 산호초에 대한 만화책을 보면서 왜 산호초가 바다 생물들에게, 더 나아가서는 지구에 사는 우리 모두에게 중요한지 공부합니다. 이렇게 아이가 쉽게 접근할 수 있는 양질의 정보를 누릴 기회를 놓치지 마세요.

◉ 자기조절능력을 길러요

식당에서 어린아이를 잡으러 다니느라 먹던 밥이 다 식거나, 엄마, 아빠가 번갈아 아이를 안고 있느라 음식이 코로 들어가는지 입으로 들어가는지 모르게 흡입한 경험은 부모라면 누구나 있을 거예요. 요즘 식당에 가면 아이에게 스마트폰이나 태블릿 기기를 쥐어 주고 부모들이 식사하는 것을 흔히 볼 수 있어요. 아이들을 조용하게 앉혀 두기 위해 스마트폰만큼 쉽게 쓸 수 있는 도구는 없지요. 보스턴 의학 센터Boston Medical Center의 소아과 의사 배리 주커맨Barry Zuckerman은 자동차에서, 식당에서, 부모가 집안일을 할 때 아이들에게 미디어를 쥐어 주는 것을 가리켜 '입 다물게 하는 장난감The Shut-Up Toy'이라고 표현하며, 영유아의 디지털 미디어 이용을 각별히 주의해야 한다고 이야기했습니다. 우리가 늘 생각해야 할 점은 뇌의 발달은 경험에서 만들어진다는 것입니다.

과연 언제부터 아이가 식당에서 조용하게 앉아 있을 수 있을까요? 아이마다 천차만별이겠지만 제가 말씀드릴 수 있는 것은 앉아 있기를 충분히 연습한 다음에야 얌전히 앉아 있는 능력이 생긴다는 점이에요. 쉽지 않은 길인 것은 분명하지만, 위안의 말씀을 드리자면 불가능한 것은 아니라는 점입니다. 이제는 저희 아이들이 어느 정도 커서 식당에서 뛰어다닐 염려는 하지 않아도 되지만, 이 글을 쓰며 아이들이 한두 살 쯤이던 시절을 생각해 보았어요.

그때는 늘 무거운 가방을 짊어지고 다녔습니다. 가방 안에는 책도 두세 권 들어 있고, 작은 장난감이랑 색연필과 수첩 등이 들어 있었지요. 식당을 고를 때엔 아이들에게도 편안한 곳을 선택합니다. 아이용 의자가 있는 곳, 아이가 잘 먹을 수 있는 메뉴가 있는 곳, 조금 부산스러워도 주변에 크게 방해되지 않는 곳이면 좋겠지요. 음식이 나오는 데에 오래 걸린다면 식당 밖을 걸으며 주변 구경을 하다 들어올 때도 있었고요. 음식이 나오면 앉아서 먹고, 다 먹고 나면 가져간 장난감들로 놀도록 합니다. 부모가 번갈아 놀아 줄 때도 있고, 작은 스티커를 아이들 팔다리에 잔뜩 붙이고 "다 떼는 데 얼마나 걸리는지 보자" 같은 간단한 지시를 주고 게임을 하기도 합니다. 부모가 원한 외식의 모습이 아닐 수도 있어요. 편하고 기분 좋게 한 끼 해결하려고 나갔다가 육아만 하고 오는 듯한 느낌에 좀 억울할 때도 있고요. 하지만 작은 사람과 함께하는 세상은 원래 그렇습니다.

서하는 2학년 여름방학부터 게임을 하기 시작했습니다. 가끔 더 하고 싶다고 말할 때도 있고요. 엄마랑 약속한 시간이 아닌 날에 사촌 형의 게임을 참견하다가 자신의 게임 시간을 잃어버리는 날도 있습니다. 그러다 눈물이 난 적도 물론 있지요. 하지만 점차 우리의 규칙을 받아들이는 중입니다. 아이의 뇌가 경험을 통해 자라고 있으니까요. 디지털 미디어는 디지털 미디어일 뿐, 자기조절 능력의 대체제가 아님을 기억해 주세요.

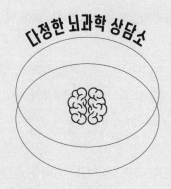

다정한 뇌과학 상담소

Q. 이미 디지털 미디어를 많이 이용하고 있는 아이는 어떻게 하나요?

A. 어린 나이부터 디지털 미디어를 이용하는 것이 뇌 발달에 좋지 않다는 이야기를 들으면 덜컥 걱정스럽기도 합니다. 우리 아이가 지금까지 디지털 미디어에 노출된 것이 오랫동안 악영향을 미치지 않을까 하고요. 생애 초기 미디어 이용이 뇌에 미친 부정적 영향이 나중에 상쇄될 수 있는지에 대한 연구는 제가 아는 한 아직 없습니다. 하지만 현재의 연구들도 '언어 발달이 비교적 늦어졌다'는 것이지 '언어 능력을 잃어버렸다'는 것은 아닙니다. 아이들은 아직 어리고, 아이들의 뇌는 자라날 시간이 아직 많이 남아 있습니다. 너무 걱정하시기보다는 지금부터 디지털 미디어 이용을 잘 관리하고, 혹시 우리 아이에게 부족하다 싶은 경험이 있다면 적극적인 상호작용과 놀이 시간으로 채워 주시기 바랍니다.

Q. 디지털 미디어 이용 시간이 끝나고 떼쓰는 아이, 어떻게 하나요?

A. "아, 재미있었다!" 하고 기기를 끄면 정말 좋겠지만, 그렇지 않을 때도 있기 마련이죠. 더 보고 싶다고 떼를 쓰거나, 화를 내고 우는 날도 있을 거예요. 놀이 시간이 끝나는 것이 아쉬울 때, 자러 가기 싫을 때와 비슷하게 생각하시면 됩니다. 아이가 울고 떼를 쓴다면, 아이는 지금 이 상황을 소화시키는 중입니다. 그저 이해하고 기다려 주는 잠시의 시간이 필요합니다. 이미 디지털 미디어 이용 시간은 끝났기 때문에 "하나만 보기로 약속했잖아! 1시 되면 끄기로 했잖아!"라고 아이의 말을 반박하기보다는 "오늘 보던 그 토마스, 네가 너무 좋아하는 거잖아. 그래서 더 못 봐서 속상하구나"라고 말해 주세요. 어른들도 속상한 걸 친구한테 털어놨을 때 친구가 맞장구를 쳐 주면 속이 좀 시원하죠. 아이들도 마찬가지입니다. 그리고 "오늘은 토마스가 어떻게 됐어? 무슨 사고가 생겼어? 그래? 이야, 토마스가 진짜 큰일 났었네. 그래서 누가 도와줬어?" 하면서 미처 빠져나오지 못한 여운을 서서히 정리하도록 도와주세요. 마무리를 잘하는 능력도 연습에서 길러집니다.

두뇌 쑥쑥 체크 포인트

우리 아이들은 태어난 순간부터 디지털 미디어와 함께 살아갑니다. 편리하지만 아이들의 힘으로는 디지털 미디어 이용을 조절하기 쉽지 않아요. 과도한 사용으로 뇌 발달에 지장을 주지 않도록 건강한 디지털 미디어 이용 습관을 길러 주세요.

1. 우리 아이의 디지털 미디어 이용 시간은 권장 시간 이내인가요? 3~5일 동안 디지털 미디어 이용 시간을 기록하여 평균 시간을 계산해 보세요. 이 값을 우리 아이 연령의 디지털 미디어 권장 이용 시간과 비교하고 적절한지 평가해 보세요.

   *
   _____
   *
   _____

2. 우리 아이가 이용하는 디지털 미디어 콘텐츠는 건강한 내용으로 고르고 있나요?

   *
   _____
   *
   _____

3. 디지털 미디어 이용 습관을 잘 기르고 있나요? 다음 항목에 '예'가 1개 이상 있다면 디지털 미디어 이용 습관을 고칠 필요가 있습니다.

   ① 우리 가족 중 아이의 디지털 미디어 이용 시간 규칙을 모르는 사람이 있다. (예/아니오)
   ② 아이가 울거나 떼쓸 때 디지털 미디어로 아이를 달랜다. (예/아니오)
   ③ 식사 시간에 디지털 미디어를 이용한다. (예/아니오)
   ④ 잠들기 한 시간 전까지 디지털 미디어를 이용한다. (예/아니오)

나가며

뇌도
양육이 필요합니다

"아이들 뇌를 위해서 딱 하나만 고른다면 무엇이 제일 중요한가요?"

사람의 뇌를 키우는 데에 필요한 것은 참 많습니다. 적당한 수면, 충분한 식사, 몸을 움직이는 것과 질 좋은 상호작용, 언어적 자극이나 감각 기관을 이용한 경험 등 무엇 하나 빼놓기 어렵지요. 세상에는 아이의 뇌 발달에 좋다는 장난감이며 교구며 책도 많이 있고요. 그 중에 과연 가장 필요한 것은 무엇일까요?

딱 하나를 골라야 한다면 저는 이것을 고를 거예요. 바로 양육자의 사랑입니다. 태어난 지 얼마 되지 않은 아이를 품에 안았던 때를 떠올려 보면, 가늘고 힘이 없는 팔다리와 아직 두개골이 채 닫히지도 않은 작은 머리가 기억납니다. 사람은 너무도 나약하게 태어났기 때문에 필연적으로 양육이 필요합니다. 아이는 홀로 체온을 조절할 수 없어 옷을 입혔다 벗겼다 하며 신경을 써야 합니다. 잘 먹고 있는지 기저귀의 개수를 세며 적어도 두세 달은 밤새워 돌보아야 합니다. 양육자와 온종일 딱 붙어 있어야만 생존할 수 있는 초기 3개월을 '제4의 임신기'라 부르는 학자도 있습니다. 우리는 모두 우리를 돌보아 준 누군가 덕분에 살아남았고, 이제 부모가 된 우리는 아이들을 위해 기꺼이 양육을 제공합니다. 뇌에 필요한 것은 아이를 보호하고 아껴 주는 양육자의 존재입니다.

세상에 완벽한 성장이란 없습니다. 우리도 늘 부족한 부모일 수밖에 없고요. 어떤 부모는 밖에 나가서 아이와 함께 뛰어놀 시간이 없고, 어떤 부모는 밤마다 책을 읽어 줄 여유가 없습니다. 아이의 질문에 모두 좋은 대답을 할 수 있는 부모도 없고, 아이에게 한 번도 화를 내지 않는 부모도 없습니다. 어제는 여기가 부족하고, 오늘은 또 다른 부분이 부족합니다. 우리는 모두 아이를 완벽하게 잘 키우지 못합니다. 아무리 부모가 잠이 뇌 발달에 중요하다는 것을 알았다 하더라도, 아이가 새벽 내내 깨어 우는 날이 반드시 있습니다.

하지만 아이는 밤새도록 자신을 업어 주는 따뜻한 등이 있어 아름답게 자라나게 됩니다. 아무리 바쁜 부모라도 짧은 시간 동안 눈을 맞추고 애정 어린 대화를 할 수 있다면 아이를 더 나은 사람으로 온전히 일으켜 세울 수 있습니다. 많이 안아 주고, 눈을 맞추고 이야기를 들어 주고, 아이를 있는 그대로 사랑해 주는 부모가 아이의 뇌를 피어나게 합니다.

아마도 오늘 하루는 완벽하지 않았을 거예요. 혹시 부족한 것이 있었다면 아이가 잠들기 전에 꼭 안아 주고 아이의 성장을 축복해 주세요. 그리고 내일은 다시 24시간이 주어질 거예요. 새로운 하루가 주어진다는 것이 얼마나 감사한지 모릅니다. 충실하게 사랑해 주세요. 부모가 아이의 뇌가 성장하는 데에 줄 수 있는 가장 큰 양분입니다. 모든 부모와 모든 아이의 성장을 온 마음을 다해 응원합니다.

아이 맞춤 황금 시간표 만들기

지금까지 살펴본 여섯 가지 사이클은 하루 동안 서로 영향을 주고받습니다. 잠은 식사에 영향을 주고, 식사는 놀이에 영향을 주고요. 운동과 디지털 미디어는 하원 후 오후 시간을 두고 경쟁하기도 합니다. 부모님들이 자주 만나는 고민들을 묶어 보았어요. 컨설팅 솔루션 사례들을 살펴보며 우리 아이만을 위한 최고의 하루를 만들어 보세요.

잠을 잘 자지 않는
도현이의 하루

세 살 도현이는 서서히 낮잠을 졸업하는 중입니다. 노느라 바빠서 자기 싫어해요. 낮잠을 안 자는 날에는 이른 저녁부터 꾸벅꾸벅 졸기 때문에 밥을 먹고 잠드는 과정이 쉽지 않습니다. 낮잠을 안 자겠다며 버티고 버티다가 늦은 오후에 낮잠을 자는 날은 그만큼 밤잠이 뒤로 밀리기 때문에 곤란하고요. 이런 날들이 반복되면 아예 밤늦게 잠들고 늦게 일어나는 패턴이 굳어지기도 합니다. 낮잠을 재우려 하면 실랑이를 하게 되고, 안 재우면 오후 내내 피로한 도현이를 어떻게 도와주면 좋을까요?

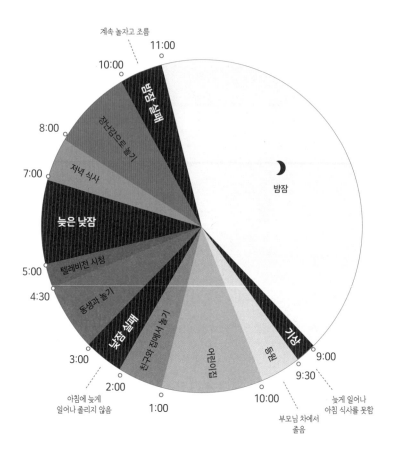

계속 놀자고 조름
11:00
10:00
8:00
7:00
5:00
4:30
3:00
2:00
1:00
9:00
9:30
10:00

새벽 무렵
정신없이 놀기
저녁 식사
늦은 낮잠
텔레비전 시청
동생과 놀기
낮잠 실패
친구와 집에서 놀기
어린이집
놀이
기상
밤잠

아침에 늦게
일어나 졸리지 않음

부모님 차에서
졸음

늦게 일어나
아침 식사를 못함

첫 번째 사이클 〈수면〉에서 이야기했듯이 낮잠은 밤잠의 보조 도구입니다. 어느 정도 나이가 되면 자연스럽게 줄어들지요. 낮잠이 밤잠을 방해하지 않는 것이 필요합니다. 낮잠을 졸업할 때쯤에는 수면 패턴이 달라지는 것이 보통이니 크게 걱정할 것은 없습니다.

다만 아이가 낮잠을 안 잤을 때 저녁까지 버티지 못한다면 아직 낮잠을 온전히 졸업할 시기는 아니라고 생각합니다. 도현이는 아침에 늦게 일어나는 데에서 문제가 시작됩니다. 시간이 없어 아침 식사를 하지 못했고, 어린이집에 등원하면 금방 점심 시간이 찾아오기 때문에 오전에 활동량이 적습니다. 9시에 일어난 후 시간이 얼마되지 않았고, 활동량이 적어 피로하지 않기 때문에 오후 낮잠을 못 자는 것으로 보입니다. 충분히 휴식을 취하지 못했기 때문에 오후부터 다른 일을 하기가 어려워졌습니다.

늦은 시간에 낮잠을 자게 되면 밤잠이 뒤로 밀립니다. 낮잠 시간에도, 밤잠 시간에도 도현이는 놀거나 책을 읽자고 조르기 때문에 부모는 쉽게 "우리 아이는 자기 싫어한다"고 이야기합니다. 하지만 자기 싫은 것이 아니라 부모가 재우려고 할 때와 도현이의 잠 타이밍이 맞지 않을 뿐입니다. 안 자겠다는 아이와 실랑이하는 시간을 줄일 필요가 있습니다.

아침에 일찍 일어나는 것으로 시작합니다. 일어난 지 한 시간 정도 지난 뒤에 식사를 합니다. 등원 길에 조금 일찍 나서서 자전거를 타고 유치원까지 가거나, 유치원 앞에서 좀 더 놀면서 추가 운동 시간을 마련합니다. 오전에 신나는 바깥놀이로 에너지 소모를 잘할 수 있도록 도와주세요. 두 살 아이가 오전에 한 시간을 놀고 낮잠을 잘 잤다면, 세 살 아이는 두 시간을 뛰어야 잘 자게 됩니다. 아이의 체력이 점점 좋아지니까요. 충분히 햇볕을 받고 운동을 할 수 있도록 많은 기회를 주세요.

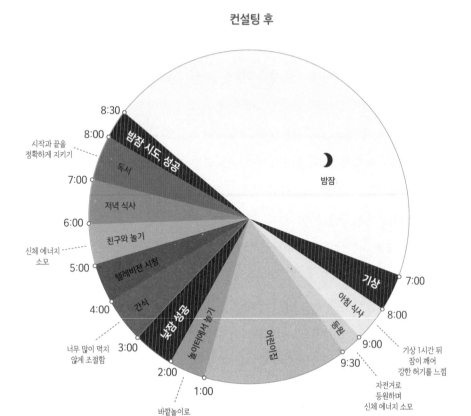

컨설팅 후

밤잠

밤잠 시도, 성공

독서

저녁 식사

친구와 놀기

텔레비전 시청

간식

바깥놀이

놀이터에서 놀기

오전 9시

기상

아침 식사

운동

오후낮잠

8:30
8:00
7:00
6:00
5:00
4:00
3:00
2:00
1:00
9:30
9:00
8:00
7:00

시작과 끝을
정확하게 지키기

신체 에너지
소모

너무 많이 먹지
않게 조절함

바깥놀이로
신체에너지 소모

자전거로
등원하며
신체 에너지 소모

기상 1시간 뒤
잠이 깨어
강한 허기를 느낌

아침 9시에 일어나 오후 4시나 5시쯤 낮잠을 자는 아이라면, 아침 7시에 일어나 운동 시간을 늘리면 오후 2시쯤 잘 수 있습니다. 오후는 휴식의 시간임을 알려 주세요. 낮잠을 자게 된 날에는 적당한 시간(아이마다 다르니 관찰하며 정합니다)에 방문을 열고 음악을 틀거나 간식을 준비하여 부르는 등 자연스럽게 깨어나도록 해 줍니다. 잠이 오지 않는다면 조용히 쉬도록 알려 줍니다. 낮잠을 안 자는 날 휴식 시간을 가지면 아이들의 에너지가 조금 회복됩니다.

루틴에 이름을 붙이면 아이가 더 이해하기 쉬워요. 저희는 이 시간을 콰이어트 타임 Quiet Time 이라고 불러요. 이 시간에는 아이들이 각자 방에 들어가 조용하게 쉽니다. 첫째는 주로 책을 읽고, 둘째는 인형들을 늘어 놓고 함께 쉽니다. 낮잠 후에도 저녁 식사 전까지 놀이 시간을 충분히 갖도록 도와줍니다. 저녁 식사 후에는 일과를 차분하게 마무리할 수 있도록 진행해 주세요. 아이들이 자러 가기 전에 장난감 정리 시간을 갖게 하거나, 잠자리 독서를 할 시간이 되었으므로 함께 읽을 책을 정하며 하루가 끝났다는 것을 알 수 있도록 합니다. 밤잠이 시작될 때에는 부모는 물론 장난감들까지 집 안의 모두가 쉬는 시간이 되었다는 것을 알려 주세요. 내일 또 다시 놀 수 있다는 것도요.

밥을 잘 먹지 않는
현아의 하루

두 살 현아는 밥 먹이기 무척 까다로운 아이입니다. 아침에는 입맛이 없는지 통 먹지를 않고, 한 시간 정도 놀다 보면 배가 고프다며 간식을 찾아요. 낮잠을 재우기 전에 점심을 먹이기 위해 12시에 점심 식사를 차려 주지만 역시나 잘 먹지 않습니다. 낮잠을 짧게 자고 나면 오후엔 다시 배가 고프다며 간식을 많이 먹습니다. 저녁을 먹이려고 자리에 앉히면 현아는 졸리기 때문에 밥을 잘 먹지 않습니다. 꾸벅꾸벅 졸거나, 오히려 흥분해서 돌아다닐 때도 많아요. 엄마, 아빠가 따라다니며 떠먹여 주고 일찍 재우려고 하지만 조금 전까지 졸리다고 하던 아이는 밤잠에 들지 않습니다. 한 시간을 뒹굴던 아이는 9시가 다 되어서야 배가 고프다며 우유를 찾습니다. 의사 선생님은 자기 전에 우유는 이제 끊어야 한다고 했지만 잘 먹지 않는 아

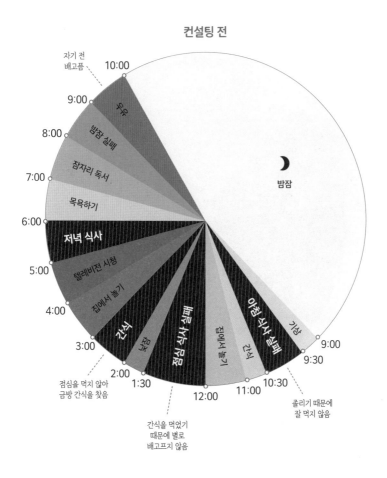

컨설팅 전

- 10:00 / 자기 전 배고픔
- 9:00 / 우유
- 8:00 / 밤잠 실패
- 7:00 / 잠자리 독서
- 6:00 / 목욕하기
- 저녁 식사
- 5:00 / 텔레비전 시청
- 4:00 / 집에서 놀기
- 3:00 / 간식 / 점심을 먹지 않아 금방 간식을 찾음
- 2:00 / 낮잠
- 1:30 / 점심 식사 거부
- 12:00 / 간식을 먹었기 때문에 별로 배고프지 않음
- 11:00 / 집에서 놀기 / 간식
- 10:30 / 졸리기 때문에 잘 먹지 않음
- 9:30
- 9:00 / 기상 / 아침 식사 실패
- 밤잠

이에게 이거라도 먹여야 할 것 같아 부모는 쉽게 끊기 어렵습니다.

현아가 밥을 안 먹는 것은 어디에서 올까요? 아이가 밥을 잘 먹도록 하기 위해 부모는 주로 식사 시간에만 집중합니다. 하지만 밥을 먹기 위해서 얼마나 배가 고픈지부터 생각해 봐야 합니다. 두 번째 사이클인 〈식사〉에서 이야기한 것처럼 규칙적인 식사 시간

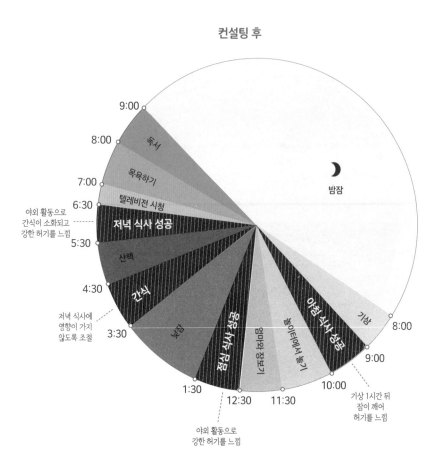

컨설팅 후

9:00

8:00 독서

7:00 목욕하기

6:30 텔레비전 시청

야외 활동으로
간식이 소화되고 ----- 저녁 식사 성공
강한 허기를 느낌

5:30 산책

4:30 간식

저녁 식사에
영향이 가지 3:30 간식
않도록 조절

1:30

12:30 11:30

야외 활동으로
강한 허기를 느낌

밤잠

기상

8:00

9:00

10:00

기상 1시간 뒤
잠이 깨어
허기를 느낌

점심 식사 성공

엄마와 점심놀기

놀이터에서 놀기

아침 식사 성공

을 정하고, 식사와 식사 사이에 충분히 소화시키고 다음 끼니를 맞

이할 수 있는 간격이 있는지 점검해야 하죠.

현아의 일과는 수면 시간과 식사 시간이 서로 꼬여 있습니다. 이것

을 잘 풀어내려면 아침에 일어나는 시간부터 조절합니다. 잠투정을

하다 늦게 잔 현아는 늦게 일어납니다. 그래서 아침에 입맛이 없기 때

문에 아침 식사를 잘 먹지 않습니다. 아침 식사 시간이 흐트러지면서 이후 세 끼가 모두 간식에 방해를 받게 되었습니다. 간식을 틈틈이 먹는 습관은 아이가 신나게 뛰어놀고, 푹 자는 것을 방해합니다.

현아의 하루를 개선하기 위해 제일 먼저 기상 시간을 아침 8시로 앞당깁니다. 한 시간쯤 놀면서 잠이 깨고 난 뒤에 아침 식사를 제공합니다. 아침에 잘 먹지 않는 것이 습관이 되었으므로 과일, 빵, 계란 등으로 간단하게 차려 주는 것부터 시작해도 좋습니다. 아침을 먹고 나면 한 시간 이상 나가서 신나게 놉니다. 오전 간식을 제공할지 여부는 지켜보며 결정합니다. 놀이터에서 뛰어논 아이는 점심쯤 허기를 느낍니다. 집으로 들어와 밥을 먹으면 오전에 많은 간식을 먹고 얼마 지나지 않아 점심을 먹던 전에 비해 더 잘 먹을 거예요.

오전의 야외 활동과 충분한 점심 식사는 현아의 낮잠을 도와줄 거예요. 낮잠을 자고 난 후에는 간단한 간식을 제공하고, 가급적 과자나 주스 등은 삼가합니다. 저녁을 맛있게 먹어야 하니까요. 가능하면 오후에도 신나게 놀면 좋습니다. 친구를 만나거나 동네 산책을 하며 충분한 에너지를 쓰고 나면 저녁을 먹고 금방 잠들 수 있을 거예요.

스마트폰만 찾는
다윤이의 하루

네 살 다윤이는 시도 때도 없이 스마트폰을 찾습니다. 주로 엄마가 바쁠 때 스마트폰을 쥐어 주는 형태로 시청하고 있기 때문에 지루할 때마다 조르는 것이 당연해졌습니다. 육아와 가사에 다른 가족들의 도움을 받기 어려운 다윤이 엄마는 동생을 돌보는 동안 다윤이를 스마트폰에 맡깁니다. 이것을 그만두고 싶지만 일상이 바쁘고 고단한 엄마는 굳게 마음을 먹기 어려워 미루고 있었습니다. 처음에는 하루에 한두 번이었지만 갈수록 다윤이가 스마트폰을 찾는 때가 많아집니다.

다윤이 엄마 역시 스마트폰을 많이 씁니다. 아이들과 놀아 주며 틈틈이 들여다보게 되지요. 엄마가 스마트폰을 보면 자기도 보려고 하는 다윤이 때문에 줄이려고 하지만 쉽지 않습니다. 어린아이들과 있다 보니 자주 밖에 나가지 못하는 다윤이 엄마의 유일한 취미 생활이기 때문입니다. 시도 때도 없이 떨어지는 아이들 간식이나 기저귀도 주문해야 하고요.

아이들이 자고 나면 늦게까지 스마트폰으로 SNS를 하거나 드라마를 봅니다. 다음 날 일어날 때 힘들지만 유일하게 자신만을 위해 보내는 시간이라 포기하기 어렵습니다. 심심할 때마다 지나치게 자주 영상을 보는 다윤이와 스마트폰이 유일한 육아 도우미이자 동시에 육아의 적인 다윤이 엄마는 이 굴레에서 벗어날 수 있을까요?

다윤이의 하루에서 문제를 찾아봅시다. 다윤이는 현재 디지털 미디어를 이용하는 시간을 명확하게 구분할 수 있는 기준이 없습니다. 엄마는 스마트폰을 주지 않겠다고 했다가 다윤이가 떼를 쓰면 주는 것을 반복했기 때문에 다윤이는 언제 이용할 수 있고, 언제 이용할 수 없는지를 이해하기 어렵습니다. 디지털 미디어 이용은 어떻게 총 이용 시간을 제한할지 기준을 정하는 것과 더불어 어떤 형태로 이용하는지를 정하는 것이 중요합니다. 단순히 스마트폰을 오래 보기 때문에 겪을 수 있는 단점도 있지만 디지털 미디어 이용을 조절하지 못해서 오는 단점들도 크기 때문이에요.

디지털 미디어 이용 습관 역시 하루 일과를 조정하면서 함께 고려하면 효과가 좋습니다. 둘째가 어리다 보니 다윤이가 집 안에 있는 시간이 많은 것도 문제를 만듭니다. 세 번째 사이클인 〈운동〉에서 이야기했듯이 충분히 뛰어놀지 못하면 아이는 스스로를 통제

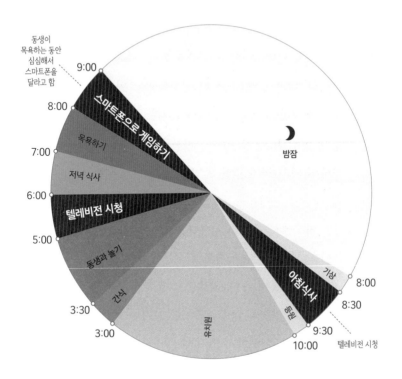

하기 더 어렵습니다. 아이의 디지털 미디어 이용 태도는 부모의 디지털 미디어 이용 태도로부터 영향을 받습니다. 부모가 스마트폰을 '해서는 안 되지만 참을 수 없는 존재'로 바라보면 아이도 그렇게 될 가능성이 높지요. 다윤이 엄마의 스마트폰 습관을 함께 고치면 더 효과가 좋을 거예요.

컨설팅 후

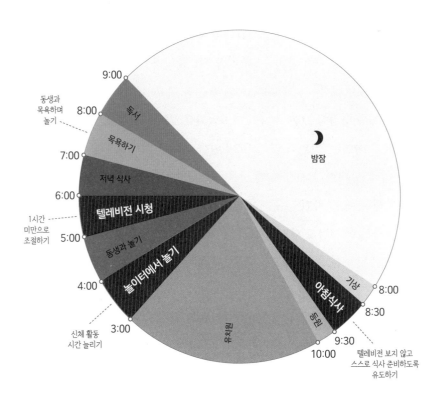

다윤이에게 필요한 것은 영상을 보는 시간이 언제인지 스스로 예측, 판단할 수 있는 분명한 기준입니다. 우선은 여섯 번째 사이클 〈디지털 미디어〉에 있는 연령별 디지털 미디어 이용 가이드라인을 참고하여 다윤이의 디지털 미디어 이용 시간이 자신의 연령대의 기준에 잘 맞는지를 확인합니다.

실전 적용

현재는 다윤이의 디지털 미디어 이용 시간이 3시간 정도입니다. 엄마에게 가장 필요하고, 아이의 디지털 미디어 이용 습관을 기르기에 방해가 되지 않는 시간대를 골라 한 시간 미만이라는 영상 시간의 기준을 정합니다. 저녁 식사를 준비하는 오후 6시 전이 적당해 보입니다. 지금까지 엄마가 동생을 목욕시키는 동안 다윤이는 계속 영상을 보며 기다리고 있었지요. 기다림도 연습이 필요합니다. 아이를 '가만히 앉혀 두기' 위한 디지털 미디어 이용 시간을 없애고, 아이가 스스로 할 일을 하거나 재미있게 놀 수 있도록 응원해 주세요. 하원 후에는 바깥놀이 시간을 가집니다. 다윤이와 동생의 밤잠 시간도 당길 수 있고, 아이들에게 충분한 운동 시간을 주면 생활 태도도 좋아지고, 지루함에 몸부림 치는 일도 줄어들 거예요.

그런데 다윤이 엄마의 노력이 좀 더 필요한 부분이 있어요. 다윤이의 습관만 조절할 것이 아니라, 엄마의 습관 역시 변화가 필요해 보여요. 엄마는 조금 일찍 일어나서 자신의 외출 준비를 미리할 것을 권합니다. 시간이 있다면 아침 식사도 미리 준비해 둡니다. 그래야 다윤이가 스스로 등원 준비를 할 수 있도록 여유롭게 기다려 줄 수 있을 거예요. 엄마 자신의 취침 시간을 밤 12시 이전으로 고정합니다. 육아로 지친 하루 끝에 갖는 '나만의 시간'은 물론 중요합니다. 하지만 그 시간이 정말로 자신에게 휴식과 충전을 줄 때에만 의미가 있습니다. 대개 스마트폰을 보다 늦게 잠들면 다음 날 더 큰 피로를 느끼기 마련입니다. 책을 읽거나 음악을 듣거나 글을 쓰거나, 자기 전에 스트레칭을 하는 등 더 좋은 휴식 방법을 찾으시길 바랍니다.

이제부터는 우리 아이의 24시간을 점검하고, 뇌 발달을 위해 필요한 여섯 가지 사이클이 잘 갖추어진 시간표를 만들 거예요. 먼저 아이의 하루를 관찰해 보세요. 3일에서 7일 정도 기록하며 평균적인 일과를 파악하고 나면 아이의 뇌 발달에 필요한 일과를 점검합니다. 앞에 소개한 체크 포인트들을 참고하여 고쳐야 할 부분을 파악하고, 시간을 효율적으로 분배하여 우리 아이의 더 나은 하루를 꾸려 보세요.

우리 아이 24시간 점검하기

지금 우리 아이의 하루를 기록해 보세요.

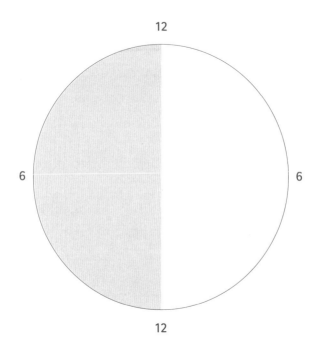

Q. 현재 아이의 하루에서 가장 고민이 되는 점은 무엇인가요?

* _____

* _____

* _____

황금 두뇌를 위한 시간표 만들기

책에서 배운 수면, 식사, 운동, 놀이, 독서, 디지털 미디어를
반영해 아이의 하루를 개선해 보세요.

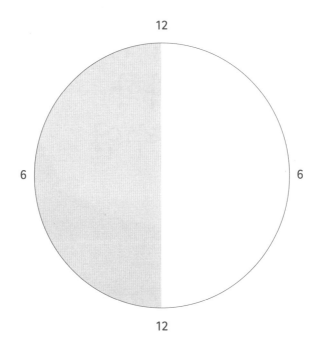

Q. 가장 먼저 실천해야 할 과제는 무엇인가요?

*
_____

*
_____

*
_____

더 알아보기

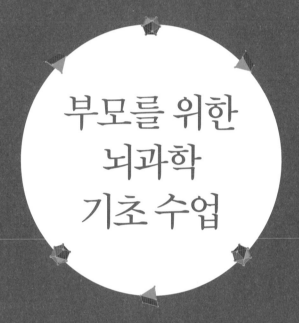

부모를 위한
뇌과학
기초 수업

요즘 뇌에 대한 이야기를 자주 들을 수 있지요? 흥미로운 정보와 불안한 정보가 섞여 있기도 하고요. 부모님들이 아이의 뇌에 대해 궁금해 하는 점들과 알아 두면 좋은 뇌과학 지식을 정리해 보았습니다. 뇌는 무엇이고, 뇌가 발달한다는 것은 어떤 의미일까요? 이 수업을 통해 막연하기만 하던 뇌에 대한 궁금증과 오해, 혹은 불안이 조금은 해소되길 바랍니다.

뇌는 무엇일까?

최근 뇌과학의 발전과 대중의 관심으로 뇌에 대한 이야기를 자주 들을 수 있는 것은 무척 반가운 일입니다. 부모님들을 대상으로 뇌에 대해 이야기할 때면, 새로운 지식을 배우며 흥미로워하는 눈빛과 자신의 육아 때문에 아이의 뇌가 잘못되는 것은 아닌지 불안해 하는 눈빛을 동시에 마주합니다. 이 수업은 부모님들이 꼭 알았으면 하는 뇌과학 지식을 간단히 정리하기 위해 만들었습니다. 뇌는 무엇이고, 뇌가 발달한다는 것은 어떤 의미인지를 함께 짚어보기 위해서요. 이것을 알고 난 다음에는 막연하게 갖고 있던 뇌에 대한 궁금증과 오해, 혹은 불안이 조금 해소되길 바라면서요.

뇌가 자라는 것을 이야기하기 위해서는 가장 먼저 이 질문을 함께 생각해 보면 좋겠어요. 뇌는 무엇을 하는 곳일까요? 우리가 머릿속에 갖고 있는 뇌에 대한 개념이 뇌와 관련된 정보를 이해하는 데에 시작점이 됩니다. 우리는 뇌를 어떻게 이해하고 있을까요? 2023년 1월, 스튜디오B의 두뇌 발달 강의를 수강하신 138명의 부모님들에게 뇌는 무엇을 하는 곳인지 질문해 보았어요.

가장 많은 답변은 '통제'였어요. 우리의 몸을 통제 또는 제어하고, 명령을 내리는 곳이라고 답변해 주셨습니다. 사령관, 중앙 통제 기관, 컨트롤 타워, CEO 등의 비유적 표현들도 있었고요. 그 다음으로 '생각'을 하는 곳이라는 답변이 가장 많았습니다. 이와 관련해서 '인지' '기억' '주의' '의식' '판단' 등의 단어들이 있었지요. 그 다음으로는 감정과 감각에 대한 답변이 있었어요. 그리고 뇌가 있기 때문에 인간이 인간답게 살 수 있다거나, '나'라는 사람이 만들어진다는 말들도 있었습니다. 여러분이 갖고 있는 생각과 비슷한가요?

이것은 전혀 틀린 말은 아니지만, 100퍼센트 맞는 답도 아닙니다. 뇌는 우리의 생각과 사고, 감정과 감각의 처리, 행동의 결정과 통제, 그리고 실행에 중요한 역할을 합니다. 하지만 그것이 전부는 아닙니다. 저는 여기에 덧붙여 하고 싶은 말이 있어요. 바로 뇌가 어떻게 구성되어 있고, 어떻게 우리의 몸과 연결되어 있는지에 대한 이야기입니다. 우리의 뇌는 어떻게 생겼을까요?

뇌를 떠올려 보세요. 사람의 머리 안쪽에 들어 있는 핑크빛을 띠고, 구불구불한 주름이 생긴 반구 형태를 떠올리게 됩니다. 반으로 갈라져 있기 때문에 좌뇌와 우뇌로 구분해 부르기도 하죠. 호두

알 반쪽같이 생긴 이 기관의 이름은 바로 대뇌cerebrum❜입니다. 사람의 중추신경계를 관장하는 상위 기관으로 두개골 안에 위치하지요. 우리가 뇌라고 부를 때에는 대뇌보다 조금 더 넓은 영역을 포함하게 됩니다. 대뇌의 아래에 위치한 소뇌❜와 간뇌❜, 척수와의 연결 부분인 뇌간❜까지 포함됩니다. 그리고 뇌는 척수로 연결되어 중추신경계를 구성하지요. 중추신경계는 다시 몸 구석구석으로 뻗어나가는 말초신경계로 연결됩니다. 오른쪽의 그림은 우리가 흔히 떠올리는 호두알 모양의 뇌와 사뭇 다르게 생겼지요.

저는 이 신경계 그림처럼 우리 몸을 전체로 이해하는 것이 우리가 뇌를 바라보는 관점에 중요하다고 생각해요. 뇌는 머릿속에 홀로 떨어진 신비롭고 알 수 없는 존재가 아니라, 우리의 몸을 아우르는 신경계에서 정보를 받아 처리하고, 다시 신경의 끝으로 돌려 보내는 곳이라는 사실이요. 그렇게 바라보았을 때의 뇌는 보다 넓은 역할을 담당합니다. 숨쉬고, 먹고 마시고, 잠들고 깨어나는 과정 전반을 담당하고, 연필을 들고 글씨를 쓰거나 자연스럽게 길을 걸어가는 것도 담당하고 있습니다. 뇌는 신경계 전체와 연결되어 있고, 신경계는 몸 전체와 연결되어 있습니다. 그렇기 때문에 우리 삶의 조각들 역시 서로 연결되어 있습니다. 잠은 집중력에 영향

뇌와 신경계의 모습

을 미치고, 식사는 기분에 영향을 미치고, 몸의 움직임은 학습 능력에 영향을 미칩니다.

우리가 '시각 영역'이라고 부르는 뇌의 영역이 있긴 하지만, 우리가 무언가를 보는 것은 이 영역 혼자서 하는 일은 아닙니다. 눈을 통해 들어온 빛이 망막에 상으로 맺히고, 이 정보는 시신경을 타고 뇌를 여행합니다. 일차시각피질로 먼저 전달된 정보는 색, 형태, 움직임, 위치 등의 정보를 각각 다른 뉴런들이 나누어 처리합니다. 만약 눈 앞의 물건을 잡는다면 시각 정보를 이용해 운동 정보를 만들고, 이 신호를 잃어버리지 않고 손가락 근육으로 잘 전달해야 정확하게 잡을 수 있게 됩니다. 작은 생각 하나, 작은 동작 하나도 모두 몸 구석구석과 뇌가 서로 소통하며 이루어지는 아름다운 과정입니다. 우리의 뇌는 몸과 따로 생각할 수 없습니다.

아이의 뇌는 어떻게 발달할까?

뇌가 발달한다는 것은 여러 의미가 있습니다. 그리고 뇌의 영역과 기능별로 발달의 속도와 순서, 양상이 모두 다릅니다. 따라서 '뇌 발달'이라는 하나의 말로 모든 것을 이해하기가 어렵지요. 이 과정들을 잘못 설명하거나 과장하게 되면 뇌 발달에 대한 오해를 낳거나, 부모님들에게 과도한 불안을 불러올 수도 있고요. 그래서 이 책을 읽는 분들이 뇌 발달을 다각도로 이해하고 아이의 뇌에 대한 정보를 똑똑하게 받아들이셨으면 좋겠습니다. 부모로서 알아두면 좋은 뇌 발달의 특징은 다섯 가지 정도로 요약해 볼 수 있습니다.

◉ 뇌의 크기가 커져요

말 그대로 뇌가 자라는 것입니다. 뇌를 구성하는 세포의 수가 늘어나고, 세포가 자라나는 과정입니다. 이것은 태아가 엄마 배 속에 있을 때부터 시작되지요. 배 속에서 이미 뇌의 기본적인 구조가 갖추어지게 됩니다. 세상에 적응하기 위한 기능을 어느 정도 갖추고 태어나야 하니까요. 갓 태어난 신생아의 뇌는 성인 뇌 크기의 약 25퍼센트 정도이나, 생후 2년 동안 성인 뇌 크기의 80퍼센트 수준으로 자라납니다. 세 살 무렵의 뇌 크기는 성인 뇌 크기의 약 90퍼센트입니다. 몸의 다른 부분과 비교했을 때 무척 빠른 속도로 성장하죠. 이때 뇌가 커진다는 것은 뇌의 부피가 증가한다는 것을 의미합니다. 뉴런이 계속 생겨나고, 뉴런과 뉴런 사이의 연결인 시냅스 Synapse가 많아지며 부피가 늘어납니다.

이 시기에 아이의 뇌 발달이 중요한 것은 사실입니다. 필요한 신경세포를 충분히 만들어 놓아야 이후의 기능 발달에 지장이 없으니까요. 하지만 세 살까지 뇌의 90퍼센트가 정해진다거나 모두 천재가 될 수 있는데 이 시기를 놓치면 안 된다. 그렇기 때문에 어떤 교구나 장난감, 책 등을 구매해야 한다는 말은 오해를 부르기 쉽습니다. 뇌의 부피가 증가하는 과정은 아이의 키가 자라고, 손가락이 다섯 개로 잘 자리 잡는 것과 같이 우리에게 미리 준비되어 있는 과정에 가깝습니다. 기본적인 성장 환경의 조건이 갖추어진다면 대부분의 아이들이 이 속도를 따라가며 성장합니다.

● 뉴런이 새롭게 연결돼요

뉴런은 뇌 안에 있는 신경세포 중 일부로서, 뉴런을 세는 방법마다 차이가 있지만 약 860억 개가 있다고 알려져 있습니다. 이 수많은 뉴런들이 서로 신호를 주고받으며 복잡하게 일하고 있습니다. 뉴런과 뉴런은 온전히 맞붙어 있기 보다는 가까이에 위치합니다. 이 부분이 시냅스입니다. 한 뉴런의 신호는 다음 뉴런의 수상돌기로 전달되고, 신호를 받은 뉴런은 또 다음 뉴런들에 신호를 보냅니다. 마치 배턴을 넘겨주는 이어달리기 선수처럼요. 이 과정은 뇌 안에서 끊임없이 일어납니다.

아이가 자라날수록 이러한 뉴런과 뉴런 사이의 연결이 증가합니다. 이것은 앞에서 이야기한 것처럼 뉴런이 늘어나면 연결도 많아지기 때문에 자연스럽게 생기는 일이기도 하고, 뇌가 자주 사용하거나 일을 잘하는 데에 중요하다고 여기는 뉴런의 연결을 강화하기 위해 수상돌기를 더 뻗어 가기도 합니다.

대뇌의 단면은 겉껍질은 좀 더 진한 회색빛이고, 안쪽은 좀 더 하얀빛입니다. 그래서 겉을 회백질이나 회색질, 안을 백질이라고 부르는데요. 회백질의 색이 더 진한 이유는 뉴런의 세포체와 수상돌기가 모여 있는 부분이기 때문이에요. 따라서 뉴런의 연결이 많다는 것은 회백질의 부피가 두껍다는 뜻이기도 합니다.

종종 뇌의 발달 정도를 '뇌의 피질이 더 두껍다'고 표현하기도 하는데, 이는 회백질의 부피가 늘어난다는 말로, 뉴런의 연결이 많아졌다는 의미로 해석하시면 됩니다. 아이들의 발달을 연구할 때 피질이 더 두껍다는 것은 대부분 긍정적 의미로 해석합니다. 하지만 발달이 점차 진행되면서 언제나 그렇지만은 않습니다. 청소년기를 거쳐 성인이 되는 과정에서는 회백질을 포함한 대뇌피질●의 두께가 얇아지면서 회백질의 밀도가 높아지기도 합니다.

● 뉴런의 신호 전달이 빨라져요

뉴런의 한쪽 끝에서 만들어진 신호는 축삭을 따라 전달되고, 축삭의 끝에서 다음 뉴런으로 신호를 전달하게 됩니다. 축삭이 신호를 더 잘 전달할 수 있도록 축삭의 주위를 미엘린 수초가 감싸는 과정을 '수초화'라고 부릅니다. 미엘린 수초는 지방질로 이루어진 절연 물질로, 축삭이라는 전선을 감고 있는 피복 껍질처럼 생각할 수 있습니다. 전선에 피복을 감으면 신호 전달이 빨라지고, 신호의 손실이 줄어들게 됩니다. 즉 똑똑하고 빠르게 일할 수 있게 되는 것이죠. 자주 사용하는 신호가 지나가는 길에는 수초화가 더 잘 진행됩니다. 대뇌의 백질이 하얗게 보이는 이유는 수초의 지방질 덕분입니다. 수초화 과정이 진행되면 백질의 부피가 증가합니다.

◉ 시냅스 가지치기를 해요

뇌의 발달이 항상 뉴런과 시냅스의 양이 많아지는 방향으로만 진행되는 것은 아닙니다. 줄어들기도 해요. 뇌에서는 뉴런과 시냅스를 미리 많이 만들어 두는 과잉 생산 과정과, 뉴런의 연결을 솎아 내는 과정인 시냅스 가지치기가 진행됩니다. 가지치기가 필요한 이유는 간단합니다. 뇌가 몸의 에너지를 너무 많이 사용하기 때문이에요. 성인을 기준으로 뇌는 몸무게의 고작 2퍼센트를 차지하지만, 신체 에너지의 20퍼센트를 사용합니다. 아이들의 경우에는 뇌가 더 많은 에너지를 사용합니다. 전체 에너지 소비의 50퍼센트가 뇌에서 이루어지죠. 5, 6세에 뉴런들의 연결이 최고조에 이르렀다가 차츰 가지치기 과정을 통해 줄어들면서 에너지 소모량도 그에 따라 낮아지게 됩니다. 만약 가지치기를 하지 않고 시냅스를 모두 다 유지하려고 했다가는 점점 커지는 몸을 운용하기 위한 위한 에너지가 모자랄 거예요. 시냅스 가지치기는 그래서 꼭 필요한 과정입니다.

그럼 처음부터 필요한 것만 만들어서 쓰면 되는 게 아닐까 생각해 볼 수도 있을 거예요. 계속 변하는 환경에 맞추어 새로운 행동을 해야 하는 인간의 입장에서 시냅스를 필요할 때, 필요한 만큼만 만들어서 쓰는 방법은 잘 맞지 않습니다. 물고기가 무수히 많은 알을 낳아 일부가 살아남고, 민들레가 수많은 홀씨를 날려 보내어 그 중 좋은 환경과 만난 홀씨가 싹트는 것과 마찬가지로 자연은 미리 만들어 대비한 뒤 중요한 것을 남기는 방식을 선택했습니다. 시냅스 가지치기는 '사용하라. 그렇지 않으면 사라진다 Use it, or lose it' 라는 말로 요약할 수 있습니다. 사라진 것을 되살리는 일은 일정한 나이가 지나면 어려워지기 때문이에요. 성인이 되어서도 새로운 신경세포를 만들고 시냅스를 연결하기도 하지만, 어릴 때만큼의 속도를 내기 어렵습니다. 따라서 불필요한 가지만 쳐내고, 중요한 가지는 잃어버리지 않는 것이 중요합니다.

◑ 계속해서 변화해요

뇌가 가진 가장 놀라운 능력은 변화할 수 있다는 점입니다. 그것도 계속해서 말이죠. 뇌는 외부 환경을 경험하면서 그에 맞추어 스스로 정보 처리 회로를 재구성합니다. 이 성질을 신경가소성 Neuroplasticity이라고 부릅니다. 특히 학습과 기억 등을 거치며 연결된 뉴런들이 더 잘 반응하도록 적응해 가는 능력을 '시냅스 가소성'이라고 말하기도 합니다. 예전에는 이 과정이 유년기 이전에 진행되고, 성인이 되면 뇌는 노화하기만 할 뿐 뉴런이 새롭게 만들어지지 않는다고 생각했습니다.

하지만 연구가 진행될수록 성인이 되어서도 뇌가 변한다는 증거들을 계속 발견하게 되었지요. 신경가소성의 예시로, 악기를 연주하는 음악가의 뇌에서 손가락의 감각을 처리하는 영역이 확대

되면서, 다른 손가락의 감각을 담당하는 영역과 중첩되는 현상을 들 수 있습니다. 이렇게 되면 한 손가락의 감각을 다른 손가락의 감각과 구분하기가 어려워져 더 이상 미세하게 악기를 연주하지 못하게 된다고 해요. 손의 문제가 아니라 뇌가 장기간에 걸쳐 변화하면서 생긴 현상입니다.

뇌 발달의 어떤 부분은 개인 간의 차이가 별로 없습니다. 좌뇌와 우뇌를 갖추고 있는 것이나 시각 정보는 뇌의 뒤쪽에서, 청각 정보는 뇌의 옆쪽에서 주로 처리하는 것도 다들 비슷합니다. 비슷한 시기에 비슷한 영역에서 활발한 성장이 일어나는 것 등은 유사하게 진행됩니다. 예를 들어 소뇌는 태아가 수정된 후 약 30일 뒤부터 생후 2년까지 빠른 속도로 발달합니다. 아이가 돌쯤 걸음마를 하고 두 돌이 되면 제법 몸을 잘 가누며 걸어 다니는 것을 보면 운동과 균형을 담당하는 소뇌가 뇌의 다른 영역들보다 상대적으로 빠르게 발달하는 것이 이해됩니다.

반면에 가장 복잡한 구조를 가진 대뇌피질은 제일 오랫동안 발달합니다. 우리가 성인기라고 가정하는 열여덟 살 이후가 되어서도 발달이 지속되지요. 생존하기 위해 제일 먼저 필요한 감각 정보를 처리하는 영역에서 먼저 수초화가 진행되고, 언어 영역, 집행 기능Excutive Funtion을 담당하는 영역순으로 오랜 기간에 걸쳐 발달합니다.

하지만 앞서 발달의 종류에서 말씀드린 뉴런의 연결, 수초화, 시냅스 가지치기는 뇌가 어떤 환경에서 무엇을 경험하는지에 따라 다른 양상으로 일어나게 됩니다. 뇌는 자라면서 만나는 무수한 일들을 반영하며 발달하기 때문에 결국 사람마다 모두 다른 뇌를 갖게 됩니다. 그러니 아이의 뇌가 건강하게 잘 자랄 수 있는 환경을 마련해 주는 것이 무엇보다 중요하지요.

씨앗에서 싹이 트고 뿌리를 뻗어 가는 것처럼 우리 아이의 뇌가 자라나고 뉴런이 튼튼한 가지를 뻗어 가도록, 아이의 뇌에 좋은 환경을 마련해 주시길 바랍니다.

용어 설명

뇌의 구조

- **대뇌**
  중추신경계의 상위 기관으로 대뇌피질과 그 아래 영역들의 내부 및 하부 구조를 포함합니다. 감각과 운동, 감정, 언어, 기억, 평가, 판단 등의 정신 기능을 담당합니다.

- **소뇌**
  머리 뒤쪽, 대뇌 아래에 위치한 영역으로 대뇌가 미로처럼 구불구불한 주름이 있다면, 소뇌는 평행한 줄무늬와 같은 주름이 있습니다. 감각의 통합과 근육의 조절에 중요한 역할을 하며 신체의 균형과 협응을 담당합니다. 소뇌가 손상될 경우 몸의 미세한 움직임이나 움직임의 시점, 시작을 통제하는 것에 어려움을 겪습니다.

- **간뇌**
  시상과 시상하부, 뇌하수체 등을 포함하는 영역입니다. 신체 항상성 유지의 중추로, 대사와 자율신경계를 관장합니다. 호르몬 분비와 자극을 통해 체온, 배고픔, 갈증, 피로, 수면을 조절하고, 성장, 혈압, 에너지 조절, 성, 신체 대사와 출산과 모유 수유 등 여러 기능에 영향을 미쳐요.

- **뇌간(뇌줄기)**
  뇌에서 대뇌와 소뇌를 제외한 부분으로 척수와 대뇌를 줄기처럼 연결하기 때문에 뇌줄기라고도 부릅니다. 뇌간은 반사 운동이나 내장 기능 등 가장 기본적인 기능(반사 운동이나 내장 기능 등)의 중추로 생명이 유지되는 데에 필수적인 역할을 합니다.

대뇌피질의 구조

- **전두엽**
  사고, 추리, 목표 설정과 계획, 행동의 통제와 감정의 조절, 의사 결정 등 복잡한 인지 기능을 담당합니다. 브로카 영역이 위치하여 말의 생성을 조절하고요. 두정엽과의 경계 바로 앞에 위치한 일차운동피질은 신체의 움직임을 조절하는 역할을 합니다. 이마의 바로 뒤에 위치한 전두엽의 가장 앞부분은 전전두피질이라고 부르는데 이 부분이 행동을 감독하고, 계획하고, 지시하고, 실행하는 의사 결정 및 집행 기능(혹은 실행 기능)에 중요한 역할을 합니다.

- **두정엽**
  두정엽은 감각 정보 처리와 운동의 실행에 중심적 역할을 하고, 공간 감각과 수학적 사고에도 중요합니다. 전두엽과의 경계 뒤에는 체감각피질이 자리하여 피부를 통해 전달되는 감각 정보를 처리합니다.

- **측두엽**

측두엽은 뇌의 양쪽 가장자리에 위치하여 귀와 가깝습니다. 청각 정보 처리의 중심 영역입니다. 베르니케 영역이 존재하여 말의 이해를 담당하고요. 언어의 이해를 바탕으로 학습과 기억에도 중요한 역할을 합니다. 가장 아래쪽의 방추이랑은 시각 정보 처리를 담당하며 친숙한 얼굴을 알아보거나 글자를 인식하는 일을 합니다.

- **후두엽**

뒤통수엽이라고도 부르는 후두엽은 머리의 가장 뒤쪽에 자리 잡고 있습니다. 시각 정보를 다양하게 처리합니다. 눈에 이상이 없더라도 후두엽에 손상이 있으면 색깔을 구분하지 못하거나 그림 속 사물을 알아보지 못하고, 글씨를 읽지 못하는 등의 다양한 어려움을 겪게 됩니다.

변연계의 구조

- **해마**

해마는 학습과 기억의 중추입니다. 바닷속 해마의 몸처럼 울퉁불퉁하여 해마라고 불립니다. 해마는 공간 지각과 공간의 기억 등을 담당하고, 일화 기억 Episodic Memory(지난 주말에 있었던 친구의 생일 파티에 대한 것처럼 자전적 사건에 관한 기억)을 저장합니다. 해마는 새로운 기억을 장기 기억으로 전환하는 데에 중요합니다.

- **편도체**

편도체는 아몬드처럼 생긴 작은 영역입니다. 편도체는 정서적 신호의 처리와 반응에 핵심입니다. 특히 불안, 공포, 화 등의 감정을 느낄 때면 편도체가 강하게 반응하고 있다고 생각할 수 있습니다. 편도체는 정서와 결합된 기억을 저장하는 '정서적 학습'도 담당합니다.

- **시상**

  시상은 뇌의 중심부에 위치합니다. 변연계는 시상을 중심으로 고리의 형태를 이루고 있죠. 시상은 통합 중추로서 대뇌피질로 전달되는 여러 감각계의 관문이라고 할 수 있습니다. 몸의 여러 감각 수용기에서 후각을 제외하고 수집된 시각, 청각, 체감각의 정보는 시상을 통해 해당 감각을 담당하는 대뇌피질로 전달됩니다.

- **시상하부**

  말 그대로 시상의 아래에 위치합니다. 시상하부는 많은 역할을 담당하는데, 그 중에서도 가장 중요한 것은 신경계와 내분비계를 연결하는 것입니다. 대사 과정과 자율신경계의 활동을 관장하여 우리가 갖고 있는 여러 생리적 기능(수면, 갈증, 배고픔, 체온 조절 등)을 조절합니다.

뉴런의 구조

- **뉴런**

  뉴런, 혹은 신경 세포는 신경계 안에 위치한 특별한 세포의 종류를 말합니다. 뉴런은 몸 전체, 그리고 뇌에 정보를 전달하는 역할을 합니다. 뉴런이 반응하기 위해서는 일정 수준 이상의 강도로 자극이 있어야 합니다. 뉴런이 자극을 받으면 반응, 혹은 흥분하게 됩니다. 흔히 이것을 뉴런이 발화 Fire(불이 붙는다) 한다고 표현합니다. 뉴런은 세포체와 신호를 받는 수상돌기, 다음 뉴런으로 전달하는 축삭(축삭돌기)으로 이루어져 있습니다.

- **시냅스**

  뉴런과 뉴런은 온전히 맞붙어 있기 보다는 가까이에 위치하는데, 이 부분을 시냅스라고 합니다. 한 뉴런 안에서의 반응은 축삭을 따라 이동하고, 축삭말단(축삭의 가장 끝)에 다다르면 화학물질을 분비합니다. 화학물질은 시냅스를 건너 다음 뉴런의 수상돌기로 전달되어 다시 신호를 만들어 냅니다.

참고 문헌

Cycle 1. 수면: 최고의 잠을 선물하라

1 A. Rechtschaffen, M. A. Gilliland, B. M. Bergmann, J. B. Winter, "Physiological Correlates of Prolonged Sleep Deprivation in Rats", *Science*, 1983.

2 Erik S. Musiek, David D. Xiong, David M. Holtzman, "Sleep, circadian rhythms, and the pathogenesis of Alzheimer Disease", *Exp Mol Med*, 2015.

3 Ken A. Paller, Jessica D. Creery, Eitan Schechtman, "Memory and Sleep: How Sleep Cognition Can Change the Waking Mind for the Better", *Annu Rev Psychol*, 2021.

4 Elsie M. T, Sheryl L. R, Kristen L. Bub, Matthew W. G, Emily. O, "Prospective Study of Insufficient Sleep and Neurobehavioral Functioning Among School-Age Children Taveras", *Academic Pediatrics*, 2017.

5 Ann C. Halbower, Mahaveer Degaonkar, Peter B. Barker, Christopher J. Earley, Carole L. Marcus, Philip L. Smith, M. Cristine Prahme, E. Mark Mahone, "Childhood obstructive sleep apnea associates with neuropsychological deficits and neuronal brain injury", *PLoS Med.*, 2006.

6 Max Hirshkowitz, Kaitlyn Whiton, Steven M. Albert, Cathy Alessi, Oliviero Bruni, Lydia DonCarlos, Nancy Hazen, John Herman, Paula. J, Adams Hillard, Eliot S. Katz, Leila Kheirandish-Gozal, David N. Neubauer. Anne E. O'Donnell, Maurice Ohayon, John Peever, Robert Rawding, Ramesh C. Sachdeva, Belinda Setters, Michael V. Vitiello, J. Catesby Ware, "National Sleep Foundation's updated sleep duration recommendations: final report", *Sleep Health*, 2015.

7 Anne-Marie Chang, Daniel Aeschbach, Jeanne F. Duffy, Charles A. Czeisler, "Evening use of light-emitting eReaders negatively affects sleep, circadian timing, and next-morning alertness", *Proceedings of the National*

Academy of Sciences, 2014.

Cycle 2. 식사: 뇌가 좋아하는 식탁은 따로 있다

1 뇌의 도파민 중추 중 중뇌-피질-변연계 경로Mesocorticolimbic Pathway와 그 외 도파
   민 시스템의 시작점으로 뇌에서 보상의 처리와 그를 바탕으로 한 학습, 긍정적 감정
   등에 중요한 역할을 하는 영역이다.

2 Mariela Chertoff, "Protein Malnutrition and Brain Development", *Brain
   disorders & Therapy*, 2015.

3 Lotte Lauritzen, Paolo Brambilla, Alessandra Mazzocchi, Laurine B. S.
   Harsløf, Valentina Ciappolino, Carlo Agostoni, "DHA Effects in Brain
   Development and Function", *Nutrients*, 2016.

4 John L. Beard, "Why Iron Deficiency Is Important in Infant
   Development", *The Journal of Nutrition*, 2008.

5 C. C. Pfeiffer, E. R. Braverman, "Zinc, the brain and behavior", *Biol
   Psychiatry*, 1982.

6 Huong T. T. Ha1, Sergio Leal-Ortiz, Kriti Lalwani, Shigeki Kiyonaka,
   Itaru Hamachi, Shreesh P. Mysore, Johanna M. Montgomery, Craig C.
   Garner, John R. Huguenard, Sally A. Kim, "Shank and Zinc Mediate an
   AMPA Receptor Subunit Switch in Developing Neurons", *Frontiers in
   Molecular Neuroscience*, 2018.

7 Rebekka Schnepper, Claudio Georgii, Katharina Eichin, Ann-Kathrin
   Arend, Frank H. Wilhelm, Claus Vögele, Annika P. C. Lutz, Zoé van
   Dyck, Jens Blechert, "Fight, Flight–Or Grab a Bite! Trait Emotional and
   Restrained Eating Style Predicts Food Cue Responding Under Negative
   Emotions", *Frontiers in Behavioral Neuroscience*, 2020.

8 Abby Braden, Kyung Rhee, Carol B. Peterson, Sarah A. Rydell, Nancy

Zucker, Kerri Boutelle, "Associations between child emotional eating and general parenting style, feeding practices, and parent psychopathology", *Appetite*, 2014.

9   Magalie Lenoir, Fuschia Serre, Lauriane Cantin, Serge H. Ahmed, "Intense sweetness surpasses cocaine reward", *PLOS ONE*, 2007.

10   A. P. Ross, T. J. Bartness, J. G. Mielke, M. B. Parent, "A high fructose diet impairs spatial memory in male rats", *Neurobiol Learn Mem*, 2009.

11   Amy C. Reichelt, Simon Killcross, Luke D. Hambly, Margaret J. Morris, R. Fred Westbrook, "Impact of adolescent sucrose access on cognitive control, recognition memory, and parvalbumin immunoreactivity", *Learn Mem*, 2015.

12   Liang. J, Matheson B. E, Kaye W. H, Boutelle K. N, "Neurocognitive correlates of obesity and obesity-related behaviors in children and adolescents", *International Journal of Obesity*, 2014.

13   Ronan. L, Alexander-Bloch. A, Fletcher P. C, "Childhood Obesity, Cortical Structure, and Executive Function in Healthy Children", *Cerebral Cortex*, 2020.

14   Sabrina K. Syan, Carly McIntyre-Wood, Luciano Minuzzi, Geoffrey Hall, Randi E. McCabe, James MacKillop, "Dysregulated resting state functional connectivity and obesity: A systematic review", *Neuroscience & Biobehavioral Reviews*, 2021.

15   Marco La Marra, Giorgio Caviglia, Raffaella Perrella, "Using Smartphones When Eating Increases Caloric Intake in Young People: An Overview of the Literature", *Frontiers in Psychology*, 2020.

16   Barry M. Popkin, Kristen. E. D'Anci, Irwin. H. Rosenberg, "Water, Hydration, and Health", *Nutrition Reviews*, 2010.

17   Roberta Fadda, Gertrude Rapinett, Dominik Grathwohl, Marinella Parisi, Rachele Fanari, Carla Maria Calò, Jeroen Schmitt, "Effects of drinking supplementary water at school on cognitive performance in children", *Appetite*, 2012.

18   Caroline. J. Edmonds, Laura Crosbie, Fareeha Fatima, Maryam Hussain, Nicole Jacob, Mark Gardner, "Dose-response effects of water supplementation on cognitive performance and mood in children and adults", *Appetite*, 2017.

19   Catherine Cornu, Catherine Mercier, Tiphanie Ginhoux, Sandrine Masson, Julie Mouchet, Patrice Nony, Behrouz Kassai, Valérie Laudy, Patrick Berquin, Nathalie Franc, Marie-France Le Heuzey, Hugues Desombre, Olivier Revol, "A double-blind placebo-controlled randomised trial of omega-3 supplementation in children with moderate ADHD symptoms", *Eur Child Adolesc Psychiatry*, 2018.

Cycle 3. 운동: 움직이는 뇌가 똑똑하게 자란다

1   Daniel D. Cohen, Christine Voss, Gavin. R. H, Sandercock, "Fitness Testing for Children: Let's Mount the Zebra!", *J Phys Act Health*, 2015.

2   Erik. M. Hedström, Olle Svensson, Ulrica Bergström, Piotr Michno, "Epidemiology of fractures in children and adolescents", *Acta Orthopaedica*, 2010.

3   S. A. Neeper, F. Gómez-Pinilla, J. Choi, C. Cotman, "Exercise and brain neurotrophins", *Nature*, 1995.

4   Carl. W. Cotman, Nicole. C. Berchtold, "Exercise: a behavioral intervention to enhance brain health and plasticity", *Trends in Neurosciences*, 2002.

5   Éadaoin. W. Griffin, Sinéad Mullally, Carole Foley, Stuart. A. Warmington, Shane. M. O'Mara, Aine. M. Kelly, "Aerobic exercise

improves hippocampal function and increases BDNF in the serum of young adult males", *Physiology & Behavior*, 2011.

6   Tsubasa Tomoto, Jie Liu, Benjamin. Y. Tseng, Evan. P. Pasha, Danilo Cardim, Takashi Tarumi, Linda. S. Hynan, C. Munro Cullum, Rong Zhang, "One-Year Aerobic Exercise Reduced Carotid Arterial Stiffness and Increased Cerebral Blood Flow in Amnestic Mild Cognitive Impairment", *J Alzheimers Dis*, 2021.

7   반복적인 스텝을 밟는, 잘 추지 못하는 중년 여성의 춤을 뜻한다. <urbandictionary.com>

8   <Guidelines on physical activity, sedentary behaviour and sleep for children under 5 years of age>, World Health Organization, 2019.

9   <Physical Activity Guidelines for Americans> 2nd edition, U.S. Department of Health and Human Services, 2019.

10   Linnea Bergqvist-Norén, Emilia Hagman, Lijuan Xiu, Claude Marcus, Maria Hagströmer, "Physical activity in early childhood: a five-year longitudinal analysis of patterns and correlates", *International Journal of Behavioral Nutrition and Physical Activity*, 2022.

11   Karsten Hollander, Johanna Elsabe de Villiers, Susanne Sehner, Karl Wegscheider, Klaus-Michael Braumann, Ranel Venter, Astrid Zech, "Growing-up (habitually) barefoot influences the development of foot and arch morphology in children and adolescents", *Scientific Reports*, 2017.

12   움직임, 평형, 중심에 대한 감각으로, 귓속의 전정 기관이 몸의 기울기를 감지하고, 몸의 공간적 지향을 담당한다.

13   몸의 각 부분의 위치, 움직임의 상태, 몸에 가해지는 저항, 중량 등을 감지하는 감각으로 근육, 힘줄, 관절의 움직임을 감지하는 것을 말한다.

14   Dongying Li, Yujia Zhai, Po-Ju Chang, Jeremy Merrill, Matthew H. E. M.

Browning, William. C. Sullivan, "Nature deficit and senses: Relationships among childhood nature exposure and adulthood sensory profiles, creativity, and nature relatedness", *Landscape and Urban Planning*, 2022.

15   Andrea Faber Taylor, Frances E. Kuo, and William. C. Sullivan, "Coping with ADD. The Surprising Connection to Green Play Settings", *Environment and Behavior*, 2001.

16   Bradley. S. Peterson, Virginia Warner, Ravi Bansal, Myrna. M. Weissman, "Cortical thinning in persons at increased familial risk for major depression", *Proceedings of the National Academy of Sciences of the United States of America*, 2009.

17   스라소니의 일종인 고양이과 동물이다.

Cycle 4. 놀이: 자아를 발견하고 사회성을 기르는 시작

1   William. A. Mason, Sue. V. Saxon & Lawrence. G. Sharpe, "Preferential responses of young chimpanzees to food and social rewards", *The Psychological Record*, 1963.

2   측좌핵, 또는 측핵이라고 부르며 한글 기반의 신용어로는 기댐핵이라고 부르기도 한다. 영문 약자 역시 NAcc, NAC, NAc 등으로 표기한다.

3   Linda. W. M. van Kerkhof, Ruth Damsteegt, Viviana Trezza, Pieter Voorn, Louk. J. M. J Vanderschuren, "Social Play Behavior in Adolescent Rats is Mediated by Functional Activity in Medial Prefrontal Cortex and Striatum", *Neuropsychopharmacol*, 2013.

4   Heather C. Bell, David R. McCaffrey, Margaret L. Forgie, Bryan Kolb, Sergio M. Pellis, "The role of the medial prefrontal cortex in the play fighting of rats", *Behavioral Neuroscience*, 2009.; Sergio M. Pellis, Erica Hastings, Takeshi Shimizu, Holly Kamitakahara, Joanna Komorowska, Margaret L. Forgie, Bryan Kolb, "The effects of orbital frontal cortex

damage on the modulation of defensive responses by rats in playful and nonplayful social contexts", *Behavioral Neuroscience*, 2006.

5 Jeffrey. A. Lam, Emily. R. Murray, Kasey E. Yu, Marina Ramsey, Tanya. T. Nguyen, Jyoti Mishra, Brian Martis, Michael. L. Thomas, Ellen. E. Lee, "Neurobiology of loneliness: a systematic review", *Neuropsychopharmacol.* 2021.

6 Annabel Amodia-Bidakowska, Ciara Laverty, Paul. G. Ramchandani, "Father-child play: A systematic review of its frequency, characteristics and potential impact on children's development", *Developmental Review*, 2020.

Cycle 5. 독서: 뇌를 성장시키는 문해력의 비밀

1 Jessica L. Montag, Michael N. Jones, Linda B. Smith "View all authors and affiliations The Words Children Hear", *Psychological Science*, 2015.

2 Victoria Purcell-Gates, "Lexical and Syntactic Knowledge of Written Narrative Held by Well-Read-to Kindergartners and Second Graders", *Research in the Teaching of English*, 1988.

3 Aisling Murray, Suzanne M. Egan, "Does reading to infants benefit their cognitive development at 9-months-old? An investigation using a large birth cohort survey", *Child Language Teaching and Therapy*, 2013.

4 John S. Hutton, Tzipi Horowitz-Kraus, Alan L. Mendelsohn, Tom DeWitt, Scott K. Holland "Home Reading Environment and Brain Activation in Preschool Children Listening to Stories", *Pediatrics*, 2015.

5 S.M. Houston, C. Lebel, T. Katzir, F.R. Manis, E. Kan, G.R. Rodriguez, and E.R. Sowell, "Reading skill and structural brain development", *Neuroreport*, 2014.

6   John S. Hutton, Jonathan Dudley, Tzipi Horowitz-Kraus, Tom DeWitt, Scott K. Holland, "Associations between home literacy environment, brain white matter integrity and cognitive abilities in preschool-age children", *Acta Paediatrica*, 2020.

7   Kathryn A. Leech, Sinead McNally, Michael Daly, Kathleen H. Corriveau, "Unique effects of book-reading at 9-months on vocabulary development at 36-months: Insights from a nationally representative sample of Irish families", *Early Childhood Research Quarterly*, 2022.

8   Jon Quach, Anna Sarkadi, Natasha Napiza, Melissa Wake, Amy Loughman, Sharon Goldfeld, "Do Fathers' Home Reading Practices at Age 2 Predict Child Language and Literacy at Age 4?", *Academic pediatrics*, 2018.

9   Vaheshta Sethna, Emily Perry, Jill Domoney, Jane Iles, Lamprini Psychogiou, Natasha E. L Rowbotham, Alan Stein, Lynne Murray, Paul G. Ramchandani, "FATHER–CHILD INTERACTIONS AT 3 MONTHS AND 24 MONTHS: CONTRIBUTIONS TO CHILDREN'S COGNITIVE DEVELOPMENT AT 24 MONTHS", *Infant Ment.* 2017.

10 Gregory S. Berns, Kristina Blaine, Michael J. Prietula, Brandon E. Pye, "Short-and Long-Term Effects of a Novel on Connectivity in the Brain", *Brain Connectivity*, 2013.

11 David Comer Kidd, Emanuele Castano, "Reading Literary Fiction Improves Theory of Mind", *Science*, 2013.

12 Emanuele Castano, Alison Jane, Martingano, Pietro Perconti, "The effect of exposure to fiction on attributional complexity, egocentric bias and accuracy in social perception", *PLOS ONE*, 2020.

13 Moritz Lehne, Philipp Engel, Martin Rohrmeier, Winfried Menninghaus, Arthur M. Jacobs, Stefan Koelsch, "Reading a Suspenseful Literary Text Activates Brain Areas Related to Social Cognition and Predictive

Inference", *PLOS ONE*, 2015.

14 Wojciech Małecki, Bogusław Pawłowski, Piotr Sorokowski, "Literary Fiction Influences Attitudes Toward Animal Welfare", *PLOS ONE*, 2015.

15 Vezzali, Loris Stathi, Sofia Giovannini, Dino Capozza, Dora Trifiletti, Elena, "The greatest magic of Harry Potter: Reducing prejudice", *Journal of Applied Social Psychology*, 2015.

16 Alexis Hervais-Adelman, Uttam Kumar, Ramesh K. Mishra, Viveka N. Tripathi, Anupam Guleria, Jay P. Singh, Frank Eisner, Falk Huettig, "Learning to read recycles visual cortical networks without destruction", *Science Advances*, 2019.

17 Jason D. Yeatman, Robert F. Dougherty, Michal Ben-Shachar, Brian A. Wandell, "Development of white matter and reading skills. Proceedings of the National Academy of Sciences", *The Proceedings of the National Academy of Sciences,* 2012.

Cycle 6. 디지털 미디어: 미디어 습관, 처음부터 똑똑하고 건강하게

1 Annette Sundqvist, Felix-Sebastian Koch, Ulrika Birberg Thornberg, Rachel Barr, Mikael Heimann, "Growing Up in a Digital World – Digital Media and the Association With the Child's Language Development at Two Years of Age", *Frontiers in Psychology*, 2021.

2 John S. Hutton, Jonathan Dudley, Tzipi Horowitz-Kraus, "Associations Between Screen-Based Media Use and Brain White Matter Integrity in Preschool-Aged Children", JAMA *Pediatr*, 2019.

3 John S. Hutton, Jonathan Dudley, Tzipi Horowitz-Kraus, Tom DeWitt, Scott K. Holland, "Functional Connectivity of Attention, Visual, and Language Networks During Audio, Illustrated, and Animated Stories in Preschool-Age Children", *Brain connectivity*, 2019.

4   Wang, Yang Mathews, Vincent P. Kalnin, Andrew J. Mosier, Kristine
    M. Dunn, David W. Saykin, Andrew J. Kronenberger, William G,
    "Short Term Exposure to a Violent Video Game Induces Changes in
    Frontolimbic Circuitry in Adolescents", *Brain Imaging and Behavior*,
    2009.

0~5세
골든 브레인 육아법

초판 1쇄 발행 2023년 6월 15일
초판 7쇄 발행 2024년 9월 30일

지은이   김보경
펴낸이   권미경
편집   박소연
마케팅   심지훈, 강소연, 김재이
디자인   어나더페이퍼
펴낸곳   ㈜웨일북
출판등록 2015년 10월 12일 제2015-000316호
주소 서울시 마포구 토정로47, 서일빌딩 701호
전화 02-322-7187 **팩스** 02-337-8187
메일 sea@whalebook.co.kr **인스타그램** instagram.com/whalebooks

ⓒ 김보경, 2023
ISBN 979-11-92097-49-7 (03590)

소중한 원고를 보내주세요.
좋은 저자에게서 좋은 책이 나온다는 믿음으로, 항상 진심을 다해 구하겠습니다.